高·等·职·业·教·育·教·材

"十四五"职业教育国家规划教材

传质与
分离技术

第三版

王壮坤　　主编
张立新　　主审

化学工业出版社

·北京·

内容简介

《传质与分离技术》自出版以来，因内容实用、贴近实际，获得了化工行业教师的广泛认可，被评为"十三五"职业教育国家规划教材。本版为第三版，作者根据最新的国家职业标准、教育部职业教育改革实施方案的精神和工业新工艺新技术，对本书第二版进行了全面修订，并有机融入党的二十大精神。第三版内容保留了原教材贴近实际、突出实际操作的特点，以项目化教学贯穿全书。重点介绍了化工生产中传质与分离技术的应用、生产原理、典型设备的结构、操作及使用维护方法，内容包括：精馏技术、吸收技术、萃取技术、吸附技术及膜分离技术。同时，以二维码方式增加了 45 个视频资源，使本教材升级为"纸质教材＋数字化资源"的富媒体教材。

本书可作为高等职业教育应用化工技术、精细化工技术、石油炼制技术、石油化工技术、煤化工技术、化工自动化技术等化工类专业或轻工类、制药类、生物类、环境类等专业的教材和相关企业高技能人才的培训教材，也可供从事化工生产和管理的工程技术人员参考。

图书在版编目（CIP）数据

传质与分离技术/王壮坤主编．—3版．—北京：化学工业出版社，2023.7（2025.2重印）
"十四五"职业教育国家规划教材
ISBN 978-7-122-40739-9

Ⅰ．①传…　Ⅱ．①王…　Ⅲ．①传质-化工过程-高等职业教育-教材②分离-化工过程-高等职业教育-教材
Ⅳ．①TQ021.4②TQ028

中国版本图书馆CIP数据核字（2022）第019363号

责任编辑：刘心怡　窦　臻　　　　　　　　文字编辑：闫　敏
责任校对：王　静　　　　　　　　　　　　装帧设计：王晓宇

出版发行：化学工业出版社（北京市东城区青年湖南街13号　邮政编码100011）
印　　装：河北鑫兆源印刷有限公司
787mm×1092mm　1/16　印张15¾　字数380千字　2025年2月北京第3版第3次印刷

购书咨询：010-64518888　　　　　　　　售后服务：010-64518899
网　　址：http://www.cip.com.cn

凡购买本书，如有缺损质量问题，本社销售中心负责调换。

定　　价：49.80元　　　　　　　　　　　　　　　　版权所有　违者必究

前　言

　　《传质与分离技术》教材是根据"高等职业教育化工技术类专业教学基本要求"，为化工技术类专业学生掌握化工单元操作的知识和技能而编写的。自2012年出版以来，因内容实用、贴近实际，受到了使用院校师生和企业技术人员的普遍好评，因此多次重印。2018年对该教材进行了再版，保留了原教材的精华与特色，解决了使用过程中发现的问题，弥补了存在的欠缺，对教材内容进行了修改、更新和完善，增加了膜分离技术的内容，为每个任务都增加了自测练习，同时增加了新知识、新技术、新标准；再版后，教材更受使用者的喜爱，被评为"十三五"职业教育国家规划教材。

　　本版为第三版，是根据最新的国家职业标准、教育部职业教育改革实施方案的精神和工业新工艺新技术对第二版教材进行的全面修订。本次修订，有以下几点原则。

　　一是旨在构建"岗课赛证"模块化项目式的课程体系，"岗"是指企业化工总控工岗位，以岗位需求为目标制定课程学习标准；"课"是课程内容对接化工总控工国家职业技能标准和工程过程的岗位核心职业能力培养，以真实工作任务知识点和职业技能点融合为基础；"赛"是以职业院校技能大赛"化工生产技术"赛项、"水处理技术"赛项等实现以赛促练、以赛促学；"证"是以获得化工总控工证书、1+X"精馏化工安全控制"证书等职业技能等级证书评价课程学习。

　　二是确立"真懂（知识目标）、真用（能力目标）、有为（素质目标）"的教学目标，对标岗位职业能力，对原教材知识目标、能力目标进行调整，并增加了素质目标。

　　三是全面贯彻党的教育方针，落实立德树人根本任务，发挥专业课协同育人作用，增加了思政育人要素，培养学生家国情怀、工匠精神和崇高品质，提高职业素养。将党的二十大报告中"推动绿色发展""加快建设制造强国、质量强国""加快构建新发展格局，着力推动高质量发展"贯穿于教材中。

四是教材与时俱进，更新了知识、技术、国家及行业标准，满足职业院校教学改革及企业职工培训的需要。

五是引入数字化资源，构建富媒体教材，本版教材以二维码方式增加了大量的视频及动画资源，更贴近生产实际，更直观易懂。

本书配套了全新的教案模板和 PPT 课件，使用教材的教师和读者登陆 www.cipedu.com.cn 免费下载。

本书可作为高等职业教育应用化工技术、精细化工技术、石油炼制技术、石油化工技术、煤化工技术、化工自动化技术等化工类专业或轻工类、制药类、生物类、环境类等专业的教材和相关企业高技能人才的培训教材，考虑到各专业的侧重点不同，其中一些内容可根据教学需求及学时数进行选讲。

本书由辽宁石化职业技术学院王壮坤担任主编，辽宁石化职业技术学院王欣羽担任副主编，由辽宁石化职业技术学院张立新主审。编写分工如下：绪论、项目 1 由王壮坤编写；项目 2 由王欣羽编写；项目 3 由辽宁石化职业技术学院李洪林、尤景红编写；项目 4、项目 5 由辽宁石化职业技术学院张梦露编写。全书由王壮坤统稿。

本书在编写过程中得到了化学工业出版社的大力支持，也得到了东方仿真公司的友好支持，天津渤海职业技术学院桑红源、金凯（辽宁）生命科技股份有限公司惠成刚对本书提出了宝贵的意见和建议，在此一并致以衷心的感谢。

由于编者的水平有限，书中难免存在不妥之处，敬请应用此书的同仁及读者指正，以使本教材日臻完善。

编　者
2023 年 1 月

第一版前言

　　《化工单元操作技术》（传质分离技术）是根据高职高专化工技术类专业人才培养目标要求和化工总控工职业资格要求编写的。本书力图以化工生产的职业能力为主线，以岗位工作任务为载体，以典型的化工单元操作为对象，强化对学生职业技能的培养。

　　为突出高等职业教育的基本特征和职业教育的特点，培养高等技术应用型人才，在遵循国家职业标准与生产岗位需求相结合的原则基础上，本书打破课程界限，有效整合了化工原理、化工单元操作实训、认识实习、化工制图、化工仪表与自动控制等多门课程的部分资源，并将化工总控工考核内容融合于课程教学之中，依托常规的实训装置和实训基地，使教材更加适合实现工学结合项目化教学。

　　本书具有如下特色：

　　·所选教学情境是经过调研论证的相关企业典型单元操作；

　　·突出高职特色，依据生产实际的化工单元操作岗位，操作人员必须具备的基本操作技能和知识来选择内容，主次分明；

　　·依据工作过程导向重构课程内容，与以工作任务为引领的项目化教学要求相适应，体现讲、学、练一体化，突出对学生职业技能的培养；

　　·工作任务典型，既承载知识又承载技能，且知识支承技能；

　　·知识由简到难，技能由单一到综合，循序渐进，螺旋上升。

　　全书共分四个学习情境，内容包括：精馏操作、吸收操作、萃取操作及吸附操作。学习情境中的每个任务都是按照"任务介绍—任务分析—任务实施—考核评价—知识链接"构建内容体系，符合认知规律，便于指导教学。其中学习情境一、学习情境二由李洪林编写；学习情境三由李洪林、张静、尤景红编写；学习情境四由王壮坤、李洪林编写；段树斌、卢中民参与了资料收集和校核。

　　本书适用于应用型、技能型人才培养的石油化工、应用化工、有机化工、无机化工、高分子化工或轻工、制药、生物等专业的教学，也可作为相关企业的培训教材，以及供从事化工生产和管理的工程技术人员参考。

由于作者水平所限，书中不足和疏漏之处在所难免，恳请读者批评指正。

编　者
2012 年 4 月

第二版前言

《传质与分离技术》教材是为化工类专业学生掌握化工单元操作方面的知识和技能而编写的，自2012年出版以来，已连续多次印刷，受到化工高职院校师生和工程技术人员的普遍好评。近年来，由于高职教育教学改革不断深入，化工生产技术也有了新的进展，国家和行业的相关标准亦有更新，为适应发展变化的需要，第二版对原教材内容进行了修改、更新和完善。

本次修订的主要内容如下。

1. 增加了膜分离技术的内容，满足学生对化工单元操作知识的学习。

2. 每个任务增加了自测练习，每个项目增加了知识点小结，以便师生把握学习内容及应达到的要求和能力。

3. 对内容结构做了部分调整，在体现任务引领、行动导向的项目化课程思想的同时，也考虑到学生的认知规律。

4. 按国家和行业颁布的最新标准，更新了相关内容。

本书绪论、项目1由辽宁石化职业技术学院王壮坤编写；项目2（除自测练习）由辽宁石化职业技术学院李洪林、王欣羽编写；项目3（除自测练习）由辽宁石化职业技术学院尤景红、张梦露编写；项目2、项目3的自测练习、项目4、项目5、本书主要符号、附录由辽宁石化职业技术学院王欣羽编写。全书由王壮坤、李洪林主编，王欣羽副主编，王壮坤统稿，辽宁石化职业技术学院张立新教授主审。

本书在编写过程中得到了化学工业出版社的大力支持，也得到了东方仿真公司的友好支持，抚顺石化公司技术人员赵京福提出了宝贵意见和建议，在此表示衷心的感谢。

由于编者的水平有限，难免存在不妥之处，敬请应用此书的同仁及读者指正，以使本教材日臻完善。

编　者
2017年5月

目　录

绪　论

学习要求

☞ 了解传质与分离技术的分类、特点及在化工生产中的作用
☞ 了解本课程的学习内容及任务

一、化工分离技术

化学工业涉及的范围非常广泛，包括石油加工、基本有机化工、无机化工、高分子合成、精细化学品合成等。化工产品种类繁多，原料广泛，每种产品的生产过程都有各自的工艺特点，加工过程形态各异。但归纳起来，各个产品的生产过程都遵循相同的规律：包括原料预处理、化学反应及产品分离与精制（后处理）三个步骤。生产过程都是由化学反应过程和若干化工单元操作有机组合而成的，而化工单元操作属于物理加工过程，主要遵循动量传递、热量传递和质量传递的基本规律。化学反应是化工生产的核心，因为没有化学反应就不会有新物质生成，而任何一个化工生产过程，又都离不开分离技术。分离操作是将混合物分成两种或几种物质的操作，它的作用一方面是为化学反应提供符合纯度要求的原料，消除对反应或催化剂有害的杂质，减少副反应和提高收率；另一方面是对反应产物进行分离提纯得到合格产品，并使未反应的原料得以循环利用。此外，分离操作在环境保护和充分利用资源方面也起着重要的作用。

图 0-1 是以直馏汽油为原料，以生产芳烃为目的的催化重整装置流程框图，主要由原料预处理、重整反应、芳烃抽提和芳烃精馏四部分构成。原油的预处理是将直馏汽油进行预分馏和预加氢处理。预分馏是对原料油进行精馏去除其中的轻组分。预加氢是脱除原料油中对催化剂有害的杂质（如硫、氮、氧、砷、铅、铜等），使杂质含量达到限制要求，同时也使烯烃饱和，以减少催化剂的积炭，从而延长运转周期。原料经预处理之后送入重整反应器进行催化重整反应，使烷烃转化为苯、甲苯、二甲苯和高级芳烃的混合物（重整生成油）。重整生成油进入芳烃抽提塔使用溶剂与原料进行分离，塔顶分离出非芳烃，塔底出来的是提取液。提取液主要是溶剂和混合芳烃，提取液再送入溶剂回收部分的汽提塔来分离溶剂和混合芳烃。混合芳烃进入芳烃精馏部分进行分离：首先进入白土塔，通过白土吸附除去其中的不饱和烃，从白土塔出来的混合芳烃依次进入苯塔、甲苯塔及二甲苯塔进行精馏，分离出苯、甲苯、二甲苯及重芳烃。

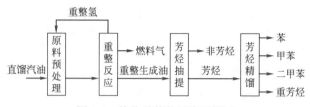

图 0-1　催化重整装置流程框图

由上述流程可以看出，这一生产所涉及的分离操作很多，有精馏、抽提（萃取）、吸附等。在现代化工生产中，反应器为数并不多，预处理及后处理工序占有着企业的大部分设备投资和操作费用。对于大型的石油化工生产企业，分离装置的费用占总投资的 50% ~ 60%。在某些化工生产装置中，分离操作就是整个过程的整体部分，如石油裂解气的深冷分离，C_4馏分分离生产丁二烯等。因此化工分离技术在提高生产过程的经济效益和产品质量中起着举足轻重的作用。在化工生产中，常见的分离过程有精馏、吸收、萃取、干燥、吸附、结晶、离子交换、膜分离等。

分离技术不仅仅应用于化学工业，冶金、食品、生化和原子能工业等行业也都广泛地用到分离过程。如从矿产中提取和精选金属，食品的脱水、除去有毒或有害组分，海水、苦咸水淡化，抗生素的精制和病毒的分离，同位素的分离和重水的制备等都要采用分离技术；深冷分离技术使我们从混合气体中分离出纯氧、纯氮和纯氩，获得了接近绝对零度的低温，为科学研究和生产技术提供了极为宽广的发展基础，为火箭提供了具有极大推动力的高能燃料。

近年来，化工分离技术面临着一系列新的挑战，其中最主要的来自能源、原料和环境保护三大方面。由于能源紧张，分离过程的能耗要求越来越苛刻，随之对设备性能要求也越来越高。上述原因促使化工生产必须不断采用新的工艺、新的技术，提高对原料的利用率，消除或减少对环境的污染，因此化工分离技术也不断改进和发展，新的分离技术如固膜与液膜分离、热扩散、色层分离等也不断出现和得到工业化。对板式塔的研究已深入到板式塔上气液两相流动的动量传递及质量传递的本质研究，研究人员开发了新型填料和复合塔，对萃取、蒸发、离子交换、吸附、膜分离等过程也做了有意义的研究和开发工作。这些研究成果的工业应用，改进和强化了现有生产过程和设备，在降低能耗、提高效率、开发新技术和设备、实现生产控制和工业设计最优化等方面发挥了巨大的作用。与此同时，化工分离技术与其他科学技术相互交叉渗透产生了一些更新的边缘分离技术，如生物分离技术、膜分离技术、环境化学分离技术、纳米分离技术、超临界流体萃取技术等。展望未来，分离技术必将日新月异，再创辉煌。

二、传质与分离技术的分类

化工分离过程属于化工单元操作范畴，可以分为机械分离和传质分离两大类。机械分离过程用于分离非均相混合物，利用密度差、粒度差将各相加以分离，属于简单分离过程，例如过滤、沉降等。传质分离过程用于各种均相混合物的分离，其特点是有质量传递现象发生。质量传递是自然界和工程技术领域普遍存在的现象，例如敞口水杯中的水向静止空气中蒸发、食盐在水中溶解等都是常见的质量传递过程。在近代化学工业的发展中，传质分离过程起到了特别重要的作用。按原理不同，工业上常用的传质分离过程又可分为两大类，即平衡分离过程和速率分离过程。

1. 平衡分离过程

平衡分离过程是借助分离媒介使均相混合物变为两相体系，再以混合物中各组分在处于平衡的两相中分配关系的差异为依据而实现分离的。

分离媒介可以是能量媒介或物质媒介，有时也可两种同时存在。能量媒介是指传入系统或传出系统的热，还有输入或输出的功，如蒸馏分离混合液时需要向系统加热从而使液体部分汽化，形成两相体系。物质媒介是指向系统加入某种溶剂，可与混合物中的一个或几个组分部分互溶或完全互溶，形成两相物系。例如吸收过程中的吸收剂，萃取过程中的萃取剂等。某些较难分离的物系也可能是物质媒介与能量媒介共同使用，才能达到分离的目的，例如使用萃取精馏的方法分离混合液。根据两相状态不同，平衡分离过程可分为如下几类。

① 气液传质过程：如吸收、精馏等。

② 液液传质过程：如萃取等。

③ 液固传质过程：如结晶、浸取、吸附、离子交换等。

④ 气固传质过程：如干燥、吸附等。

2. 速率分离过程

速率分离过程是指借助某种推动力，如浓度差、压力差、温度差、电位差等的作用，某些情况下在选择性透过膜的配合下，利用各组分扩散速率的差异而实现混合物分离的操作。这类过程的特点是所处理的物料和产品通常属于同一相态，仅有组成的差别。

速率分离可分为两大类：一类是膜分离，利用选择性透过膜将混合物分割为组成不同的两股流体，如超滤、反渗透、渗析和电渗析等；另一类是场分离，场分离包括电泳、热扩散、高梯度磁力分离等。

膜分离和场分离是一类新型的分离操作，由于其具有节约能耗、不破坏物料性质、不污染产品和环境等突出优点，在稀溶液、生化产品及其他热敏性物料分离方面，有着广阔的应用前景。

三、本课程的性质、内容与任务

本课程是一门技术性、工程性和应用性都很强的专业基础课程，是化工类专业学生的必修课，是培养学生工程技术观念与化工实践技能的重要课程。

它以化工生产过程为对象，主要研究化工生产中的物理加工过程，按操作原理的共性归纳成传质分离单元操作，内容为精馏、吸收、萃取、吸附及膜分离技术，每个单元操作又包括过程和设备两个方面。

本课程的任务是学习相关传质单元操作的基本原理和规律；熟悉掌握传质单元操作的设备结构、主要性能、工作原理；培养传质单元操作过程的计算能力、设备选型及设计能力，能在工程实践中运用所学知识去分析和解决实际问题；学会典型设备的操作及简单的事故处理；培养规范操作意识、安全生产意识、质量意识和环境保护意识，提高职业素养，培养工匠精神，了解分离技术的发展及新知识、新工艺、新技术，为学习后续课程及将来从事化工生产、技术、管理和服务工作做准备，为提高职业能力打下基础。

项目 1
精馏技术

化工生产中所处理的原料、中间产物、粗产品等几乎都是混合物，而且大部分是均相物系。为进一步加工和使用，常需要将这些混合物进行分离，以实现产品的提纯和精制或原料的回收，来满足生产工艺要求或产品质量要求。蒸馏是分离均相液体混合物的典型化工单元操作，它通过加热形成气液两相体系，利用混合液中各组分挥发性（或沸点）不同而达到分离的目的。

众所周知，液体均具有挥发的能力，但不同液体在一定温度下的挥发能力各不相同。例如在一定温度下，乙醇比水挥发得快。如果在一定压力下，对乙醇和水混合液进行加热，使之部分汽化，因乙醇的沸点低，易于汽化，故在产生的蒸气中，乙醇的含量将高于原混合液中乙醇的含量。若将汽化的蒸气全部冷凝，便可获得乙醇含量高于原混合液的产品，使乙醇和水得到某种程度的分离。

通常将混合物中挥发能力强（或沸点低）的组分称为易挥发组分或轻组分，把挥发能力弱（或沸点高）的组分称为难挥发组分或重组分。

化工生产中对均相液体混合物进行分离的方法有很多，而蒸馏操作是最为常见的分离方法，将气体混合物冷凝或固体混合物液化后也可以采用蒸馏的方法分离。例如将原油蒸馏可得到汽油、煤油、柴油及重油，将液态空气蒸馏可得到纯态的液氧和液氮，将石油化工生产中各种烃类及其衍生物进行蒸馏可以分类提纯等。

蒸馏不仅在化学工业中有着广泛应用，在冶金、能源、食品、医药等工业领域也较常见。精馏作为工业生产中用以获得高纯组分的一种蒸馏方式，应用极为广泛。本项目重点介绍精馏操作。

任务 1　认识精馏装置

 **教学目标**

知识目标：

1. 了解蒸馏基本概念及在化工生产中的应用；
2. 了解简单蒸馏和平衡蒸馏过程；

3. 熟悉精馏分类及特点；

4. 了解精馏技术的发展趋势。

能力目标：

1. 认识精馏流程中的主要设备；

2. 能够识读、绘制和叙述连续精馏工艺流程；

3. 能够正确使用和佩戴劳动防护用品；

4. 能识记操作现场的安全警示标志。

素质目标：

具有安全意识，具有团结协作精神，具有严谨细致的工作作风。

> **思政育人要素：**
>
> 　　介绍我国精馏技术的发展及动态，培养行业自信心，弘扬爱国主义精神，增强民族自信心。

 **相关知识**

一、蒸馏生产案例

催化重整装置芳烃精馏过程的工艺流程（三塔流程）如图 1-1 所示。前面已经介绍以生产芳烃为目的的催化重整装置，由溶剂抽提所得的混合芳烃中含有苯、甲苯、二甲苯、乙苯及少量较重的芳烃，将混合芳烃通过精馏的方法分离成高纯度的单体芳烃，这一过程称为芳烃精馏。

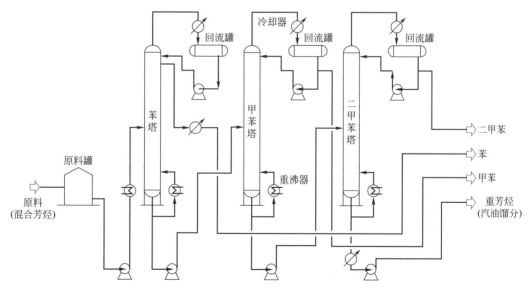

图 1-1　催化重整装置芳烃精馏过程的工艺流程（三塔流程）

混合芳烃经预热送入苯塔精馏，塔顶侧线出苯，塔底物料送入甲苯塔精馏，甲苯塔塔顶出甲苯，塔底物料送入二甲苯塔精馏，二甲苯塔塔顶出二甲苯，塔底为 C$_9$ 芳烃。通过精馏，芳烃的纯度为苯 99.9%、甲苯 99.0%、二甲苯 96%，二甲苯还需要进一步分离。

原油的常减压蒸馏过程的工艺流程（三塔流程）如图 1-2 所示。原油脱盐、脱水后经换热进初馏塔，塔顶出轻汽油馏分或重整原料，塔底为拔头原油，经常压炉加热后进入常压蒸馏塔，塔顶出汽油，侧线自上而下分别出煤油、柴油以及其他油料产品。塔底用水蒸气汽提，塔底常压渣油用泵抽出送减压部分。常压渣油经减压炉加热后送入减压塔，为了减少管路压力降和提高减压塔顶真空度，减压塔顶一般不出产品而直接与抽真空设备连接。减压塔大都开有 3 ～ 4 个侧线，根据炼油厂的加工类型（燃料型或润滑油型）不同可生产催化裂化原料或润滑油料。减压塔底渣油用泵抽出经换热冷却送出装置。

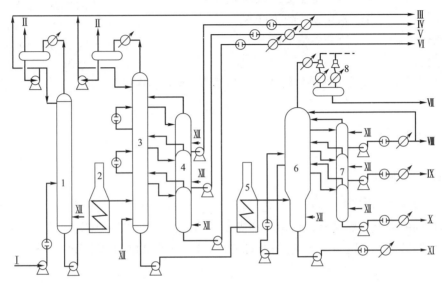

图 1-2　原油的常减压蒸馏过程的工艺流程（三塔流程）

1—初馏塔；2—常压加热炉；3—常压蒸馏塔；4—常压汽提塔；5—减压加热炉；
6—减压蒸馏塔；7—减压汽提塔；8—抽真空系统；Ⅰ—原油；Ⅱ—重整原料；
Ⅲ—汽油；Ⅳ—煤油；Ⅴ—轻柴油；Ⅵ—重柴油；Ⅶ—凝缩油及水；
Ⅷ—减一线；Ⅸ—减二线；Ⅹ—减三线；Ⅺ—渣油；Ⅻ—过热水蒸气

二、蒸馏操作分类

蒸馏操作的分类见表 1-1。

表 1—1　蒸馏操作的分类

分类		特点及应用
按蒸馏方式分类	平衡蒸馏	平衡蒸馏和简单蒸馏只能达到有限程度的提浓而不可能满足高纯度的分离要求。常用于混合物中各组分的挥发能力（或沸点）相差较大、对分离要求又不高的场合
	简单蒸馏	
	精馏	精馏是借助回流技术来实现高纯度和高回收率的分离操作，它是应用最广泛的蒸馏方式。图 1-1 所示的芳烃分离和图 1-2 所示的原油的常减压蒸馏即为精馏过程
	特殊精馏	特殊精馏适用于普通精馏难以分离或无法分离的物系，如恒沸精馏、萃取精馏等
按操作压力分类	常压精馏	被分离的混合液在常压下各组分挥发能力差异较大，并且气相冷凝、冷却可用一般的冷却水，液相加热汽化可用水蒸气，应采用常压操作
	加压精馏	常压下为气态（如空气）或常压下沸点为室温（一般低于30℃）的混合物的分离，应采用加压操作
	真空精馏	对于常压下沸点较高（一般高于150℃）或高温下易发生分解、聚合等变质现象的热敏性物料宜采用真空蒸馏，以降低操作温度

续表

分类		特点及应用
按被分离混合物中组分的数目分类	两组分精馏	工业生产中，绝大多数为多组分精馏，多组分精馏过程更复杂
	多组分精馏	
按操作流程分类	间歇精馏	间歇操作是不稳定操作，主要应用于小规模、多品种或某些有特殊要求的场合，工业中以连续精馏为主
	连续精馏	

三、简单蒸馏流程

简单蒸馏又称微分蒸馏，是一种间歇、不稳定的蒸馏操作，其装置如图1-3所示。原料液分批加到蒸馏釜中，通过间接加热使之部分汽化，产生的蒸气随即进入冷凝器中冷凝，冷凝液作为馏出液产品排入塔顶产品罐中，其中轻组分相对富集。随着蒸馏过程的进行，釜液温度不断升高，釜液中轻组分的含量不断降低，馏出液组成也随之下降，通常馏出液按组成分段收集。当釜液组成降低至某规定值后，即停止蒸馏操作，而釜残液一次排放。简单蒸馏只能使混合液中各组分得以部分分离，适用于混合液中各组分的挥发能力（或沸点）相差较大、对分离要求又不高的场合。

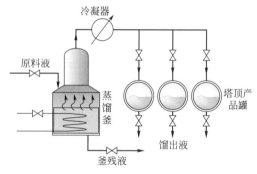

图 1-3　简单蒸馏装置

四、平衡蒸馏流程

平衡蒸馏又称闪蒸，是一种连续、稳定的单级蒸馏操作。平衡蒸馏的装置如图1-4所示。被分离的混合液先经加热器升温，使之温度高于分离器压力下料液的泡点，然后通过节流阀降低压力至规定值，由于压力突然降低，过热液体发生自蒸发，在分离器中部分汽化，气相引入冷凝器中，冷凝液为顶部产物，轻组分含量较多，未汽化的液相为底部产物，其中重组分得到了增浓，使原料得到了初步的分离。通常平衡蒸馏装置又称闪蒸塔（罐）。平衡蒸馏也不能使混合液得到完全分离，常用于混合液的预分离。

五、精馏流程

精馏装置一般都应由精馏塔、塔顶冷凝器、塔底再沸器等相关设

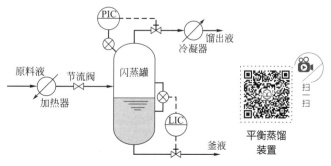

图 1-4　平衡蒸馏装置

备组成，有时还要配原料预热器、产品冷却器、回流用泵等辅助设备。

1. 连续精馏流程及冷凝器、再沸器的作用

（1）连续精馏流程　连续精馏流程如图 1-5 所示。以板式塔为例，原料液经预热后从塔的中段适当位置连续加入精馏塔，然后逐板下流，从塔底出塔，进入再沸器中被加热，产生蒸气，又回流至塔内，作为塔底气相回流；蒸气逐板上升，最后从塔顶出塔，进入塔顶冷凝器，冷凝为液体，流入回流罐，用回流泵打回至塔顶，作为塔顶液相回流，回流液沿塔向下流动，在加料口与原料液混合后流至塔釜再沸器。

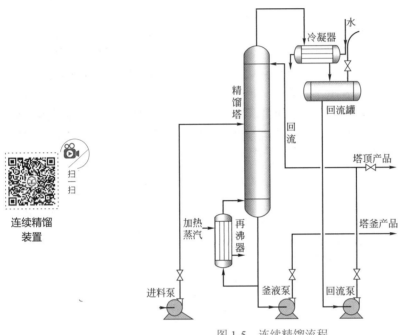

连续精馏
装置

图 1-5　连续精馏流程

塔内上升的蒸气与下降的液体在每块塔板上相互接触，发生传质传热过程，易挥发组分逐渐进入气相，难挥发组分逐渐进入液相，最终在塔顶得到高纯度的易挥发组分，塔釜得到的基本上是难挥发的组分。当精馏操作稳定后，塔顶蒸气冷凝后一部分回流塔内，其余作为塔顶产品连续排出，其主要成分为易挥发组分；在塔釜保持一定液位的前提下，塔釜残液可作为塔底产品连续排出，其主要成分为难挥发组分。

通常，将原料加入的那层塔板称为加料板。加料板以上部分，起精制原料中易挥发组分的作用，称为精馏段，塔顶产品称为馏出液。加料板以下部分（含加料板），起提浓原料中难挥发组分的作用，称为提馏段，从塔釜排出的液体称为塔底产品或釜残液。

（2）塔顶冷凝器和塔底再沸器的作用　塔底再沸器的作用是提供精馏所需的热量，提供精馏必需的气相回流。塔顶冷凝器的作用是提供精馏必需的液相回流，同时移走塔内热量，维持热量平衡。

2. 间歇精馏操作流程

图 1-6 所示为间歇精馏操作流程。与连续精馏不同之处是：原料液一次加入釜中，因而间歇精馏塔只有精馏段而无提馏段；同时，间歇精馏釜液组成不断变化，在塔底上升气量和塔顶回流液量恒定的条件下，馏出液的组成也逐渐降低。当釜液达到规定组成后，精馏操作

即被停止，并排出釜残液。

间歇精馏的主要特点是：①能单塔分离多组分混合物；②允许进料组分浓度在很大的范围内变化；③可适用于不同分离要求的物料，如相对挥发度及产品纯度要求不同的物料。此外间歇精馏还比较适用于高沸点、高凝固点和热敏性等物料的分离。随着精细化工及医药等工业的发展，间歇精馏技术的要求越来越高，陆续出现了一些新塔型，如反向间歇塔、中间罐间歇塔和多罐间歇塔等。这些新型操作方式往往是针对分离任务的特点而设计的，因而其流程和操作方式更符合实际情况，效率更高，更具灵活性，在化工生产中具有很好的应用前景。

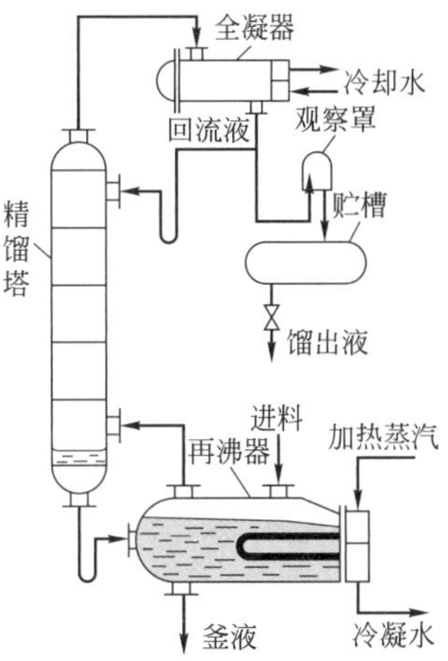

图 1-6 间歇精馏操作流程

六、精馏的特点

精馏是目前应用最广泛的一类均相液体混合物分离方法，除了精馏应用的历史悠久、技术比较成熟外，精馏分离还具有以下特点。

① 通过精馏操作，可以直接获得所需要的产品，不像吸收、萃取等分离方法，还需要外加吸收剂或萃取剂，并需要进一步使所提取的组分与外加组分再进行分离。因而精馏操作流程通常较为简单。

② 精馏分离适用的范围广泛。它不仅可以分离液体混合物，而且可以通过改变操作压力使常温常压下呈气态或固态的混合物在液化后得以分离。例如，可将空气加以液化，再用精馏方法获得氧、氮等产品；再如，脂肪酸的混合物，可用加热使其熔化，并在减压下建立气液两相系统，用精馏方法进行分离。对于挥发度相等或相近的混合物，可采用特殊精馏方法分离。

③ 精馏是通过对混合物加热建立气液两相体系的，气相还需要再冷凝液化，因此需要消耗大量的能量（包括加热介质和冷却介质）。另外，加压精馏或减压精馏，将消耗额外的能量。精馏过程中的节能是个值得重视的问题。

 技能训练

精馏装置流程及设备

查摸精馏流程

1. 训练要求
① 观察精馏装置的构成，了解各设备作用。
② 查走并叙述精馏流程。
③ 掌握佩戴使用劳动防护用品的方法。
④ 识记操作现场的安全警示标志。

2. 实训装置

图 1-7 为乙醇 - 水混合物分离的精馏装置。混合液由原料罐 V101A（或 B）经进料泵 P101A（或 B），再经原料预热器 E103，打入精馏塔 T101。釜液经再沸器 E101 加热汽化上升，与塔内下降的液体在塔板的作用下充分接触，进行传热、传质。由于经多层塔板作用，塔顶蒸出的即是乙醇含量较高的气体，再经塔顶冷凝器 E104 冷凝成液体后打入塔顶凝液罐 V103，一部分作为产品经塔顶产品泵 P103 打入塔顶产品罐 V105，另一部分经回流液泵 P102 打到塔顶返回塔内。塔釜未汽化的液体为近乎纯水，打到塔釜产品罐 V102 中。

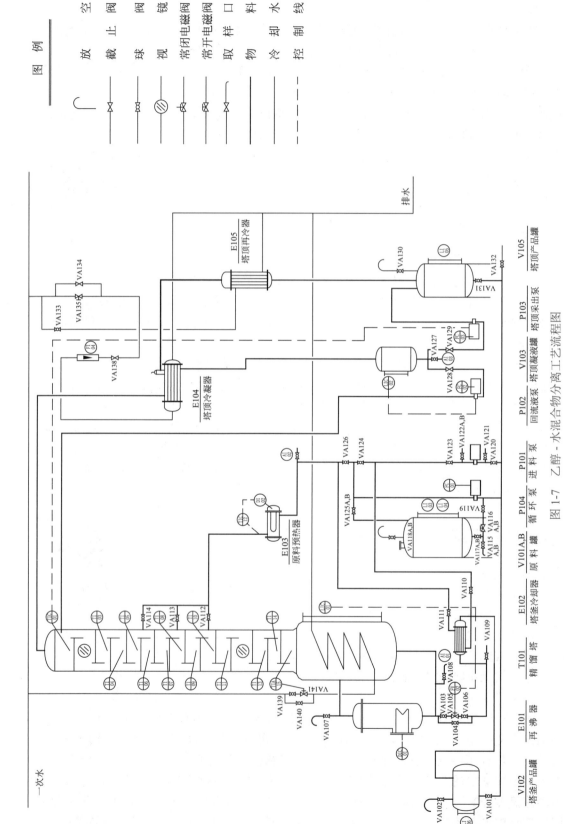

图 1-7 乙醇-水混合物分离工艺流程图

3．安全生产

进入装置必须穿戴劳动防护用品，在指定区域正确戴上安全帽。在装置运行时不能动电源开关，不能动仪表柜各个开关。登梯前必须确保梯子支撑稳固，面向梯子上下并双手扶梯。

4．实训操作步骤

① 通过观察与之对应的实际装置，认识精馏塔、再沸器、冷凝器、预热器、进料泵、回流泵、储罐及管路阀门、仪表等主要设备及器件，了解各设备作用。

② 查走并叙述乙醇 - 水精馏装置的进料流程、换热流程、回流流程、出料流程。

③ 提炼并绘制精馏基本工艺流程。

在对精馏过程有了基本了解后，对实际精馏装置进行简化提炼，绘制并叙述精馏基本工艺流程，强化对精馏工艺过程的理解。

知识拓展

新型精馏技术

精馏技术作为当代工业应用最广的分离技术，目前已具有相当成熟的工程设计经验与一定的基础理论研究。精馏技术发展至今，其发展方向已经从常规精馏转向解决普通精馏过程无法分离的问题，通过耦合技术促进分离过程，并且要求低能耗、低成本。向清洁分离发展，也是精馏技术的一个发展方向。

反应精馏是将化学反应与精馏分离结合在同一设备中进行的一种耦合过程。反应精馏技术与传统的反应和精馏技术相比，具有如下优点：

① 反应和精馏过程在同一个设备内完成，投资少，操作费用低，节能；

② 反应和精馏同时进行，不仅改进了精馏性能，而且借助精馏的分离作用，提高了反应转化率和选择性；

③ 通过及时移走反应产物，能克服可逆反应的化学平衡转化率的限制，或提高串联或平行反应的选择性；

④ 温度易于控制，避免出现"热点"问题；

⑤ 缩短反应时间，提高生产能力。

反应精馏最早应用于甲基叔丁基醚和乙基叔丁基醚等合成工艺中，现已广泛应用于酯化、异构化、烷基化、叠合过程、烯烃选择性加氢、氧化脱氢、C1 化学和其他反应过程。

吸附蒸馏是将吸附与蒸馏操作在同一吸附蒸馏塔中进行，既提高了分离因数，又使蒸馏与脱附操作在同一蒸馏脱附塔中进行，强化了脱附作用。目前学者们对吸附蒸馏在无水乙醇的制备、丙烷和丙烯的分离方面进行了研究，得出其能耗比常规蒸馏低得多的结论。

膜蒸馏是将膜与蒸馏过程相结合的分离方法。膜蒸馏就是用疏水性微孔膜将两种不同温度的溶液分开，较高温度侧溶液中易挥发的物质呈气态透过膜进入另一侧并冷凝的分离过程。迄今，膜蒸馏技术应用于海水淡化、青霉素水溶液的浓缩、稀土氯化物溶液中回收盐酸、含水苯酚的回收以及维生素溶液的浓缩等方面。

综上所述，耦合精馏过程具有明显的优势，加快它们的发展对降低工业生产的能耗，推动我国化工发展有重要意义。但是要做到这些，还需要加快科技发展和研发，还有很多的工作要做。

考核评价

认识精馏装置			
工作任务	**考核内容**		**考核要点**
认识精馏装置	基础知识		蒸馏基本概念及在化工生产中的应用； 简单蒸馏和平衡蒸馏特点及适用场合； 精馏分类及特点； 连续精馏流程
	能力训练	准备工作	正确佩戴和使用劳动防护用品，识读现场操作的安全警示标志
		现场考核	认识精馏流程中的主要设备名称，说明其作用； 查摸连续精馏基本流程； 识读、绘制、叙述工艺流程
	职业素养		安全意识，严谨细致，遵规守纪，着装规范，团结协作

 自测练习

一、选择题

1. 蒸馏操作的依据是组分间的（　　）差异。

A. 溶解度　　　　　　B. 沸点　　　　　　　C. 密度　　　　　　D. 蒸气压

2. 在化工生产中应用最广泛的蒸馏方式为（　　）。

A. 简单蒸馏　　　　　B. 平衡蒸馏　　　　　C. 精馏　　　　　　D. 特殊蒸馏

3. 当分离沸点较高，而且又是热敏性混合液时，精馏操作压力应采用（　　）。

A. 加压　　　　　　　B. 减压　　　　　　　C. 常压　　　　　　D. 不确定

4. 冷凝器的作用是提供（　　）产品及保证有适宜的液相回流。

A. 塔顶气相　　　　　B. 塔顶液相　　　　　C. 塔底气相　　　　D. 塔底液相

5. 下列哪个选项不属于精馏设备的主要部分？（　　）

A. 精馏塔　　　　　　B. 塔顶冷凝器　　　　C. 再沸器　　　　　D. 馏出液贮槽

6. 有关精馏操作的叙述错误的是（　　）。

A. 精馏的实质是多级蒸馏

B. 精馏装置的主要设备有：精馏塔、再沸器、冷凝器、回流罐和输送设备等

C. 精馏塔以进料板为界，上部为精馏段，下部为提馏段

D. 精馏是利用各组分密度不同，分离互溶液体混合物的单元操作

7. 只要求从混合液中得到高纯度的难挥发组分，采用只有提馏段的半截塔，则进料口应位于塔的（　　）部。

A. 顶　　　　　　　　B. 中　　　　　　　　C. 中下　　　　　　D. 底

8. 精馏塔中自上而下（　　）。

A. 分为精馏段、加料板和提馏段三个部分

B. 温度依次降低

C. 易挥发组分浓度依次降低

D. 蒸气质量依次减少

9. 按操作流程可将蒸馏操作分为间歇蒸馏和（　　　）。

A. 简单蒸馏　　　　　B. 平衡蒸馏　　　　　C. 连续蒸馏　　　　　D. 特殊蒸馏

10. 在精馏塔中，原料液进入的那层塔板称为（　　　）。

A. 浮阀板　　　　　B. 喷射板　　　　　C. 加料板　　　　　D. 分离板

二、判断题

（　　）1. 间歇精馏塔只有提馏段没有精馏段。

（　　）2. 在对热敏性混合液进行精馏时必须采用加压分离。

（　　）3. 精馏塔板的作用主要是为了支撑液体。

（　　）4. 一个完整的精馏塔由精馏段和提馏段构成。

（　　）5. 在精馏塔中，越往上，气液两相的温度就越高。

任务 2　认识板式精馏塔

 教学目标

知识目标：

1. 了解塔设备的分类，掌握板式塔种类、结构及特点，了解其性能；

2. 掌握塔板上液体的溢流方式；

3. 掌握板式塔内气液接触状态及板式塔内气液两相的流动状态。

能力目标：

1. 能区别不同类型的板式塔，并能说出内部构造的名称及其作用；

2. 会正确描述板式塔内操作时气液流动与接触状况；

3. 会正确拆装塔板，强化对塔构造的认识；

4. 能正确穿戴、使用劳动防护用品，能正确使用工具；

5. 能识记操作现场的安全警示标志。

素质目标：

具有安全意识、规范操作意识，法律意识，团结协作精神，创新意识。

> **思政育人要素：**
>
> 1. 通过安全教育、化工生产事故案例，培养安全严谨的职业素养、化工从业人员对社会的责任，形成责任关怀理念；
>
> 2. 通过介绍塔设备、新型塔板的发展，培养创新意识。

 相关知识

一、塔设备的分类

精馏过程是在塔设备中进行的，塔设备为气液两相提供充分的接触时间、面积和空间，以达到理想的分离效果。据统计，石油化工厂中精馏设备最高可占设备总投资的25%左右。

根据塔内气液接触部件的结构形式，可将塔设备分为两大类：板式塔和填料塔，如图 1-8 所示。板式塔的塔内沿塔高装有若干层塔板，相邻两块塔板具有一定的间距，塔内气、液两相在塔板上互相接触，进行传热和传质，属于逐级接触式塔设备。填料塔内装有填料，气液两相在被润湿的填料表面进行传热和传质，属于连续接触式塔设备。本任务重点介绍板式塔。

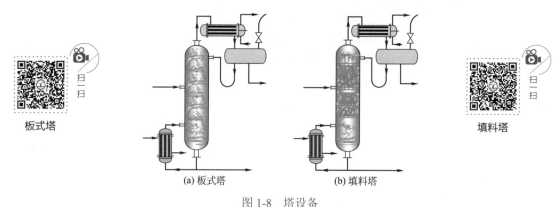

图 1-8　塔设备

二、板式塔的结构类型

1. 板式塔的结构

板式塔结构如图 1-9 所示。塔体为圆柱形壳体，其上设有人孔（小塔为手孔）、气体和液体进、出口，塔内沿塔高按一定间距装有若干块塔板。

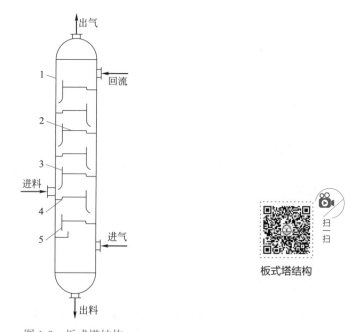

图 1-9　板式塔结构

1—塔体；2—塔板；3—溢流堰；

4—受液盘；5—降液管

　　塔板是板式塔的核心构件，其功能是提供气、液两相充分接触的场所，使之能在良好的条件下进行传质和传热过程。每层塔板上一般设有降液管、受液盘、溢流堰、板孔及孔上构件等，单溢流塔板结构示意如图 1-10 所示。

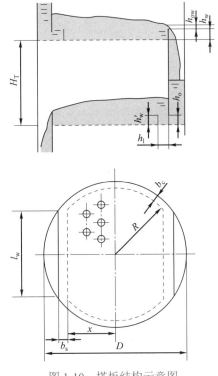

图 1-10　塔板结构示意图

D—塔径；H_T—板间距；h_w—出口堰高度；h_{ow}—堰上液层高度；

l_w—降液管长度；b_s—安定区宽度；b_c—边缘区宽度；

R—有效区半径；x—有效区宽度；h'_w—进口堰高度；

h_1—降液管与进口堰距离；h_o—降液管底隙高度

　　降液管是液体从上一块塔板流到下一块塔板的通道，有圆形与弓形两类，弓形降液管因为降液能力大、塔板利用率高而在工业生产中被广泛使用。

　　溢流堰分为出口堰和入口堰（即进口堰）。出口堰即降液管高出塔板的部分，作用是能保持塔板上有一定厚度的液层；入口堰设置在液体从上一块塔板的降液管流下，进入塔板的入口处，为高出塔板但低于或等于出口堰高的坝，起到防止降液管流下的液体直接冲击塔板而使板上液层不均的作用。

　　受液盘对降液管有液封和缓冲液体的作用，分为平型受液盘或凹型受液盘。平型受液盘为降液管下面塔盘到入口堰的区域；凹型受液盘为降液管下面的稍大于降液管截面积、且凹下的塔盘所占的区域，凹型受液盘一般不设入口堰。

　　整个塔盘通常划分为有效区、溢流区、安定区和边缘区四个区域，如图 1-10 所示。其中有效区又称鼓泡区，即开设板孔的区域，是气液充分接触，进行传质传热的区域。溢流区包括降液管及受液盘所占的区域，液体由此区域降到下一块塔板上。安定区是在有效区和溢流区之间不开板孔的区域，分为出口安定区和入口安定区。出口安定区又称破沫区，防止塔板开孔后气体不能及时释放而被液体带入降液管回到下一块塔板而使分离效率下降；入口安定区是防止塔板入口处液体发生倾向性漏液而使分离效率下降。边缘区又称无效区，是靠近塔壁的一圈不开板孔的区域，下面是支撑塔板的边梁。

2．塔板的类型及性能评价

（1）按气液接触元件分类　按气液接触元件不同划分，塔板可分为多种形式，常见塔板的结构特点见表1-2。

表 1-2　常见塔板的结构特点

分类	结构特点
泡罩塔板	在塔板上开有若干圆形孔，孔上焊有短管作为升气管。升气管高出液面，故板上液体不会从中漏下。升气管上盖有泡罩，泡罩分圆形和条形两种，多数选用圆形泡罩，其尺寸一般为ϕ80mm、ϕ100mm、ϕ150mm 三种，其下部周边开有许多齿缝，见图1-11。优点是低气速下操作不会发生严重漏液现象，有较好的操作弹性；塔板不易堵塞，对于各种物料的适应性强。缺点是塔板结构复杂，金属耗量大，造价高；板上液层厚，气体流径曲折，塔板压降大，生产能力及板效率低。近年来已很少应用
筛板	在塔板上开有许多均匀分布的筛孔，其结构见图1-12。筛孔在塔板上作正三角形排列，孔径一般为3～8mm，孔心距与孔径之比常在2.5～4.0范围内。优点是结构简单，金属耗量小，造价低廉；气体压降小，板上液面落差也较小，其生产能力及板效率较高。缺点是操作弹性范围较窄，小孔筛板容易堵塞，不宜处理易结焦、黏度大的物料。近年来对大孔（直径10mm 以上）筛板的研究和应用有所进展
浮阀塔板	阀片可随气速变化而升降。阀片上装有限位的三条腿，插入阀孔后将阀腿底脚旋转90°，限制操作时阀片在板上升起的最大高度，使阀片不被气体吹走。阀片周边冲出几个略向下弯的定距片。浮阀的类型很多，常用的有 F1 型、V-4 型及 T 型等，如图1-13所示，应用广泛。优点是结构简单，制造方便，造价低；生产能力大；操作弹性大；塔板效率高；塔板压力降低。缺点是不宜处理易结焦、黏度大的物料；操作中有时会发生阀片脱落或卡死等现象，使塔板效率和操作弹性下降
舌形塔板	在塔板上开出许多舌形孔，向塔板液流出口处张开，张角20°左右。舌片与板面成一定的角度，按一定规律排布，塔板出口不设溢流堰，降液管面积也比一般塔板大些，如图1-14所示。优点是开孔率较大，故可采用较大空速，生产能力大；传质效率高；塔板压降小。缺点是操作弹性小；板上液流易将气泡带到下层塔板，使板效率下降
浮舌塔板	将固定舌片用可上下浮动的舌片替代，结构见图1-15。特点是生产能力大，操作弹性大，压降小

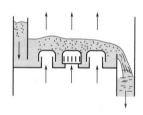

(a) 塔板结构示意图

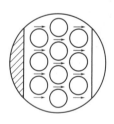

(b) 塔板平面图

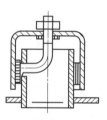

(c) 泡罩示意图

泡罩塔板

图 1-11　泡罩塔板

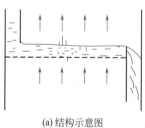

(a) 结构示意图

(b) 筛孔布置

图 1-12　筛板

(a) F1型浮阀塔板

扫一扫

浮阀塔板及
浮阀工作
状态

(b) 浮阀类型

图 1-13 浮阀塔板

图 1-14 舌形塔板

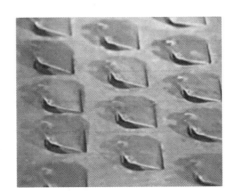

图 1-15 浮舌塔板

扫一扫

浮舌塔板

工业上常见塔板的性能比较见表 1-3。

表 1-3 常见塔板的性能比较

塔板类型	相对生产能力	相对塔板效率	操作弹性	压力降	结构	相对成本
泡罩塔板	1.0	1.0	中	高	复杂	1.0
筛板	1.2～1.4	1.1	低	低	简单	0.4～0.5
浮阀塔板	1.2～1.3	1.1～1.2	大	中	一般	0.7～0.8
舌形塔板	1.3～1.5	1.1	小	低	简单	0.5～0.6
斜孔塔板	1.5～1.8	1.1	中	低	简单	0.5～0.6

（2）按有无降液管分类　按有无降液管划分，塔板分为错流塔板和逆流塔板两种，其结构和特点见表1-4。

表1-4　错流塔板和逆流塔板的结构和特点

分类	结构	特点
错流塔板	塔板间设有降液管。液体横向流过塔板，气体经过塔板上的孔道上升，在塔板上气、液两相呈错流接触，如图1-16所示	适当安排降液管位置和溢流堰高度，可以控制板上液层厚度，从而获得较高的传质效率。但是降液管约占塔板面积的20%，影响了塔的生产能力，且液体横过塔板时要克服各种阻力，引起液面落差，液面落差大时，能引起板上气体分布不均匀，降低分离效率。应用广泛
逆流塔板	塔板间无降液管，气、液同时由板上孔道逆向穿流而过，如图1-17所示	结构简单、板面利用充分，无液面落差，气体分布均匀，但需要较高的气速才能维持板上液层，操作弹性小，效率低，应用不及错流塔板广泛

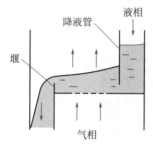

图1-16　错流塔板气液流动示意图

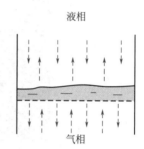

图1-17　逆流塔板气液流动示意图

（3）按是否为整块板分类　按是否为整块板划分，塔板分为整块式和分块式两种。整块式即塔板由一整块板构成，多用于直径小于1m的塔。当塔径较大时，整块式的塔板刚性差，安装检修不便，为便于通过人孔装拆塔板，多采用由若干块板合并而成的分块式塔板。

三、溢流方式

根据塔板上降液管的布置情况，塔板上液体的流动方式有U形流、单溢流、双溢流及阶梯流等。

（1）U形流　U形流也称回转流，其结构是将弓形降液管用挡板隔成两半，一半作受液盘，另一半作降液管，降液和受液装置安排在塔板同一侧。此种溢流方式液体流径长，可以提高板效率，只适用于小塔及液体流量小的场合。

（2）单溢流　单溢流又称直径流，降液管和受液盘安排在塔板的两侧，液体自受液盘横向流过塔板翻过出口堰进入降液管，这种方式液体流径长，塔板效率高，塔板结构简单，加工方便，在小于2.2m的塔径中被广泛采用。

单溢流塔板排列

（3）双溢流　双溢流又称半径流，其结构是降液管交替设在塔截面的中部和两侧，来自上层塔板的液体分别从两侧的降液管进入塔板，横过半块塔板而进入中部降液管，到下层塔板则液体由中央向两侧流动。这种溢流方式液体流动的路程短，可降低液面落差，但塔板结构复杂，板面利用率低，一般用于直径大于2m的塔中。

（4）阶梯流　阶梯流的塔板即将双溢流的塔板做成阶梯形式，每一阶梯均有溢流。这种方式可在不缩短液体流径的情况下减少液面落差，结构最为复杂，只适用于塔径很大、液体流量很大的特殊场合。

四、板式塔内气液接触状态

塔板上气液两相的接触状态是决定板上两相流体力学及传质和传热效率的重要因素。当液体流量一定时，随着气速的增加，气液两相可以出现四种不同的接触状态。

（1）鼓泡接触状态　当气速较低时，气体以鼓泡形式通过液层。由于气泡的数量不多，形成的气液混合物基本上以液体为主，此时塔板上存在着大量的清液。因气泡占的比例较小，气液两相接触的表面积不大，传质效率很低。

鼓泡接触
状态

（2）蜂窝状接触状态　随着气速的增加，气泡的数量不断增加。当气泡的形成速率大于气泡的浮升速率时，气泡在液层中累积。气泡之间相互碰撞，形成各种多面体的大气泡，板上清液层基本消失，而形成以气体为主的气液混合物。由于气泡不易破裂，表面得不到更新，所以此种状态不利于传热和传质。

（3）泡沫接触状态　当气速继续增加，气泡数量急剧增加，气泡不断发生碰撞和破裂。此时板上液体大部分以液膜的形式存在于气泡之间，形成一些直径较小、扰动十分剧烈的动态泡沫，在板上只能看到较薄的一层液体。由于泡沫接触状态的表面积大，并不断更新，这就为两相传热与传质提供了良好的条件，是一种较好的接触状态。

泡沫接触
状态

（4）喷射接触状态　当气速继续增加，由于气体动能很大，气体会把板上的液体向上喷成大小不等的液滴，直径较大的液滴受重力作用又落回到板上，直径较小的液滴被气体带走，形成液沫夹带。此时塔板上的气体为连续相，液体为分散相，两相传质的面积是液滴的外表面。由于液滴回到塔板上又被分散，这种液滴的反复形成和聚集，使传质面积大大增加，而且表面不断更新，有利于传质与传热进行，也是一种较好的接触状态。

喷射接触
状态

喷射接触状态是塔板操作的极限，易引起较多的液沫夹带，**因此工业生产中，塔板上气液两相的接触状态一般控制为泡沫接触状态。**

五、板式塔内气液两相的流动

1. 板式塔内气液两相的理想流动

为获得最大的传质推动力，**塔内气液两相在总体上呈逆流流动，在每块塔板上呈错流流动。**操作时，**塔内液体依靠重力作用，自上而下流经各层塔板，**由上层塔板的降液管流到下层塔板的受液盘，然后横向流过塔板，从降液管流至下一层塔板，并在每层塔板上保持一定的液层；**气体则在压力差的推动下，自下而上穿过各层塔板的气体通道**（泡罩、筛孔或浮阀等），分散成小股气流。在塔板上，气液两相密切接触，进行热量和质量的交换。在板式塔中，气液两相逐级接触，两相的组成沿塔高呈阶梯式变化。

板式塔内气
液两相的理
想流动

2. 板式塔内气液两相的非理想流动

（1）空间上的反向流动　空间上的反向流动是指与主体流动方向相反的液体或气体的流动，主要有两种。

① 液沫夹带。上升气流穿过塔板上液层时，必然将部分液体分散成微小液滴，气体夹

带着这些液滴在板间的空间上升，如液滴来不及沉降分离，则将随气体进入上层塔板。这种板上液体被上升气体带入上一层塔板的现象称为液沫夹带。液沫夹带量主要与气速和板间距有关，其随气速的增大和板间距的减小而增加。

液沫夹带

液沫夹带是一种液相在塔板间的返混现象，使传质推动力减小，塔板效率下降。为保证传质的效率，维持正常操作，需将液沫夹带限制在一定范围，一般允许的**液沫夹带量** e_V < 0.1kg（液）/kg（气）。

② 气泡夹带。由于液体在降液管中停留时间过短，使气泡来不及解脱被液体带入下一层塔板的现象称为气泡夹带。气泡夹带是与气体的流动方向相反的气相返混现象，使传质推动力减小，降低塔板效率。

气泡夹带

通常在靠近溢流堰的地方设置出口安定区，使液体进入降液管前有一定时间脱除其中所含的气体，减少气相返混现象。为避免严重的气泡夹带，工程上规定，液体在降液管内应有足够的停留时间，一般不得低于 5s。

（2）空间上的不均匀流动　空间上的不均匀流动是指气体或液体流速的不均匀分布。与返混现象一样，不均匀流动同样使传质推动力减小。

① 气体沿塔板的不均匀分布。从降液管流出的液体横跨塔板流动必须克服阻力，板上液面将出现位差，塔板进、出口侧的清液高度差称为液面落差，如图 1-18 中的 Δ 所示。液面落差的大小与塔板结构有关，还与塔径和液体流量有关。液体流量越大，行程越大，液面落差越大。

液面落差的存在，将导致气流的不均匀分布。在塔板入口处，液层阻力大，气量小于平均数值；而在塔板出口处，液层阻力小，气量大于平均数值，如图 1-18 所示。

不均匀的气流分布对传质是个不利因素。为此，对于直径较大的塔，设计中常采用双溢流或阶梯流等溢流形式来减小液面落差，以降低气体的不均匀分布。

② 液体沿塔板的不均匀流动。液体自塔板一端流向另一端时，在塔板中央，液体行程较短而直，阻力小，流速大。在塔板边缘部分，行程长而弯曲，又受到塔壁的牵制，阻力大，因而流速小，如图 1-19 所示。因此，液流量在塔板上的分配是不均匀的。这种不均匀性的严重发展会在塔板上造成一些液体流动不畅的滞留区。

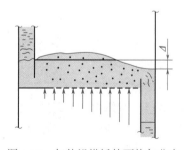

图 1-18　气体沿塔板的不均匀分布

图 1-19　液体沿塔板的不均匀流动

液体在塔板上的流速分布

与气体分布不均匀相仿，液流不均匀性所造成的总结果是使塔板的物质传递量减少，是不利因素。液流分布的不均匀性与液体流量有关，低流量时该问题尤为突出，可导致气液接触不良，易产生干吹、偏流等现象，塔板效率下降。为避免液体沿塔板流动严重不均，操作时一般要保证出口堰上液层高度不得低于 6mm，否则宜采用上缘开有锯齿形缺口的堰板。

塔板上的非理想流动虽然不利于传质过程的进行，影响传质效果，但塔还可以维持正常操作。

3. 板式塔的异常操作现象

（1）严重漏液 当气体通过塔板的速率较小，气体通过升气孔道的动压不足以阻止板上液体经孔道流下时，便会出现漏液现象。漏液的发生导致气液两相在塔板上的接触时间减少，塔板效率下降。若塔板上漏液量达到液体流量的 10% 则称为严重漏液，严重漏液会使塔板不能积液而无法正常操作。漏液量达到 10% 时的气体速率称为漏液点气速，它是板式塔操作气速的下限。

扫一扫

严重漏液

造成漏液的主要原因是气速太小和板面上液面落差所引起的气流分布不均匀。在塔板液体入口处，液层较厚，往往出现漏液，为此在塔板液体入口处留出一条不开孔的安定区，也会防止漏液。

（2）严重液沫夹带 塔板上液沫夹带量超过 0.1kg（液）/kg（气）时称为严重液沫夹带。精馏操作时，液沫夹带不可避免，但过量的液沫夹带会造成塔内液相返混严重，板效率严重下降，无法正常操作。

扫一扫

严重液沫
夹带

（3）液泛 为使液体能稳定地流入下一层塔板，降液管内须维持一定高度的液柱。如果降液管中液体高度超过上层塔板的溢流堰顶部，板上液体将无法顺利流下，液体充满塔板之间的空间，这种现象称为液泛。液泛是气液两相做逆向流动时的操作极限。发生液泛时，压力降急剧增大，塔板效率急剧降低，塔的正常操作将被破坏，在实际操作中要避免。

扫一扫

液泛

当塔板上气体流量很大，上升气体的速率很高时，液体被气体夹带到上一层塔板上的量剧增，使上层塔板液层增厚，塔板液流不畅，液层迅速积累，塔板间充满气液混合物，这种由于严重的液沫夹带引起的液泛称为夹带液泛。当塔板上液体流量过大时，降液管阻力增加，液体不能顺利向下流动，管内液体必然积累，致使管内液位增高而越过溢流堰顶部，两板间液体相连，塔板产生积液，这种由于降液管内充满液体而引起的液泛称为降液管液泛或溢流液泛。

扫一扫

液泛——
淹塔

开始发生液泛时的气速称之为泛点气速。正常操作气速应控制在泛点气速之下。影响液泛的因素除气、液相流量外，还与塔板的结构特别是塔板间距有关。塔板间距增大，可提高泛点气速。

 技能训练

扫一扫 扫一扫 扫一扫

浮阀塔盘   钻塔   上塔、下塔
拆装

塔盘拆装

1. 训练要求

① 掌握板式塔外部构件、内部构造，了解其作用。

② 对浮阀塔板进行拆装操作。

③ 正确穿戴、使用劳动防护用品。

④ 学会使用工具。

⑤ 按章操作、确保安全。

2．所用材料及工具

（1）所用材料　拆装塔盘所用的材料主要是易损件、易耗件，在拆装过程中发现缺损的构件要及时更换，常需的备件见表1-5。

表 1-5　常需的备件表

序号	名称	形式、规格	数量
1	人孔盖	外径：515mm，内径：400mm，厚度：30mm	4
2	巴金垫		
3	卡子	55mm×30mm×13mm 不锈钢。可用 19mm 双头螺柱紧固	20
4	浮阀	F1 型浮阀，不锈钢	20
5	双头螺柱	M12×65，碳钢、不锈钢	若干
6	双头螺柱	M20×106，碳钢	若干
7	双头螺柱	M27×153，碳钢，41～42mm	若干
8	螺栓	M12×34，不锈钢	若干

（2）选择工具　应本着尺寸标准、强度标准、类型标准和质量标准的原则选择，同时还应考虑特殊和难易程度（锈蚀程度）。具体工具见表1-6。

表 1-6　工具表

序号	名称	规格	数量	备注
1	双头呆扳手	17mm×19mm 或 19mm×22mm、27mm×30mm 或 30mm×32mm、36mm×41mm 或 41mm×46mm	2 把 / 个	
2	六角扳手	S30、S41(42) 等	2 把 / 个	带撬棒
3	套筒扳手	19mm、30mm	2 把 / 个	
4	活扳手	10″、12″、15″	1 把 / 个	
5	滑轮	0.5t 以下	1 套	
6	绳索	负荷 25kg，30m	1 根	
7	塔内照明灯	防爆	1 盏	
8	手电筒	LED 充电	1 只	
9	随身工具袋	背包、翻毛皮	3 套	
10	帆布手套		10 副	学生
11	安全帽		10 个	学生

3．实训操作步骤

（1）参观可供拆装的板式塔　观察板式塔外部构件以及通过打开的人孔观察板式塔内部构造。借助资料，并在老师指导下，能指出塔的内部主要构件的名称、作用。

（2）拆装塔盘前的准备

① 明确任务要求，到现场实地勘察；

② 清楚作业面周围环境和作业空间；

③ 人员分工，明确责任，明确作业时间（操作时间）；

④ 检查安全手续是否齐全，安全措施是否到位；

⑤ 劳动用品穿戴整齐。

（3）塔盘拆卸

① 拆卸塔盘需 3 人以上，清理和检修人数自定，所有参加人员必须做到塔内塔外相互配合，塔上塔下相互配合，尤其是塔内外人员应采用定时轮换的方法来调整体力、内外不断喊话的方式来保证安全。

② 拆塔盘顺序自上而下，人员从下部人孔出塔。装塔盘顺序自下而上，人员从上部人孔出塔。

③ 入塔人员须在塔外人员配合下安全入塔，工具由塔外人员传递给塔内人员，并时时监护喊话、接应拆卸塔盘。

④ 每层塔盘拆卸顺序：先拆中间板两侧卡子，再逐个松动塔板之间连接螺钉，最后将所卸螺钉送出塔外，然后抓住一侧拉手慢慢提起，传递给塔外人员。这时人可以站到下一层塔盘上，拆卸剩余的两块边板，依次拆卸送出。

⑤ 塔外人员须对塔盘及每层塔盘组合板进行编号，主要是为了安装塔盘不乱。编号方法：人孔编号从上至下排列 1、2、3、4……每层塔盘编号 1、2、3……每层塔盘组合板从里往外编号 1、2、3（人孔这边属于外）……组合在一起。例如，编号 1-2-3 代表第 1 号人孔第 2 层塔盘第 3 块组合板。

⑥ 拆到深处塔盘，可用绳索将塔盘一块一块拉出人孔，塔内人员必须将塔板系牢，塔外人员听到塔内人员起重指令后，慢慢将塔板拉到人孔处，另外一名塔外人员将塔板拿出，方可解开绳索，绝不允许在塔板起重上升途中松手或在塔内解索。

⑦ 将塔盘用滑轮运至二楼平台，进行清理和检修。先用铁刷将塔盘两面清理干净，检查螺钉、卡子、浮阀、溢流堰等有无损坏。补齐缺损浮阀、螺钉和卡子，对所有通用螺钉进行透油、活动，达到灵活好用的目的。

⑧ 塔盘按编号摆放，核实准确，准备安装塔盘。

（4）安装塔盘

① 塔盘安装顺序自下而上按拆卸时的编号将最底层塔盘运到下一个人孔处，其他塔盘运到原拆卸人孔处。并检查卡子安放是否正确，所用螺钉是否齐全、灵活好用（达到新螺钉状况）。

② 每层塔盘安装方法：先将 1 号板放在人孔一侧塔盘架上平推过去；再将 3 号板放上；最后放 2 号板。

③ 卡子螺钉安装紧固方法：人员进入塔内，将相邻的分块塔板用螺杆穿起来，并戴上螺钉，各卡子定位并轻轻带劲（用力能窜动）；紧固连接螺钉，螺钉眼对正，紧到板与板靠严即可；拧紧各个卡子。

④ 上一层塔盘安装，需从上边人孔将编号塔板用绳索系入塔内，其安装方法与安装第一层塔盘方法相同。

⑤ 人在离开安装好的塔盘时，要进行清理和检查，不要将工具、螺钉和其他材料物品落在塔盘上，否则要重新拆卸和安装。必须做到干一层，清理、检查一层。

 **知识拓展**

塔设备的发展

板式塔已有 100 多年的发展历史。板式塔技术进展，主要集中在对气液接触元件和降液管的结构以及塔内空间的利用等方面进行改进。20 世纪 50 年代以来，工业上一直广泛使用圆盘型浮阀塔，浮阀类型有 F1 型、V-4 型、VV 型等。后来出现了喷射型塔板，如舌形塔板、浮舌塔板、网孔塔板、斜孔塔板、新型垂直筛板、并流喷射塔板、旋流塔板，塔板性能不断改进。特别是旋流塔板，每块板压降 150～300Pa，由于离心力除雾及破泡而处理能力大，具有负荷高、压降低、弹性宽、不易堵塞等特点。旋流塔板经实验室及工业试验，很快在小氮肥生产中推广。

近年来又出现了复合塔板。该板是从研究改进塔板上泡沫层传质效率入手，设法把塔板之间的部分气相空间有效地利用于传质，以提高板式塔效率。如常见的穿流筛板与规整填料相结合的复合塔板。这种塔板的两块筛板之间一半空间是鼓泡区，鼓泡区上方是填料层。如年产 1 万吨的甲醇主精馏塔，一般需要 80 块浮阀塔板，采用复合塔板只需 60 块，而且板间距较小，塔高从 41m 下降到 24m。

 考核评价

认识板式精馏塔		
工作任务	**考核内容**	**考核要点**
认识板式精馏塔	基础知识	塔设备的分类、板式塔的结构、塔板的类型及性能评价、溢流方式、板式塔内气液接触状态、板式塔内气液两相的理想流动、板式塔内气液两相的非理想流动、板式塔的异常操作现象
	能力训练	观察塔实物构造后回答问题

考核标准			
具体任务	**考核要点**	**细则**	**得分**
选择工具	工具的名称	满分 3 分。错一个扣 1 分，最多扣 3 分	
	工具规格或型号	满分 3 分。错一个扣 1 分，最多扣 3 分	
	工具数量	满分 3 分。错一个扣 1 分，最多扣 3 分	
拆装塔盘	着装符合安全作业要求	满分 3 分。错一个扣 1 分，最多扣 3 分	
	进塔动作安全规范	满分 4 分。错一个扣 1 分，最多扣 4 分	
	对塔盘进行编号	满分 4 分。错一个扣 1 分，最多扣 4 分	
	按规定顺序进行拆卸	满分 4 分。错一个扣 1 分，最多扣 4 分	
	拆卸每层塔盘操作规范	满分 4 分。错一个扣 1 分，最多扣 4 分	
塔盘的拆装、清理	规范运输塔盘	满分 4 分。错一个扣 1 分，最多扣 4 分	
	清理塔盘	满分 4 分。清理不净扣 2 分，未清理扣 4 分	
	检测、更换问题器件	满分 4 分。错一个扣 1 分，最多扣 4 分	
	塔盘按编号摆放，核实准确	满分 4 分。错一个扣 1 分，最多扣 4 分	

续表

考核标准			
具体任务	考核要点	细则	得分
拆装塔盘	安装塔盘	按顺序安装塔盘	满分 4 分。错一个扣 1 分，最多扣 4 分	
		安装每层塔盘操作规范	满分 4 分。错一个扣 1 分，最多扣 4 分	
		对装好的塔盘进行检查	满分 4 分。错一个扣 1 分，最多扣 4 分	
		对装好的塔盘进行清理	满分 4 分。清理不净扣 2 分，未清理扣 4 分	
		按规定动作出人孔	满分 4 分。错一个扣 1 分，最多扣 4 分	
		按顺序封人孔	满分 4 分。错一个扣 1 分，最多扣 4 分	
		封人孔规范	满分 4 分。错一个扣 1 分，最多扣 4 分	
		清点工具、清理现场	满分 4 分。做得不好扣 2 分，未做扣 4 分	
		完成操作用时	满分 20 分。< 20 分钟，不扣分；21～30 分钟，扣 5 分；> 31 分钟，扣 10 分	
职业素养		安全警示标识	满分 4 分，错一个扣 1 分，最多扣 4 分	

 自测练习

一、选择题

1. 下列塔设备中，操作弹性最小的是（　　）。

A. 筛板塔　　　　　　B. 浮阀塔　　　　　　C. 泡罩塔　　　　　　D. 浮舌板塔

2. 舌形塔板属于（　　）。

A. 泡罩型塔板　　　B. 浮阀型塔板　　　C. 筛板型塔板　　　D. 喷射型塔板

3. 下列叙述错误的是（　　）。

A. 板式塔内以塔板作为气、液两相接触传质的基本构件

B. 安装出口堰是为了保证气、液两相在塔板上有充分的接触时间

C. 降液管是塔板间液流通道，也是溢流液中所夹带气体的分离场所

D. 降液管与下层塔板的间距应大于出口堰的高度

4. 工业上常见的板式精馏塔从全塔总体上看气液两相呈（　　）流动。

A. 逆流　　　　　　B. 并流　　　　　　C. 错流　　　　　　D. 混合流动

5. 板式塔板上气液两相接触状态有（　　）。

A. 2 种　　　　　　B. 3 种　　　　　　C. 4 种　　　　　　D. 5 种

6. 塔板上造成气泡夹带的原因是（　　）。

A. 气速过大　　　　　　　　　　　B. 气速过小

C. 液流量过大　　　　　　　　　　D. 液流量过小

7. 下列哪种情况不是诱发降液管液泛的原因（　　）。

A. 液、气负荷过大　　　　　　　　B. 过量雾沫夹带

C. 塔板间距过小　　　　　　　　　D. 过量漏液

8. 下列判断不正确的是（　　）。

A. 上升气速过大引起漏液　　　　　B. 上升气速过大造成过量雾沫夹带

C. 上升气速过大引起液泛　　　　　　D. 上升气速过大造成大量气泡夹带

9. 由气体和液体流量过大两种原因共同造成的是（　　）现象。

A. 漏液　　　　　B. 液沫夹带　　　　C. 气泡夹带　　　　D. 液泛

二、判断题

（　　）1. 浮阀塔缺点是浮阀易被粘、锈和卡住。

（　　）2. 板式塔的主要部件包括塔体、封头、塔裙、接管、人孔、塔盘等。

（　　）3. 错流塔板有单溢流和双溢流两种溢流形式。

（　　）4. 板式精馏塔是逐级接触式的气液传质设备。

（　　）5. 塔内提供气液两相充分接触的场所是塔板。

（　　）6. 雾沫夹带过量是造成精馏塔液泛的原因之一。

三、简答题

1. 精馏塔塔板上气液两相接触状态有几种？分别是什么？一般在哪种情况下操作？

2. 精馏塔塔板上气液两相的不正常操作状态有几种？分别是什么？

3. 精馏塔塔板常见类型有几种？分别是什么？其中应用程度最广的是哪种？

4. 简述精馏塔塔板类型中泡罩塔、筛板塔、浮阀塔的性能区别。

5. 塔板上气液两相的非理想流动有哪些？形成原因是什么？对精馏操作有何影响？

任务3　精馏过程的基本原理

 教学目标

知识目标：

1. 掌握双组分理想溶液的气液相平衡关系，理解泡点和露点方程及应用；

2. 掌握 t-x-y 图、y-x 图结构及应用；

3. 掌握相对挥发度的意义、用途及用相对挥发度表示的相平衡方程；

4. 掌握精馏原理及精馏必要条件；

5. 了解双组分非理想溶液的气液相平衡关系。

能力目标：

能应用气液相平衡知识对精馏过程进行分析计算。

素质目标：

建立科学方法论；具有节能意识；具有严谨细致的工作作风。

> **思政育人要素：**
> 通过分析精馏原理引入量变到质变的哲学思想，从而建立正确的世界观和科学方法论；通过分析多次部分汽化和多次部分冷凝在精馏塔上的实现过程引入节能意识、经济意识、质量意识及创新意识。

 **相关知识**

一、双组分理想溶液的气液相平衡

精馏过程属于气液相间的相际传质过程，溶液的气液相平衡是精馏操作分析和过程计算的重要依据。根据溶液中同分子间与异分子间作用力的差异，溶液可分为理想溶液和非理想溶液。理想溶液中同分子之间作用力与异分子间作用力相等，非理想溶液中同分子之间作用力与异分子间作用力不相等。实际混合物都不是理想溶液，但由分子结构相近、化学性质相似的组分构成的混合物可以近似看作理想溶液，如苯 - 甲苯、己烷 - 庚烷物系。

1. 气液相平衡方程

理想溶液的气液相平衡遵循拉乌尔定律。拉乌尔定律指出，在一定温度下，理想溶液上方气相中任意组分的分压等于其纯组分在该温度下的饱和蒸气压与它在溶液中的摩尔分数的乘积：

$$p_A = p_A^\circ x_A \tag{1-1}$$

$$p_B = p_B^\circ x_B = p_B^\circ (1 - x_A) \tag{1-2}$$

式中　p_A，p_B——溶液上方A，B组分的平衡分压，Pa；

　　　p_A°，p_B°——在溶液温度下纯组分的饱和蒸气压，随温度而变，其值可用安托尼（Antoine）公式计算或由相关手册查得，Pa；

　　　x_A，x_B——溶液中 A，B 组分的摩尔分数。

对于双组分物系，溶液沸腾的条件是各组分的蒸气压之和等于外压，即

$$P = p_A + p_B = p_A^\circ x_A + p_B^\circ x_B = p_A^\circ x_A + p_B^\circ (1 - x_A)$$

则

$$x_A = \frac{P - p_B^\circ}{p_A^\circ - p_B^\circ} \tag{1-3}$$

式（1-3）表示一定压力下气液平衡时，液相组成与温度之间的对应关系，称为泡点方程。根据道尔顿分压定律，A 在气相中的分压为 $p_A = P y_A$，代入式（1-1）中得：

$$y_A = \frac{p_A^\circ}{P} x_A = \frac{p_A^\circ}{P} \times \frac{P - p_B^\circ}{p_A^\circ - p_B^\circ} \tag{1-4}$$

式（1-4）表示一定压力下气液平衡时，气相组成与温度之间的对应关系，称为露点方程。

精馏过程系恒压操作，由泡点方程和露点方程可以看出，在压力一定时，双组分平衡物系中必然存在着气相（或液相）组成与温度之间的一一对应关系，气液相组成之间的一一对应关系。例如，指定了温度，则两相平衡共存时的气液相组成必随之确定而不能任意变动。精馏塔内自下而上温度不断降低，所以每一块塔板上气液相组成均不相同。

2. 沸点 - 组成图和气液相平衡图

用相图来表达气液相平衡关系比较直观、清晰，而且影响精馏的因素可在相图上直接反映出来，对于双组分精馏过程的分析和计算非常方便。精馏中常用的相图有以下两种。

（1）沸点 - 组成图　沸点 - 组成图即 t-x-y 图，以苯 - 甲苯混合液为例，在常压下，其 t-x-y 图如图 1-20 所示，以温度 t 为纵坐标、液相组成 x_A 和气相组成 y_A 为横坐标（x，y 均指易挥发组分的摩尔分数）。图中有两条曲线，下曲线为液相线，也称为泡点线或饱和液体线，表示平衡时液相组成与温度的关系。上曲线为气相线，也称为露点线或饱和蒸气线，表示平衡时气相组成与温度的关系。两条曲线将整个 t-x-y 图分成三个区域，液相线以下代表尚未沸腾的液体，称为液相区。气相线以上代表过热蒸气区。被两曲线包围的部分为气液共存区。

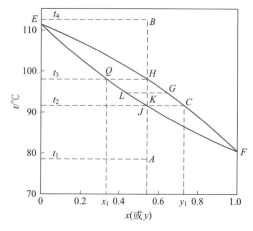

图 1-20　常压下苯 - 甲苯物系的 *t-x-y* 图

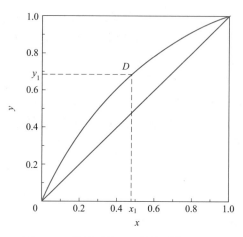

图 1-21　常压下苯 - 甲苯物系的 *y-x* 图

在恒定总压下，组成为 *x*、温度为 t_1（点 *A*）的混合液升温至 t_2（点 *J*）时，溶液开始沸腾，产生第一个气泡，相应的温度 t_2 称为泡点，产生的第一个气泡组成为 y_1（点 *C*）。同样，组成为 *y*、温度为 t_4（点 *B*）的过热蒸气冷却至温度 t_3（点 *H*）时，混合气体开始冷凝产生第一滴液滴，相应的温度 t_3 称为露点，凝结出第一个液滴的组成为 x_1（点 *Q*）。*F*、*E* 两点为纯苯和纯甲苯的沸点。

应用 *t-x-y* 图，可以求取任一温度的气液相平衡组成。当某混合物系的总组成与温度位于点 *K* 时，则此物系被分成互成平衡的气液两相，其液相和气相组成分别用 *L*、*G* 两点表示，两相的量由杠杆规则确定。

操作中，**可根据塔顶、塔底温度，确定产品的组成，判定是否合乎质量要求；反之，则可以根据塔顶、塔底产品的组成，判定温度是否合适。**

t-x-y 图数据通常由实验测得。对于理想溶液，可用露点、泡点方程计算，常见两组分物系常压下的平衡数据，也可从书后附录、物理化学或化工手册中查得。

（2）气液相平衡图　气液相平衡图又称 *y-x* 图。在两组分精馏的图解计算中，应用一定总压下的 *y-x* 图非常方便快捷。

y-x 图表示在恒定的外压下，蒸气组成 *y* 和与之相平衡的液相组成 *x* 之间的关系。图 1-21 是 101.3kPa 的总压下，苯 - 甲苯混合物系的 *y-x* 图，它表示不同温度下互成平衡的气液两相组成 *y* 与 *x* 的关系。图中任意点 *D* 表示组成为 x_1 的液相与组成为 y_1 的气相互相平衡。图中对角线 *y=x*，为辅助线。两相达到平衡时，气相中易挥发组分的浓度大于液相中易挥发组分的浓度，即 *y > x*，故平衡线位于对角线的上方。**平衡线离对角线越远，说明互成平衡的气液两相浓度差别越大，溶液就越容易分离。**

3. 用相对挥发度表示的平衡关系

（1）相对挥发度　挥发度是组分挥发性大小的标志。通常纯组分的挥发度是指液体在一定温度下的饱和蒸气压，而溶液中各组分的挥发度为一定温度下，气液达平衡时，溶液上方组分的分压与该组分在溶液中的摩尔分数之比，用 *v* 表示。

精馏的依据是各组分挥发性的差异，而挥发度数值随温度变化很大，在精馏分析计算时使用很不方便，因此引入相对挥发度的概念。相对挥发度是指混合液中某两个组分的挥发度之比，用 α 表示。例如，α_{AB} 表示溶液中组分 A 对组分 B 的相对挥发度，根据定义：

$$\alpha_{AB} = \frac{v_A}{v_B} = \frac{p_A/x_A}{p_B/x_B} = \frac{p_A x_B}{p_B x_A} \tag{1-5}$$

若气体服从道尔顿分压定律，则：

$$\alpha_{AB} = \frac{P y_A x_B}{P y_B x_A} = \frac{y_A x_B}{y_B x_A} \tag{1-6}$$

对于理想溶液，因其服从拉乌尔定律，则：

$$\alpha_{AB} = \frac{p_A^\circ}{p_B^\circ} \tag{1-7}$$

式（1-7）说明理想溶液的相对挥发度等于同温度下纯组分 A 和纯组分 B 的饱和蒸气压之比。p_A°、p_B° 随温度而变化，但 p_A°/p_B° 随温度变化不大，故一般可将 α 视为常数，计算时可取其平均值。

（2）用相对挥发度表示的相平衡方程 对于二元体系，$x_B = 1 - x_A$，$y_B = 1 - y_A$，通常认为 A 为易挥发组分，B 为难挥发组分，略去下标 A、B，则式（1-6）可转化为：

$$y = \frac{\alpha x}{1 + (\alpha - 1)x} \tag{1-8}$$

上式称为相平衡方程，在精馏计算中用式（1-8）来表示气液相平衡关系更为简便。

由式（1-8）可知，当 $\alpha = 1$ 时，$y = x$，气液相组成相同，二元体系不能用普通精馏法分离；当 $\alpha > 1$ 时，分析式（1-8）可知，$y > x$。α 越大，y 比 x 大得越多，互成平衡的气液两相浓度差别越大，组分 A 和 B 越易分离。因此由 α 值的大小可以判断溶液是否能用普通精馏方法分离及分离的难易程度。

二、精馏原理

1. 一次部分汽化和一次部分冷凝

如图 1-22 所示，将组成为 x_F 的原料液加热至 t_e，其状态点为 E 点，处于气液共存区，经一次部分汽化，得到相互平衡的气相组成 y_D 和液相组成 x_W，并且 $x_W < x_F < y_D$。例如在平衡蒸馏过程中，闪蒸器内压强及温度均保持恒定，通过一次部分汽化使混合液得到一定程度的分离，将气相组成为 y_D 的蒸气全部冷凝下来，即得到易挥发组分含量较高的顶部产品，而塔底排出液中易挥发组分含量较低。

对于一次部分汽化、一次部分冷凝来说，由于液体混合物中所含的组分的沸点不同，当其在一定温度下部分汽化时，因低沸点组分易于汽化，故它在气相中的浓度较液相高，而液相中高沸点组分的浓度较气相高，这就改变了气液两相的组成。当对混合蒸气进行部分冷凝时，因高沸点组分易于冷凝，使冷凝液中高沸点组分的浓度较气相高，而未冷凝气中低沸点组分的浓度比冷凝液中要高。这样经过一次部分汽化和部分冷凝，使混合液通过各组分浓度的改变得到了初步分离。

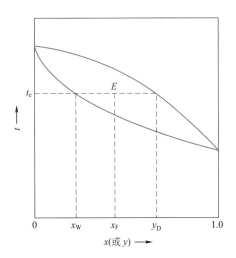

图 1-22　一次部分汽化示意图

2．多次部分汽化和多次部分冷凝

如图 1-23 所示，若将组成为 x_F 的液体加热至 t_1，使之部分汽化，可得到气相组成为 y_1 与液相组成为 x_1 的平衡气液两相，且 $x_1 < x_F$，若将组成为 x_1 的液体再次进行部分汽化，则可得到气相组成为 y'_2 与液相组成为 x_2 的平衡两相，且 $x_2 < x_1 < x_F$。可见，**液体混合物经多次部分汽化，所得到液相中易挥发组分的含量就越低，最后可得到几乎纯态的难挥发组分。**

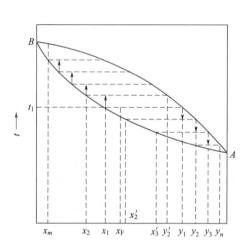

图 1-23　多次部分汽化和多次部分冷凝示意图

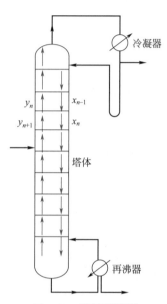

图 1-24　连续精馏塔

同理，若将组成为 y_1 的气相混合物进行部分冷凝，则可得到气相组成为 y_2 与液相组成为 x'_2 的平衡两相，且 $y_2 > y_1$；若将组成为 y_2 的气相混合物再次进行部分冷凝，则可得到气相组成为 y_3 与液相组成为 x'_3 的平衡两相，且 $y_3 > y_2 > y_1$。可见，**气体混合物经多次部分冷凝，所得气相中易挥发组分含量就越高，最后可得到几乎纯态的易挥发组分。**

存在的问题：每一次部分汽化和部分冷凝都会产生部分中间产物，致使最终得到的纯产品量极少，而且设备庞杂，能量消耗大。为解决上述问题，工业生产中精馏操作采用精馏塔进行。从塔顶下降的温度低的液体与从再沸器上升的高温蒸气直接接触，气体冷凝时放出的热量供给液体汽化时使用，在传热的同时进行传质，使混合液得到较完善的分离，如图 1-24 所示。

3．塔板上气液两相的操作分析

图 1-25 为板式塔中任意第 n 块塔板的操作情况。如原料液为双组分混合物，下降液体来自第 $n-1$ 块板，其易挥发组分的浓度为 x_{n-1}，温度为 t_{n-1}（图 1-26 中点 P）。上升蒸气来自第 $n+1$ 块板，其易挥发组分的浓度为 y_{n+1}，温度为 t_{n+1}（图 1-26 中点 G）。当气液两相在第 n 块板上相遇时，$t_{n+1} > t_{n-1}$，因而上升蒸气与下降液体必然发生热量交换，蒸气放出热量，自身发生部分冷凝，而液体吸收热量，自身发生部分汽化。由于上升蒸气与下降液体的浓度互相不平衡，如图 1-26 所示，液相部分汽化时易挥发组分向气相转移，气相部分冷凝时难挥发组分向液相转移。结果下降液体中易挥发组分浓度降低，难挥发组分浓度升高；上升蒸气中易挥发组分浓度升高，难挥发组分浓度下降。

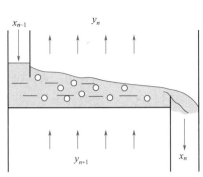

图 1-25　塔板上的传质分析

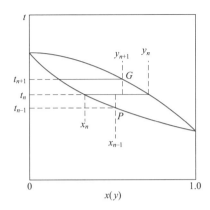

图 1-26　精馏过程的 t-x-y 示意图

扫一扫

塔板上的气
液流动

若上升蒸气与下降液体在第 n 块板上接触时间足够长，两者温度将相等，都等于 t_n，气液两相组成 y_n 与 x_n 相互平衡，称此塔板为理论塔板。实际塔板由于气液两相接触时间短暂、接触面积有限等原因，离开塔板的气液相达不到平衡。因此理论板不存在，但可以作为衡量实际塔板分离效果的标准。

由以上分析可知，气液相通过一层塔板，同时发生一次部分汽化和一次部分冷凝。通过多层塔板，即同时进行了多次部分汽化和多次部分冷凝，最后，在塔顶得到的气相为较纯的易挥发组分，在塔底得到的液相为较纯的难挥发组分，从而达到所要求的分离程度。

4. 精馏必要条件

为实现分离操作，除了需要有足够层数塔板的精馏塔之外，还必须从塔底引入上升蒸气流（气相回流）和从塔顶引入下降的液流（液相回流），以建立气液两相体系。**塔底上升蒸气和塔顶液相回流是保证精馏操作过程连续稳定进行的必要条件。**没有回流，塔板上就没有气液两相的接触，就没有质量交换和热量交换，也就没有轻、重组分的分离。精馏塔内所发生的传热传质过程如下。

① 气液两相进行热的交换，在塔内因液体受热而产生的温度较高的蒸气，自下而上地同塔顶因冷凝而产生的温度较低的回流液体作逆向流动，利用部分汽化所得气体混合物中的热来加热部分冷凝所得的液体混合物。

② 气液两相在热交换的同时进行质的交换。温度较低的液体混合物被温度较高的气体混合物加热而部分汽化。此时，因挥发能力的差异，低沸点物比高沸点物挥发多，结果表现为低沸点组分从液相转为气相，气相中易挥发组分增浓。同理，温度较高的气相混合物，因加热了温度较低的液体混合物，而使自己部分冷凝，同样因为挥发能力的差异，使高沸点组分从气相转为液相，液相中难挥发组分增浓。

技能训练

确定理想溶液气液相平衡关系

【例 1-1】　试求总压力为 101.3kPa 下，苯 - 甲苯溶液在 100℃时的气液相平衡组成。

解　查得 100℃时苯（A）的饱和蒸气压为 179.2kPa，甲苯（B）的饱和蒸气压为 73.86kPa

$$x_A = \frac{P - p_B^\circ}{p_A^\circ - p_B^\circ} = \frac{101.3 - 73.86}{179.2 - 73.86} = 0.26$$

$$y_A = \frac{p_A^\circ}{P} x_A = \frac{179.2 \times 0.26}{101.3} = 0.46$$

【例 1-2】 已知苯 - 甲苯混合液 $t\text{-}x\text{-}y$ 图,若混合液中苯的摩尔分数为 0.40,求:(1)该混合液的泡点及其平衡蒸气的瞬间组成;(2)将该混合液加热到 100℃,溶液处于什么状态?组成是多少?(3)将该混合液加热到什么温度才能全部汽化为饱和蒸气?这时凝液的瞬间组成是多少?

解 解题过程见例 1-2 附图。

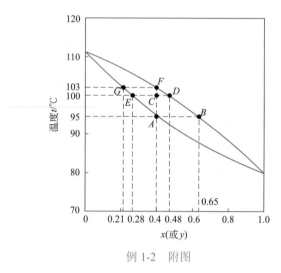

例 1-2 附图

(1)在横轴上找到 0.4,向上作垂线与泡点线相交于 A 点,交点 A 的纵坐标为泡点 95℃;过点 A 作水平线与露点线相交于 B 点,交点 B 的横坐标为平衡蒸气的瞬间组成 0.65;

(2)找到横坐标 0.4,纵坐标 100,分别作垂线和水平线,交点 C 落在气液共存区,因此该溶液处于两相共存状态;过交点 C 作水平线,与泡点线、露点线相交于 E、D 点,找到平衡液相组成 0.28,平衡气相组成 0.48;

(3)在横轴上找到 0.4,向上作垂线与露点线相交 F 点,交点 F 的纵坐标为 103℃,因此 103℃才能全部汽化为饱和蒸气;过交点作水平线与泡点线相交于 G 点,交点 G 的横坐标为凝液的瞬间组成 0.21。

【例 1-3】 总压力为 101.3kPa 下,甲醇 - 乙醇塔的塔顶温度为 65.0℃,塔底温度为 77.3℃,求该物系的相对挥发度并写出物系的相平衡方程。

解 查 65℃甲醇(A)的饱和蒸气压为 787.2mmHg(mmHg,压强单位,1mmHg=133.322Pa),乙醇(B)的饱和蒸气压为 446.1mmHg;77.3℃甲醇的饱和蒸气压为 1245.3mmHg,乙醇的饱和蒸气压为 738.5mmHg。

$$\alpha_{顶} = \frac{p_{A顶}^\circ}{p_{B顶}^\circ} = \frac{787.2}{446.1} = 1.765$$

$$\alpha_{\text{底}} = \frac{p_{\text{A底}}^{\circ}}{p_{\text{B底}}^{\circ}} = \frac{1245.3}{738.5} = 1.686$$

$$\alpha = \sqrt{\alpha_{\text{顶}}\alpha_{\text{底}}} = \sqrt{1.765 \times 1.686} = 1.725$$

相平衡方程：

$$y = \frac{\alpha x}{1 + (\alpha - 1)x} = \frac{1.725x}{1 + 0.725x}$$

 **知识拓展**

非理想溶液的气液相平衡

非理想溶液由于同分子之间作用力与异分子之间作用力不同，导致溶液中各组分的平衡分压对拉乌尔定律发生偏差，按照与理想溶液的偏差程度，分为正偏差溶液和负偏差溶液。实际溶液中以正偏差居多。

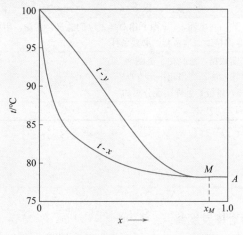

图 1-27　常压下乙醇 - 水的 t-x-y 图

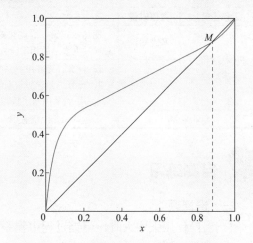

图 1-28　常压下乙醇 - 水的 x-y 图

例如乙醇 - 水、苯 - 乙醇等物系是具有很大正偏差的例子，其表现为溶液在某一组成时其两组分的饱和蒸气压之和出现最大值。与此相对应的溶液泡点比两纯组分的沸点都低，为具最低恒沸点的溶液。图 1-27 和图 1-28 分别为乙醇 - 水物系的 t-x-y 图及 y-x 图。图中 M 代表气液两相组成相等。常压下恒沸组成为 0.894，最低恒沸点为 78.15℃，在该点溶液的相对挥发度 α=1。

氯仿 - 丙酮溶液和硝酸 - 水物系为具有很大负偏差的例子。图 1-29 和图 1-30 分别为硝酸 - 水混合液的 t-x-y 图和 y-x 图。常压下其最高恒沸点为 121.9℃，对应的恒沸组成为 0.383，在图中的点 N 溶液的相对挥发度 α=1。同一种溶液的恒沸组成随总压而变化。

非理想溶液不一定都有恒沸组成，出现恒沸组成是非理想溶液的特殊情况。溶液不仅要与拉乌尔定律有偏差，而且两个组分的沸点也必须接近，并且化学结构不相似，这才容易形成恒沸物。实践证明，沸点相差大于 30K 的两个组分很难形成恒沸物。

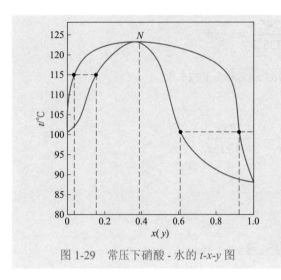

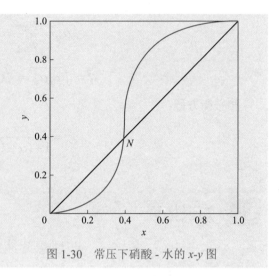

图 1-29　常压下硝酸 - 水的 t-x-y 图　　　　图 1-30　常压下硝酸 - 水的 x-y 图

 考核评价

精馏过程的基本原理		
工作任务	考核内容	考核要点
精馏过程的基本原理	基础知识	拉乌尔定律；泡点和露点方程；t-x-y 图，y-x 图；相对挥发度的意义，用途，用相对挥发度表示的相平衡方程；掌握精馏原理及精馏必要条件
	能力训练	1. 计算二元理想物系的相平衡数据，绘制相平衡图； 2. 计算二元理想物系的相对挥发度，写出相平衡方程； 3. 用 t-x-y 图阐述精馏塔内任一塔板是怎样实现分离的
	职业素养	质量意识，经济意识，建立科学方法论

 自测练习

一、选择题

1. 当操作压强增大时，精馏过程中物系的相对挥发度将（　　）。

A. 增大　　　　　　B. 减小　　　　　　C. 不变　　　　　　D. 不易判断

2. 气液两相能达成平衡的塔板称为（　　）。

A. 筛板　　　　　　B. 理论板　　　　　C. 实际板　　　　　D. 平衡板

3. 下述分离过程中不属于传质分离过程的是（　　）。

A. 萃取分离　　　　B. 吸收分离　　　　C. 精馏分离　　　　D. 离心分离

4. 若要求双组分混合液分离成较纯的两个组分，则应采用（　　）。

A. 平衡蒸馏　　　　B. 一般蒸馏　　　　C. 精馏　　　　　　D. 无法确定

5. 两组分物系的相对挥发度越小，则表示分离该物系越（　　）。

A. 容易　　　　　　B. 困难　　　　　　C. 完全　　　　　　D. 不完全

6. 在再沸器中溶液（　　）而产生上升蒸气，是精馏得以连续稳定操作的一个必不可少条件。

A. 部分冷凝　　　　B. 全部冷凝　　　　C. 部分汽化　　　　D. 全部汽化

7. 精馏过程设计时，增大操作压强，塔顶温度（　　）。

A．增大　　　　　　　B．减小　　　　　　　C．不变　　　　　　　D．不能确定

8．在常压下苯的沸点为 80.1℃，环己烷的沸点为 80.73℃，欲使该两组分混合物得到分离，则宜采用（　　）。

A．恒沸精馏　　　　　B．普通精馏　　　　　C．萃取精馏　　　　　D．水蒸气蒸馏

9．在一定操作压力下，塔釜、塔顶温度可以反映出（　　）。

A．生产能力　　　　　B．产品质量　　　　　C．操作条件　　　　　D．不确定

10．（　　）是保证精馏过程连续稳定操作的必要条件之一。

A．液相回流　　　　　B．进料　　　　　　　C．侧线抽出　　　　　D．产品提纯

11．在蒸馏生产过程中，从塔釜到塔顶，压力（　　）。

A．由高到低　　　　　B．由低到高　　　　　C．不变　　　　　　　D．都有可能

12．在蒸馏单元操作中，对产品质量影响最重要的因素是（　　）。

A．压力　　　　　　　B．温度　　　　　　　C．塔釜液位　　　　　D．进料量

13．纯液体的饱和蒸气压取决于所处的（　　）。

A．压力　　　　　　　B．温度　　　　　　　C．压力和温度　　　　D．海拔高度

14．在 t-x-y 图中的气液共存区内，当温度增加时，液相中易挥发组分的含量会（　　）。

A．增大　　　　　　　B．增大及减少　　　　C．减少　　　　　　　D．不变

15．已知精馏塔塔顶第一层理论板上的液相泡点为 t_1，与之平衡的气相露点为 t_2。而该塔塔底某理论板上的液相泡点为 t_3，与之平衡的气相露点为 t_4，则这四个温度的大小顺序为（　　）。

A．$t_1 > t_2 > t_3 > t_4$　　B．$t_1 < t_2 < t_3 < t_4$　　C．$t_1 = t_2 > t_3 = t_4$　　D．$t_1 = t_2 < t_3 = t_4$

二、判断题

（　　）1．回流是精馏稳定连续进行的必要条件。

（　　）2．在精馏塔中从上到下，液体中的轻组分逐渐增大。

（　　）3．在二元溶液的 y-x 图中，平衡线与对角线的距离越远，则该溶液就越易分离。

（　　）4．混合液的沸点只与外界压力有关。

（　　）5．对乙醇 - 水系统，用普通精馏方法进行分离，只要塔板数足够，可以得到纯度为 0.98（摩尔分数）以上的纯乙醇。

（　　）6．相对挥发度越大，混合液分离越不容易。

（　　）7．在精馏塔内任意一块理论板上的气相温度与液相温度相等。

三、简答题

1．说明相对挥发度的意义和作用。

2．试用 t-x-y 图说明在塔板上进行的精馏过程。

3．简述精馏原理、精馏的理论基础和精馏的必要条件。

任务 4　精馏过程的工艺计算

教学目标

知识目标：

1．掌握精馏全塔物料衡算及热量衡算；

2. 理解恒摩尔流假定，掌握精馏塔的操作线方程及应用；

3. 掌握进料状况的影响，进料方程及精馏操作线的绘制；

4. 掌握逐板计算法、图解法求取理论板数的方法，理解最优进料位置的确定方法；

5. 掌握实际塔板数与塔板效率的确定方法；

6. 掌握回流比的影响与选择方法。

能力目标：

1. 能确定精馏塔产品流量及质量；

2. 能确定精馏塔的塔板数；

3. 能确定精馏的回流比。

素质目标：

具有质量意识、经济意识，具有正确的世界观和科学方法论。

相关知识

> **思政育人要素：**
>
> 1. 从理论板、恒摩尔流假定、塔板效率知识点出发，引入理想化模型的建立和修正要素，达到建立科学方法论和正确世界观的育人目标；
>
> 2. 从最优进料位置确定、回流比的影响与选择知识点出发，引入建立质量意识，经济意识，达到提高职业素养的育人目标。

一、全塔物料衡算及回收率和采出率

1. 全塔物料衡算

对稳定连续操作的精馏塔作全塔物料衡算，如图 1-31 所示，并以单位时间为基准。

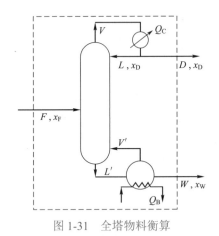

图 1-31　全塔物料衡算

总物料衡算：
$$F = D + W \tag{1-9}$$

易挥发组分衡算：
$$Fx_F = Dx_D + Wx_W \tag{1-10}$$

式中　F，D，W——原料、馏出液、釜液的流量，kmol/h；

x_F，x_D，x_W——原料、馏出液、釜液中易挥发组分的摩尔分数。

式（1-9）、式（1-10）称为全塔物料衡算式。应用全塔物料衡算式可确定塔顶、塔底产品流量及组成。

2. 回收率

塔顶回收率为易挥发组分的回收率：

$$\eta_{塔顶} = \frac{Dx_D}{Fx_F} \times 100\%　\qquad（1\text{-}11）$$

塔底回收率为难挥发组分的回收率：

$$\eta_{塔底} = \frac{W(1-x_W)}{F(1-x_F)} \times 100\%　\qquad（1\text{-}12）$$

3. 采出率

一般称 $\frac{D}{F} \times 100\%$ 为塔顶采出率，$\frac{W}{F} \times 100\%$ 为塔底采出率。

根据全塔物料衡算：

$$\frac{D}{F} = \frac{x_F - x_W}{x_D - x_W}　\qquad（1\text{-}13）$$

二、操作线方程

精馏塔内任意板下降液体组成 x_n 及其下一层板上升的蒸气组成 y_{n+1} 之间关系称为操作关系。描述精馏塔内操作关系的方程称为操作线方程。由于精馏过程既涉及传热又涉及传质，影响因素很多，为了简化精馏过程，得到操作关系，需要进行恒摩尔流假定。

（一）恒摩尔流假定

1. 恒摩尔流假定成立的条件

若在精馏塔塔板上气液两相接触时有 $n\text{kmol}$ 的蒸气冷凝，相应就有 $n\text{kmol}$ 的液体汽化，这样恒摩尔流的假定才能成立。为此，必须满足的条件是：

① 各组分的摩尔汽化潜热相等；

② 气液接触时因温度不同而交换的显热可以忽略；

③ 塔设备保温良好，热损失也可忽略。

2. 恒摩尔流假定内容

（1）恒摩尔汽化　精馏操作时，在精馏塔的精馏段内，每层板的上升蒸气摩尔流量都是相等的，在提馏段内也是如此，即：

精馏段　$V_1 = V_2 = V_3 = \cdots = V = $ 常数

提馏段　$V_1 = V_2' = V_3' = \cdots = V' = $ 常数

但两段的上升蒸气摩尔流量却不一定相等。

（2）恒摩尔液流　精馏操作时，在塔的精馏段内，每层板下降的液体摩尔流量都相等，在提馏段内也是如此，即：

精馏段　$L_1 = L_2 = L_3 = \cdots = L = $ 常数

提馏段　$L_1' = L_2' = L_3' = \cdots = L' = $ 常数

但两段的下降液体摩尔流量不一定相等。

（二）操作线方程

在连续精馏塔中，因原料液不断从塔的中部加入，致使精馏段和提馏段具有不同的操作关系，应分别予以讨论。

1. 精馏段操作线方程

对图 1-32 中虚线范围（包括精馏段的第 $n+1$ 层板以上塔段及冷凝器）作物料衡算，以

单位时间为基准,即:

总物料衡算 $\qquad\qquad\qquad V=L+D$

易挥发组分衡算 $\qquad\qquad Vy_{n+1}=Lx_n+Dx_D$

式中 V——精馏段上升蒸气的摩尔流量,kmol/h;

L——精馏段下降液体的摩尔流量,kmol/h;

y_{n+1}——精馏段第 $n+1$ 层板上升蒸气中易挥发组分的摩尔分数;

x_n——精馏段第 n 层板下降液体中易挥发组分的摩尔分数。

整理:

$$y_{n+1}=\frac{L}{L+D}x_n+\frac{D}{L+D}x_D \qquad\qquad (1\text{-}14)$$

令回流比 $R=L/D$ 并代入式(1-14),得精馏段操作线方程:

$$y_{n+1}=\frac{R}{R+1}x_n+\frac{x_D}{R+1} \qquad\qquad (1\text{-}15)$$

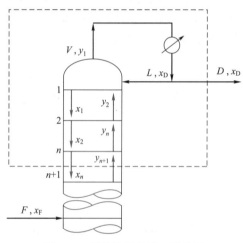

图 1-32 精馏段操作线方程推导

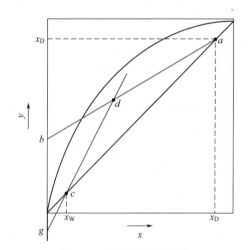

图 1-33 精馏塔的操作线

精馏段操作线方程反映了一定操作条件下精馏段内的操作关系,即精馏段内自任意第 n 层板下降的液相组成 x_n 与其相邻的下一层板(第 $n+1$ 层板)上升气相组成 y_{n+1} 之间的关系。在稳定操作条件下,精馏段操作线为一直线,斜率为 $\frac{R}{R+1}$,截距为 $\frac{x_D}{R+1}$。由式(1-15)可知,当 $x_n=x_D$ 时,$y_{n+1}=x_D$,即该点位于 y-x 图的对角线上,即图 1-33 中的点 a;当 $x_n=0$ 时,$y_{n+1}=x_D/(R+1)$,即该点位于 y 轴上,即图 1-33 中点 b,则直线 ab 即为精馏段操作线。

2. 提馏段操作线方程

按图 1-34 虚线范围(包括提馏段第 m 层板以下塔板及再沸器)作物料衡算,以单位时间为基础,即:

总物料衡算 $\qquad\qquad\qquad L'=V'+W$

易挥发组分衡算 $\qquad\qquad L'x'_m=V'y'_{m+1}+Wx_W$

提馏段操作线方程：

$$y'_{m+1} = \frac{L'}{L'-W}x'_m - \frac{W}{L'-W}x_W \tag{1-16}$$

式中 L'——提馏段下降液体的摩尔流量，kmol/h；

V'——提馏段上升蒸气的摩尔流量，kmol/h；

x'_m——提馏段第 m 层板下降液相中易挥发组分的摩尔分数；

y'_{m+1}——提馏段第 $m+1$ 层板上升蒸气中易挥发组分的摩尔分数。

提馏段操作线方程反映了一定操作条件下，提馏段内的操作关系。在稳定操作条件下，提馏段操作线方程为一直线。斜率为 $\dfrac{L'}{L'-W}$，截距为 $-\dfrac{Wx_W}{L'-W}$。由式（1-16）可知，当 $x'_m=x_W$ 时，$y'_{m+1}=x_W$，即该点位于 y-x 图的对角线上，即图 1-33 中的点 c；当 $x'_m=0$ 时，$y'_{m+1}=-Wx_W/(L'-W)$，该点位于 y 轴上，即图 1-33 中点 g，则直线 cg 即为提馏段操作线。由图 1-33 可见，精馏段操作线和提馏段操作线相交于点 d。

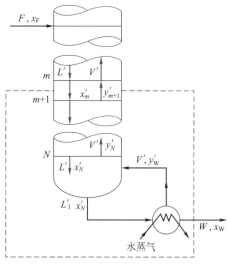

图 1-34 提馏段操作线方程推导

应予指出，提馏段内液体摩尔流量 L' 不仅与精馏段液体摩尔流量 L 的大小有关，而且它还受进料量及进料热状况的影响。

（三）进料状况的影响

1. 精馏塔的进料热状况

在生产中，加入精馏塔中的原料可能有以下五种热状态。

① 冷液体进料，$t < t_{泡}$。

② 饱和液体进料，$t=t_{泡}$。

③ 气液混合物进料，$t_{泡} < t < t_{露}$。

④ 饱和蒸气进料，$t=t_{露}$。

⑤ 过热蒸气进料，$t > t_{露}$。

2. 进料热状况对进料板物流的影响

精馏塔内，由于原料的热状态不同，精馏段和提馏段的液体流量 L 与 L' 间的关系以及上

升蒸气量 V 与 V' 均发生变化。进料热状况对两段气液流量的影响如图 1-35 所示。

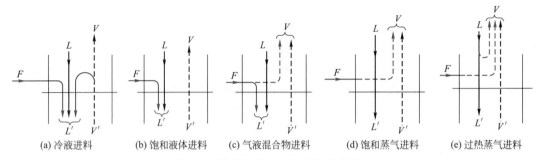

(a) 冷液进料　　(b) 饱和液体进料　　(c) 气液混合物进料　　(d) 饱和蒸气进料　　(e) 过热蒸气进料

图 1-35　进料热状况对气液流量的影响

3. 进料热状况参数

对加料板进行物料衡算及热量衡算可得：

物料衡算 $$F+V'+L=V+L'$$

热量衡算 $$FI_F+V'I'_V+LI_L=VI_V+L'I'_L$$

式中　I_F——原料液焓，kJ/kmol；

I_V，I'_V——加料板上、下的饱和蒸气焓，kJ/kmol；

I_L，I'_L——加料板上、下的饱和液体焓，kJ/kmol。

由于加料板上、下板温度及气液相组成都很相近，所以近似取：

$$I_V=I'_V,\quad I_L=I'_L$$

整理得：

$$\frac{I_V-I_F}{I_V-I_L}=\frac{L'-L}{F} \tag{1-17}$$

令：
$$q=\frac{I_V-I_F}{I_V-I_L}=\frac{1\text{kmol进料变成饱和蒸气所需的热量}}{\text{原料的千摩尔汽化潜热}}$$

q 称为进料热状况参数。q 值的意义为：每进料 1kmol/h 时，提馏段中的液体流量较精馏段中增大的流量（单位：kmol）。对于泡点、露点、混合进料，q 值相当于进料中液相所占的百分率。

根据 q 的定义，不同进料时的 q 值如下。

① 冷液体进料，$q>1$。

② 饱和液体进料，$q=1$。

③ 气液混合物进料，$0<q<1$。

④ 饱和蒸气进料，$q=0$。

⑤ 过热蒸气进料，$q<0$。

对于各种进料状态，由式（1-17）可知：

$$L'=L+qF \tag{1-18}$$

$$V=V'+(1-q)F \tag{1-19}$$

依据式（1-18），提馏段操作线方程可改写为：

$$y'=\frac{L+qF}{L+qF-W}x'-\frac{W}{L+qF-W}x_W \tag{1-20}$$

4．进料方程

（1）进料方程及提馏段操作线的绘制　由图 1-33 可知，提馏段操作线截距很小，提馏段操作线 cg 不易准确作出，而且这种作图方法不能直接反映出进料热状态的影响。因此通常的做法是先找出精馏段操作线与提馏段操作线的交点 d，再连接 cd 得到提馏段操作线。精、提馏段操作线的交点可联立加料板物料衡算式及精、提馏段操作线方程得到：

$$y = \frac{q}{q-1}x - \frac{x_F}{q-1} \tag{1-21}$$

式（1-21）即为精馏段操作线与提馏段操作线交点的轨迹方程，称为进料方程，也称 q 线方程。在进料热状况及进料组成确定的条件下，q 及 x_F 为定值，进料方程为一直线方程。将式（1-21）与对角线方程联立，则交点坐标为 $x=x_F$，$y=x_F$，即图 1-36 中 e 点，过 e 点作斜率为 q/(q-1) 的直线 ef，即为 q 线。q 线与精馏段操作线交于 d 点，d 点即是两操作线交点。连接 $c(x_W, x_W)$、d 两点可得提馏段操作线 cd。

（2）进料状态对 q 线及操作线的影响　q 线方程还可分析进料热状态对精馏塔设计及操作的影响。进料热状况不同，q 线位置不同，从而提馏段操作线的位置也相应变化。现根据不同的 q 值，将五种不同进料热状况下的 q 线斜率值及其方位标绘在图 1-37 并列于表 1-7 中。

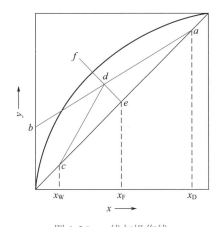

图 1-36　q 线与操作线

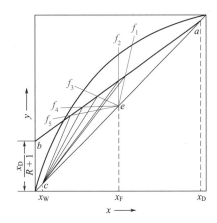

图 1-37　进料热状况对操作线的影响

表 1-7　进料热状况对 q 线的影响

进料热状况	进料的焓 I_F	q 值	q/(q-1)	q 线在 y-x 图上的位置
冷液体进料	$I_F < I_L$	>1	+	ef_1（↗）
饱和液体进料	$I_F = I_L$	1	∞	ef_2（↑）
气液混合物进料	$I_L < I_F < I_V$	0<q<1	−	ef_3（↘）
饱和蒸气进料	$I_F = I_V$	0	0	ef_4（←）
过热蒸气进料	$I_F > I_V$	<0	+	ef_5（↙）

三、理论板数的确定

我们已经知道，塔板是气液两相传质、传热的场所，精馏操作要达到工业上的分离要求，精馏塔需要有足够层数的塔板。理论塔板数的计算，需要借助气液的相平衡关系和精馏的操作关系。

精馏塔理论塔板数的计算，常用的方法有逐板计算法、图解法。在计算理论板数时，一般需已知原料液组成、进料热状态、操作回流比及所要求的分离程度，利用气液相平衡关系和操作关系求得。

1. 逐板计算法

（1）理论依据 对于理论塔板，离开塔板的气液相组成满足相平衡方程；而相邻两块塔板间相遇的气液相组成之间属操作关系，满足操作线方程。这样，交替地使用相平衡方程和操作线方程逐板计算每一块塔板上的气液相组成，所用相平衡方程的次数就是理论塔板数。

（2）方法 如图1-38所示，该塔为连续精馏塔，泡点进料，塔顶采用全凝器，泡点回流，塔釜采用间接蒸汽加热。以图1-39的精馏塔为例，从塔顶开始计算：

$$y_1 = x_D \xrightarrow{\text{平衡关系}} x_1 \xrightarrow{\text{精馏段操作关系}} y_2 \xrightarrow{\text{平衡关系}} x_2 \xrightarrow{\text{精馏段操作关系}} y_3 \text{ 直至 } x_n \leqslant x_F \text{（泡点进料）}$$

$$x_n \xrightarrow{\text{提馏段操作关系}} y_{n+1} \xrightarrow{\text{平衡关系}} x_{n+1} \text{ 直至 } x_N \leqslant x_W$$

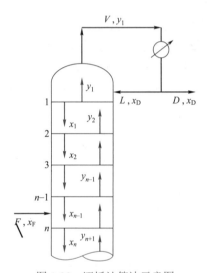

图 1-38 逐板计算法示意图

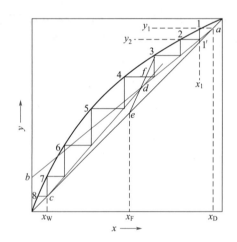

图 1-39 图解法求取理论塔板数

注意：①从 $y_1 = x_D$ 开始，交替使用相平衡方程及精馏段操作线方程计算，直到 $x_n \leqslant x_F$（泡点进料）为止，使用一次相平衡方程相当于有一块理论板，第 n 块板即为加料板，精馏段理论塔板数 $N_{T精} = n - 1$（块）；②当 $x_n \leqslant x_F$（泡点进料）时，改交替使用相平衡方程及提馏段操作线方程计算，直到 $x_N \leqslant x_W$ 为止，使用相平衡方程的次数为理论塔板数 N_T，再沸器相当于一块理论板，总理论塔板数 $N_T = N - 1$（块）。

逐板计算法较为繁琐，但计算结果比较精确，适用于计算机编程计算。

2. 图解法

图解法求取理论塔板数的基本原理与逐板计算法相同，只不过用简便的图解来代替繁杂的计算而已。图解的步骤如下，参见图1-39。

① 作 y-x 图，绘制精、提馏段操作线。

② 自对角线上的 a 点开始，在精馏段操作线与平衡线之间画水平线及垂直线组成的阶梯，即从 a 点作水平线与平衡线交于点1，该点即代表离开第一层理论板的气液相平衡组成（x_1，y_1），故由点1可确定 x_1。由点1作垂线与精馏段操作线的交点 1' 可确定 y_2。再由点 1' 作水平线与平衡线交于点2，由此点定出 x_2。如此重复在平衡线与精馏段操作线之间绘阶梯。

当阶梯跨越两操作线交点 d 点时，则改在提馏段操作线与平衡线之间画阶梯，直至阶梯的垂线跨过点 $c(x_W, x_W)$ 为止。

③ 每个阶梯代表一块理论板。跨过点 d 的阶梯为进料板，最后一个阶梯为再沸器。总理论板层数 N_T 为阶梯数减 1。

④ 阶梯中水平线的距离代表液相中易挥发组分的浓度经过一次理论板后的变化，阶梯中垂直线的距离代表气相中易挥发组分的浓度经过一次理论板的变化，因此阶梯的跨度也就代表了理论板的分离程度。阶梯跨度不同，说明理论板分离能力不同。

图解法简单直观，但计算精确度较差，尤其是对相对挥发度较小而所需理论塔板数较多的场合更是如此。

3. 确定最优进料位置

最优的进料位置一般应在塔内液相或气相组成与进料组成相近或相同的塔板上。当采用图解法计算理论板层数时，适宜的进料位置应为跨越两操作线交点所对应的阶梯。对于一定的分离任务，如此作图所需理论板数为最少，跨过两操作线交点后继续在精馏段操作线与平衡线之间作阶梯，或没有跨过交点过早更换操作线，都会使所需理论板层数增加。

对于已有的精馏装置，在适宜进料位置进料，可获得最佳分离效果。在实际操作中，如果进料位置不当，将会使馏出液和釜残液不能同时达到预期的组成。进料位置过高，使馏出液的组成偏低（难挥发组分含量偏高）；反之，进料位置偏低，使釜残液中易挥发组分含量增高，从而降低馏出液中易挥发组分的收率。

四、塔板效率与实际塔板数

1. 塔板效率

塔板效率分单板效率和全塔效率两种。

（1）单板效率　表示气相或液相经过一层实际塔板前后的组成变化与经过一层理论板前后的组成变化之比值：

$$E_{MV} = \frac{y_n - y_{n+1}}{y_n^* - y_{n+1}} \quad (1\text{-}22)$$

或

$$E_{ML} = \frac{x_{n-1} - x_n}{x_{n-1} - x_n^*} \quad (1\text{-}23)$$

式中　E_{MV}——气相单板效率；

E_{ML}——液相单板效率；

y_n^*——与 x_n 成平衡的气相组成；

x_n^*——与 y_n 成平衡的液相组成。

应予指出，单板效率可直接反映该层塔板的传质效果，但各层塔板的单板效率通常不相等。单板效率可由实验测定。

（2）全塔效率　全塔效率又称总板效率，反映的是塔中各层塔板的平均效率。操作过程中全塔效率为：

$$E_T = \frac{N_T}{N_P} \times 100\% \quad (1\text{-}24)$$

式中 E_T——全塔效率，%；

N_T——理论板层数；

N_P——实际塔板层数。

精馏塔设计计算时，由于影响板效率的因素很多而且复杂，如物系性质、塔板形式与结构和操作条件等，故目前对板效率还不易作出准确的计算。为求实际塔板数，实际设计时一般采用来自生产及中间实验的数据或用经验公式估算全塔效率。其中，比较典型、简易的方法是奥康奈尔的关联法，如图 1-40 所示的曲线，该曲线也可关联成如下形式，即：

$$E_T = 0.49(\alpha\mu_L)^{-0.245} \tag{1-25}$$

式中 α——塔顶与塔底平均温度下的相对挥发度；

μ_L——塔顶与塔底平均温度下的液体黏度。

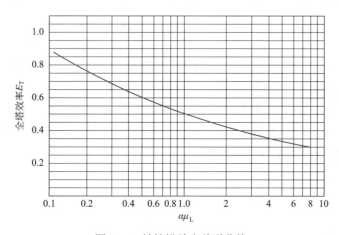

图 1-40   精馏塔效率关联曲线

2. 实际塔板数

由于气液两相接触时间及接触面积有限，离开塔板的气液两相难以达到平衡，达不到理论板的传质分离效果。理论板仅作为衡量实际板分离效率的依据和标准。在指定条件下进行精馏操作所需要的实际板数（N_P）较理论板数（N_T）多。在工程设计中，先求得理论板层数，用塔板效率予以校正，即可求得实际塔板层数。

$$N_P = \frac{N_T}{E_T} \times 100\% \tag{1-26}$$

将计算结果圆整成整数，不到一块取为一块。

五、回流比的影响与选择

塔顶回流液量 L 与馏出液量 D 的比值称为回流比，用 R 表示。回流是保证精馏塔连续稳定操作的基本条件，因此回流比是精馏过程的重要参数，它的大小影响精馏的投资费用和操作费用。对一定的料液和分离要求，如回流比增大，精馏段操作线的斜率增大，截距减小，精馏段操作线向对角线靠近，提馏段操作线也向对角线靠近，相平衡线与操作线之间的距离增大，从 x_D 到 x_W 作阶梯时，每个阶梯的水平距离与垂直距离都增大，即每一块板的分离程度增大，分离所需的理论塔板数减少，塔设备费用减少；但回流比增大使塔内气液相量及操作费用提高。反过来，对于一个固定的精馏塔，增加回流比，每一块板的分离程度增大，提高了产品质量。因此，在精馏塔的设计中，对于一定的分离任务而言，应选定适宜的回流比。

回流比有两个极限，上限为全回流时的回流比，下限为最小回流比。适宜的回流比介于两极限之间。

1. 全回流与最少理论塔板数

塔顶上升蒸气经冷凝后全部流回塔内，这种回流方式称为全回流。

全回流时回流比 $R \to \infty$，塔顶产品量 D 为零，通常进料量 F 及塔釜产品量 W 均为零，即既不向塔内进料，也不从塔内取出产品。此时生产能力为零。

全回流时全塔无精、提馏段之分，操作线方程 $y=x$，操作线与对角线重合。

此时，操作线离平衡线的距离最远，完成一定的分离任务所需的理论塔板数最少，称为最少理论板数，记作 N_{Tmin}，如图 1-41 所示。

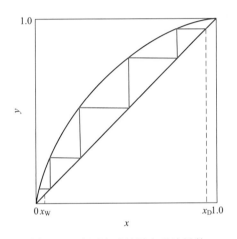

图 1-41　全回流时的最少理论板数

最少理论板数 N_{Tmin} 也可采用芬斯克方程计算：

$$N_{Tmin} = \frac{\lg\left[\left(\dfrac{x_D}{1-x_D}\right)\left(\dfrac{1-x_W}{x_W}\right)\right]}{\lg \alpha_m} - 1 \qquad (1-27)$$

式中　N_{Tmin}——全回流时的最少理论板数，不包括再沸器；

　　　α_m——全塔平均相对挥发度，一般可取塔顶、塔底或塔顶、塔底、进料的几何平均值。

全回流在实际生产中没有意义，但在装置开工、调试、操作过程异常或实验研究中多采用全回流。

2. 最小回流比

精馏过程中，当回流比逐渐减小时，精馏段操作线的斜率减小、截距增大，精、提馏段操作线皆向相平衡线靠近，操作线与相平衡线之间的距离减小，气液两相间的传质推动力减小，达到一定分离要求所需的理论塔板数增多。当回流比减小至两操作线的交点落在相平衡线上时，交点处的气液两相已达平衡，传质推动力为零，图解时无论绘多少阶梯都不能跨过点 d，则达到一定分离要求所需的理论塔板数为无穷多，此时的回流比称为最小回流比，记作 R_{min}，如图 1-42 所示。

在最小回流比下，两操作线与平衡线的交点称为夹紧点，其附近（通常在加料板附近）各板之间气液相组成基本上没有变化，即无增浓作用，称为恒浓区。

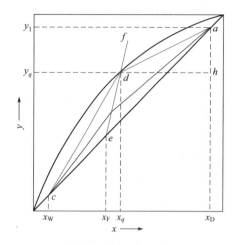

图 1-42　最小回流比的确定

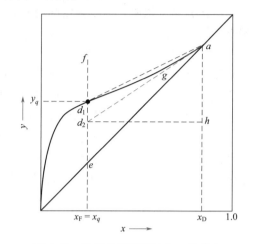

图 1-43　平衡曲线下凹时 R_{min} 的确定

最小回流比可用图解法或解析法求得。当回流比为最小时精馏段操作线的斜率为：

$$\frac{R_{min}}{R_{min}+1}=\frac{ah}{dh}=\frac{y_1-y_q}{x_D-x_q}=\frac{x_D-y_q}{x_D-x_q}$$

整理得：

$$R_{min}=\frac{x_D-y_q}{y_q-x_q} \tag{1-28}$$

式中　x_q，y_q——相平衡线与 q 线交点坐标（互为平衡关系）。

若如图 1-43 所示的乙醇－水物系的平衡曲线，具有下凹的部分，当操作线与 q 线的交点尚未落到平衡线上之前，操作线已与平衡线相切，如图中点 g 所示，点 g 附近已出现恒浓区，相应的回流比便是最小回流比。对于这种情况下的 R_{min} 的求法是由点（x_D，x_D）向平衡线作切线，再由切线的截距或斜率求之。如图所示情况，可按下式计算：

$$\frac{R_{min}}{R_{min}+1}=\frac{ah}{d_2h} \tag{1-29}$$

应予指出，最小回流比 R_{min} 的值对于一定的原料液与规定的分离程度（x_D，x_W）有关，同时还和物系的相平衡性质有关。

3. 适宜回流比的选择

实际操作回流比要大于最小回流比，其适宜值应根据经济核算，使精馏所需设备费用和操作费用之和为最小。设备费是指精馏塔、再沸器、冷凝器等设备的投资费，此项费用主要取决于设备的尺寸；操作费主要取决于塔底再沸器加热剂用量及塔顶冷凝器中冷却剂的用量。

回流比与设备费及操作费用的关系如图 1-44 所示。当回流比增大时，所需塔板数急剧减少，设备费减少，但回流液量和上升蒸气量增加，操作费增大；当回流比增大至某一值时，由于塔径增大，再沸器和冷凝器的传热面积也要增加，设备费又上升，总费用为设备费及操作费之和。总费用中的最低值所对应的回流比为适宜回流比，即实际生产中的操作回流比。

通过经验数据归纳，通常情况下，适宜回流比为最小回流比的 1.1 ～ 2.0 倍，即：

$$R = (1.1 \sim 2.0) R_{min} \qquad (1\text{-}30)$$

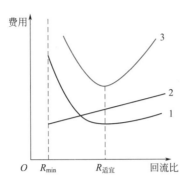

图 1-44　适宜回流比的确定
1—设备费；2—操作费；3—总费用

特殊情况下，R 与 R_{min} 的关系要适当调整，如对于难分离体系，应采用较大的回流比，以降低塔高并保证产品的纯度；对于易分离体系，可采用较小的回流比，以减少加热剂用量，降低操作费用。

六、精馏的热量衡算

由图 1-31 可知，稳定连续操作，物料带进、带出精馏塔的热量也必须平衡，即满足式（1-31）关系。

$$Q_B + Q_F + Q_L = Q_V + Q_W + Q_i \qquad (1\text{-}31)$$

式中　Q_B——再沸器加热剂带入的热量；

　　　Q_F——进料带入热量；

　　　Q_W——塔底产品带出热量；

　　　Q_i——散失于环境的热量；

　　　Q_V——塔顶出塔气体带出的热量；

　　　Q_L——塔顶回流液体带入的热量。

因此，塔底再沸器带入的热量、塔顶冷凝器移出的热量必须满足工艺要求，当操作达到平稳时，再沸器所需加热剂量、冷凝器所需冷却剂量也可确定下来。

1. 再沸器热介质的消耗量

若对精馏塔作热量衡算，可以计算再沸器热负荷：

$$Q_B = Q_V - Q_L + Q_W + Q_i - Q_F \qquad (1\text{-}32)$$

若已知再沸器进、出物料量及状态，可对再沸器作热量衡算，如图 1-31 所示，以单位时间为基准，则：

$$Q_B = V'I_{VW} + WI_{LW} - L'I_{Lm} + Q_l \qquad (1\text{-}33)$$

式中　Q_B——再沸器的热负荷，kJ/h；

　　　Q_l——再沸器的热损失，kJ/h；

　　　I_{VW}——再沸器中上升蒸气的焓，kJ/kmol；

　　　I_{LW}——釜残液的焓，kJ/kmol；

I_{Lm}——提馏段底层塔板下降液体的焓，kJ/kmol。

若取$I_{LW} \approx I_{Lm}$，且因$V' = L' - W$，则：

$$Q_B = V'(I_{VW} - I_{LW}) + Q_1 \qquad (1\text{-}34)$$

加热介质消耗量可用下式计算：

$$q_{mh} = \frac{Q_B}{I_{B1} - I_{B2}} \qquad (1\text{-}35)$$

式中　q_{mh}——加热介质消耗量，kg/h；

I_{B1}，I_{B2}——加热介质进出再沸器的焓，kJ/kg。

若用饱和水蒸气加热，且冷凝液在饱和温度下排出，则加热蒸汽消耗量可按下式计算：

$$q_{mh} = \frac{Q_B}{r} \qquad (1\text{-}36)$$

式中　r——加热蒸汽的汽化热，kJ/kg。

2. 冷凝器冷介质的消耗量

若精馏塔的冷凝器为全凝器。对图1-31所示的全凝器作热量衡算，以单位时间为基准，并忽略热损失，则：

$$Q_C = VI_{VD} - (LI_{LD} + DI_{LD}) \qquad (1\text{-}37)$$

因$V = L + D = (R+1)D$，代入式（1-37）并整理得

$$Q_C = (R+1)D(I_{VD} - I_{LD}) \qquad (1\text{-}38)$$

式中　Q_C——全凝器的热负荷，kJ/h；

I_{VD}——塔顶上升蒸气的焓，kJ/kmol；

I_{LD}——塔顶馏出液的焓，kJ/kmol。

冷却介质消耗量可按下式计算：

$$q_{mc} = \frac{Q_C}{C_{pc}(t_2 - t_1)} \qquad (1\text{-}39)$$

式中　q_{mc}——冷却介质消耗量，kg/h；

C_{pc}——冷却介质的比热容，kJ/(kg·℃)；

t_1，t_2——冷却介质在冷凝器的进、出口处的温度，℃。

由式（1-36）、式（1-39）也可看出，若热介质或冷介质的量发生改变，也会影响塔内换热效果，进而影响操作的稳定性。

技能训练

精馏塔的工艺计算

1. 精馏塔产品流量确定

【例1-4】 每小时将15000kg、含苯40%和含甲苯60%的溶液在连续精馏塔中进行分离，要求将混合液分离为含苯97%的馏出液和釜残液中含苯不高于2%（以上均为质量百分数）。操作压力为101.3kPa。试求馏出液及釜残液的流量及组成，以摩尔流量及摩尔分数表示。

解 将质量分数换算成摩尔分数：

$$x_F = \frac{\dfrac{0.4}{78}}{\dfrac{0.4}{78} + \dfrac{0.6}{92}} = 0.44$$

$$x_W = \frac{\dfrac{0.02}{78}}{\dfrac{0.02}{78} + \dfrac{0.98}{92}} = 0.0235$$

$$x_D = \frac{\dfrac{0.97}{78}}{\dfrac{0.97}{78} + \dfrac{0.03}{92}} = 0.974$$

原料液平均摩尔质量：$M_{mF} = 0.44 \times 78 + 0.56 \times 92 = 85.8(\text{kg/kmol})$

原料液的摩尔流量：$F = \dfrac{15000}{85.8} = 175(\text{kmol/h})$

由全塔物料衡算式

$$\begin{cases} F = D + W \\ Fx_F = Dx_D + Wx_W \end{cases}$$

代入数据

$$\begin{cases} 175 = D + W \\ 175 \times 0.44 = 0.974D + 0.0235W \end{cases}$$

解出

$$\begin{cases} D = 76.7\text{kmol/h} \\ W = 98.3\text{kmol/h} \end{cases}$$

2．精馏塔操作线方程确定

【例 1-5】　在连续精馏塔分离【例 1-4】中的苯 - 甲苯混合液，塔顶饱和液体回流，塔釜间接蒸汽加热，泡点进料，操作回流比为 3，试计算精馏段及提馏段操作线方程。

解　根据题意及【例 1-4】计算结果，已知 $F = 175\text{kmol/h}$，$D = 76.7\text{kmol/h}$，$W = 98.3\text{kmol/h}$，$x_D = 0.974$，$x_W = 0.0235$，$q = 1$，$R = 3$

精馏段操作线方程：$y_{n+1} = \dfrac{R}{R+1} x_n + \dfrac{x_D}{R+1} = \dfrac{3}{3+1} x + \dfrac{0.974}{3+1} = 0.75x + 0.244$

$L' = L + qF = RD + qF = 3 \times 76.7 + 1 \times 175 = 405.1(\text{kmol/h})$

提馏段操作线方程：

$$y'_{m+1} = \frac{L'}{L'-W} x'_m - \frac{W}{L'-W} x_W = \frac{405.1}{405.1-98.3} x'_m - \frac{98.3 \times 0.0235}{405.1-98.3} = 1.32x'_m - 0.0075$$

3．图解法确定理论塔板数

【例 1-6】　将 $x_F = 30\%$ 的苯 - 甲苯混合液送入常压连续精馏塔，要求塔顶馏出液中 $x_D = 95\%$，塔釜残液 $x_W = 10\%$（均为摩尔分数），泡点进料，操作回流比为 3.21。试用图解法求理论塔板数。

解　（1）查苯 - 甲苯相平衡数据作出相平衡曲线，如本题附图所示，并作出对角线；

（2）在 x 轴上找到 $x_D = 0.95$，$x_F = 0.30$，$x_W = 0.10$ 三个点，分别引垂直线与对角线交于点 a、e、c；

（3）精馏段操作线截距 $x_D/(R+1) = 0.95/(3.21+1) = 0.226$。在 y 轴上找到点 b（0，0.226），

连接 a、b 两点得精馏段操作线；

（4）因为是泡点进料，过 e 点作垂直线与精馏段操作线交于点 d，连接 c、d 两点得提馏段操作线；

（5）从 a 点开始，在相平衡线与操作线之间作阶梯，直到 $x \leqslant x_W$ 即阶梯跨过点 c（0.10，0.10）为止。

由附图所示，所作的阶梯数为 10，第 6 个阶梯跨过精、提馏段操作线的交点。故所求的理论塔板数为 9（不含塔釜），进料板为第 7 板。

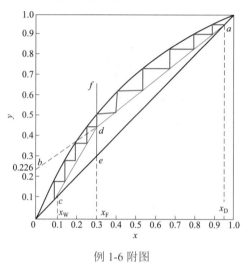

例 1-6 附图

4. 实际回流比的确定

【例 1-7】 在连续精馏塔分离【例 1-4】中的苯 - 甲苯混合液，塔顶饱和液体回流，塔釜间接蒸汽加热，泡点进料，采用回流比为最小回流比的 1.5 倍，操作条件下可取系统的平均相对挥发度 $\alpha = 2.4$。试计算回流比。

解 根据题意及【例 1-4】计算结果，已知 $x_D = 0.974$，$x_F = 0.44$，$q = 1$，$\alpha = 2.4$，$R = 1.5R_{min}$ $\alpha = 2.4$，则相平衡方程为：

$$y = \frac{\alpha x}{1+(\alpha-1)x} = \frac{2.4x}{1+1.4x}$$

$q = 1$，$x_q = x_F = 0.44$

$$y_q = \frac{2.4x_q}{1+1.4x_q} = \frac{2.4 \times 0.44}{1+1.4 \times 0.44} = 0.653$$

$$R_{min} = \frac{x_D - y_q}{y_q - x_q} = \frac{0.974 - 0.653}{0.653 - 0.44} = 1.507$$

$$R = 1.5R_{min} = 1.5 \times 1.507 = 2.261$$

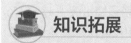 **知识拓展**

简捷法计算理论塔板数

在精馏的设计计算中，当需对指定分离程度所需理论板层数进行估算，或进行技术经济分析，寻求理论板层数与回流比之间关系，以确定适宜回流比时，可借助吉利兰关联图进行简捷计算。

吉利兰关联图为双对数坐标图，如图 1-45 所示，它关联了最小回流比 $R_{\min}$、实际回流比 R、最少理论板层数 $N_{T\min}$ 和理论板层数 N_T（均不含再沸器）四个变量之间的关系。横坐标为 $\dfrac{R - R_{\min}}{R + 1}$，纵坐标为 $\dfrac{N_T - N_{T\min}}{N_T + 1}$。吉利兰图是依据八种物系在广泛的精馏条件下，由逐板计算得出的。该图可用于两组分和多组分精馏的计算，对甲醇-水一类的非理想物系也可适用，但其条件应尽量与上述条件相似。

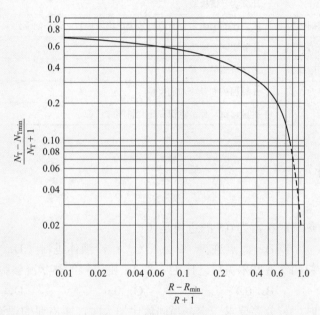

图 1-45　吉利兰关联图

简捷法求理论板层数的步骤是，先按设计条件求出最小回流比 $R_{\min}$ 及最少理论板层数 $N_{T\min}$，选择操作回流比 R，然后利用吉利兰图计算全塔理论板层数 N_T。

最少理论板层数 $N_{T\min}$ 可利用芬斯克方程计算。用精馏段的最少理论板层数 $N_{T\min 1}$ 代替全塔的 $N_{T\min}$，可确定适宜的加料板位置。

简捷法计算理论板数的误差较大，不适用于全塔内相对挥发度变化较大的系统。但由于该法计算迅速简便，对于一些分离要求不高的塔，在需要估算理论板数时，仍有现实意义，特别是当所讨论的物系缺少准确的平衡数据，不能满足多次严格计算的要求时，仍以采用简捷计算为宜。

 考核评价

精馏过程的工艺计算		
工作任务	考核内容	考核要点
确定精馏产品流量、质量	基础知识	全塔物料衡算；回收率；采出率
	能力训练	应用全塔物料衡算进行精馏产品流量、质量计算

续表

精馏过程的工艺计算		
工作任务	**考核内容**	**考核要点**
确定精馏塔板数	基础知识	恒摩尔流假定；操作线方程；进料状况的影响；进料方程及操作线的绘制；逐板计算法、图解法确定理论板数；确定最优进料位置；实际塔板数与塔板效率
	能力训练	计算精馏段、提馏段操作线方程 绘制精馏段、提馏段操作线 应用图解法计算理论塔板数 应用逐板计算法确定塔板上升蒸气及下降液体组成 计算实际塔板数
确定实际回流比	基础知识	回流比的影响；全回流与最少理论塔板数；最小回流比；适宜回流比的选择
	能力训练	计算实际回流比
确定加热剂及冷却剂用量	基础知识	精馏塔热量衡算
	能力训练	计算加热剂及冷却剂用量
职业素养		质量意识，经济意识，建立科学方法论

 自测练习

一、选择题

1. 精馏时进料热状况参数为 0.8 的进料是（　　）。

A．泡点进料　　　　　B．露点进料　　　　C．过冷液体进料　　D．气液混合进料

2. 精馏时若进料的气液摩尔流量之比为 1 : 4，则进料的热状况参数应为（　　）。

A．0.2　　　　　　　　B．0.4　　　　　　　C．0.6　　　　　　　D．0.8

3. 精馏塔设计时，若分离要求一定，当回流比加大时，所需要的理论板数将（　　）。

A．增大　　　　　　　B．不变　　　　　　　C．减少　　　　　　　D．不确定

4. 精馏塔操作时，当回流比增大时，塔的分离提纯效果将（　　）。

A．提高　　　　　　　B．不变　　　　　　　C．降低　　　　　　　D．不确定

5. 最小回流比（　　）。

A．回流量接近于零　　　　　　　　　B．在生产中有一定应用价值

C．不能用公式计算　　　　　　　　　D．是一种极限状态，可用来计算实际回流比

6. 其他条件不变的情况下，增大回流比能（　　）。

A．减少操作费用　　　　　　　　　　B．增大设备费用

C．提高产品纯度　　　　　　　　　　D．增大塔的生产能力

7. 二元溶液连续精馏计算中，物料的进料状态变化将引起（　　）的变化。

A．相平衡线　　　　　　　　　　　　B．进料线和提馏段操作线

C．精馏段操作线　　　　　　　　　　D．相平衡线和操作线

8. 加大回流比，塔顶轻组分组成将（　　）。

A．不变　　　　　　　B．变小　　　　　　　C．变大　　　　　　　D．忽大忽小

9. 以下说法正确的是（　　）。

A．冷液进料 $q=1$　　　　　　　　　B．气液混合进料 $0 < q < 1$

C. 过热蒸气进料 $q=0$ D. 饱和液体进料 $q<1$

10. 某精馏塔的馏出液量是 50kmol/h，回流比是 2，则精馏段的回流量是（　　）kmol/h。

A. 100   B. 50   C. 25   D. 125

11. 某精馏塔的理论板数为 17 块（包括塔釜），全塔效率为 0.5，则实际塔板数为（　　）块。

A. 34   B. 31   C. 33   D. 32

12. 连续精馏中，精馏段操作线随（　　）而变。

A. 回流比   B. 进料热状态   C. 残液组成   D. 进料组成

13. 精馏塔操作时，回流比与理论塔板数的关系是（　　）。

A. 回流比增大时，理论塔板数也增多

B. 回流比增大时，理论塔板数减少

C. 全回流时，理论塔板数最多，但此时无产品

D. 回流比为最小回流比时，理论塔板数最小

14. 若进料量、进料组成、进料热状况都不变，要提高 x_D，可采用（　　）的方法。

A. 减小回流比   B. 增加提馏段理论板数

C. 增加精馏段理论板数   D. 塔釜保温良好

15. 回流比的（　　）值为全回流。

A. 上限   B. 下限   C. 平均   D. 混合

16. 某二元混合物，进料量为 100kmol/h，$x_F=0.6$，要求塔顶 x_D 不小于 0.9，则塔顶最大产量为（　　）。

A. 60kmol/h   B. 66.7 kmol/h   C. 90kmol/h   D. 100kmol/h

17. 精馏塔全回流操作时，第一块塔板下降液体组成为 0.91，则第二块塔板上升气体组成为（　　）。

A. 0.88   B. 0.91   C. 0.95   D. 0.93

18. 精馏塔塔底产品纯度下降，可能是（　　）。

A. 提馏段板数不足   B. 精馏段板数不足

C. 再沸器热量过多   D. 塔釜温度升高

19. 精馏塔在 x_F、q、R 一定的条件下操作时，将加料口向上移动一层塔板，此时塔顶产品浓度 x_D 将（　　），塔底产品浓度 x_W 将（　　）。

A. 变大，变小   B. 变大，变大

C. 变小，变大   D. 变小，变小

20. 精馏操作中，料液的黏度越高，塔的效率将（　　）。

A. 越低   B. 有微小的变化

C. 不变   D. 越高

21. 精馏过程的操作线为直线，主要基于（　　）。

A. 恒摩尔流假定   B. 塔顶泡点回流

C. 理想物系   D. 理论板假定

22. 精馏段操作线的斜率 k 的大小满足（　　）。

A. $k>1$ B. $0<k<1$

C. $k<0$ D. 不确定

23. 化工生产中，精馏塔的最适宜回流比是最小回流比的（　　）倍。

A. 1.5 ～ 2.5   B. 1.1 ～ 2.0

C. 2.0 ～ 2.5   D. 1.1 ～ 2.5

二、判断题

（　　）1. 实现规定的分离要求，所需实际塔板数比理论塔板数多。

（　　）2. 根据恒摩尔流的假设，精馏塔中每层塔板液体的摩尔流量和蒸气的摩尔流量均相等。

（　　）3. 精馏操作中，操作回流比小于最小回流比时，精馏塔不能正常工作。

（　　）4. 最小回流比状态下的理论塔板数为最少理论塔板数。

（　　）5. 在精馏操作中，若其他条件不变，回流比增加，塔顶产品的纯度增加。

（　　）6. 全回流时所需的理论板数最少。

（　　）7. 进入精馏塔的物料是饱和液体，其热状态参数 $q=0$。

（　　）8. 回流比的大小对精馏塔塔板数和进料位置的设计起着重要作用。

三、计算题

1. 乙醇 - 水溶液中，乙醇的质量分数为 0.25，试求其摩尔分数。

2. 试计算苯 - 甲苯物系在压力为 101.3kPa、温度为 84℃时，苯在液相和气相中的平衡组成。

3. 在连续精馏塔中分离二硫化碳和四氯化碳混合液。原料液流量为 1000kg/h，组成为 0.3（二硫化碳的质量分数，下同）。若要求釜液组成不大于 0.05，馏出液中二硫化碳回收率为 88%。试求馏出液流量和组成。

4. 将含易挥发组分为 24% 的二元混合物加入一连续精馏塔中，要求馏出液组成为 95%，釜液组成为 3%（均为易挥发组分的摩尔分数）。已知进入冷凝器中蒸气量为 850kmol/h，塔顶回流液量为 670kmol/h，试求塔顶、塔釜产品量及回流比。

5. 用某精馏塔分离丙酮 - 正丁醇混合液。料液含 30% 的丙酮，馏出液含 95% 的丙酮（以上均为质量百分数），加料量为 1000kg/h，馏出液量为 300kg/h。进料为沸点状态。回流比为 2。求精馏段、提馏段操作线方程。

6. 在常压下用精馏塔分离某二元溶液。已知：$x_F = 0.35$，$x_D = 0.95$，$x_W = 0.05$（均为摩尔分数），泡点进料，塔顶为全凝器，塔釜为间接蒸汽加热，操作回流比为最小回流比的 2 倍。已知物系的相对挥发度为 2.4。求从第二块理论板（从塔顶往下计）上升的蒸气组成。

7. 某精馏塔在常压下分离苯 - 甲苯混合液，此时该塔的精馏段和提馏段操作线方程分别为 $y = 0.723x + 0.263$ 和 $y' = 1.25x' - 0.0188$，进料为泡点下的饱和液体，试求 x_D，R，x_F，x_W。

8. 有一个二元理想溶液，在连续精馏塔中精馏。原料液组成 60%（摩尔分数），饱和蒸气进料。原料处理量为每小时 100kmol，塔顶产品量为 60kmol/h，已知精馏段操作线方程 $y = 0.8x + 0.15$，塔釜用间接蒸汽加热，塔顶采用全凝器，泡点回流。试求：

（1）塔顶、塔底产品组成（用摩尔分数表示）；

（2）提馏段操作线方程。

9. 用常压精馏塔分离双组分理想混合物，泡点进料，进料量 100kmol/h，加料组成为 50%，塔顶产品组成 $x_D = 95\%$，产量 $D = 50$kmol/h，回流比 $R = 2R_{min}$，设全塔均为理论板，以上组成均为摩尔分数。相对挥发度 $\alpha = 3$。

求：（1）R_{min}；（2）精馏段和提馏段上升蒸气量；（3）精馏段操作线方程。

10. 实验测得常压精馏塔在部分回流下，精馏段某相邻两板的上升气相组成分别为 $y_n = 0.885$，$y_{n+1} = 0.842$。已知物系平均相对挥发度为 2.5，回流比为 3.5，馏出液组成为 0.95（摩尔分数），试求以气相组成表示的第 n 层板的单板效率 E_{MV}。

11. 在常压连续精馏塔中，分离苯 - 甲苯混合溶液。已知原料组成为 $x_F = 0.45$（摩尔分数，下同），馏出液组成 $x_D = 0.95$，残液组成 $x_W = 0.04$，泡点进料，$R = 2.0$，试用图解法求出理论塔板数，若全塔效率为 50%，求出实际塔板数及实际进料位置。

任务 5 精馏塔的操作及故障处理

教学目标

知识目标：

1. 熟悉精馏塔的开、停车操作及简单的故障处理；
2. 理解影响精馏操作的因素。

能力目标：

1. 能识读化学品安全技术说明书；
2. 能正确佩戴和使用劳动防护用品；
3. 能识记操作现场的安全警示标志；
4. 能看懂工艺流程图（PID 图），能绘制工艺流程图；
5. 能识读工艺技术规程、安全技术规程和操作规程；
6. 能正确进行精馏塔开、停车操作；
7. 能通过集散控制系统调节工艺参数；
8. 能进行简单的故障判断及处理。

素质目标：

具有安全意识、质量意识、节能意识，具有团队协作精神和社会责任感。

> **思政育人要素：**
>
> 1. 介绍行业技术能手、大国工匠事迹，引入工匠精神育人要素，培养职业精神，养成规范操作习惯；
>
> 2. 通过精馏操作压力、温度控制及乙醇的物质特性分析，结合化工生产事故案例，引入安全操作意识，树立化工职业底线意识，体现人文关怀与社会责任担当；
>
> 3. 通过精馏优化节能技术引入节能降耗、增效意识，树立可持续发展意识。

相关知识

一、精馏塔的开、停车操作

1. 开车操作

① 开工准备，包括塔及管线的吹扫、清洗、试漏等，检查仪器、仪表、阀门等是否齐全、正确、灵活，与有关岗位联系，准备开车。

② 预进料。先打开放空阀，充氮置换系统中的空气，以防在进料时出现事故，当压力达到规定指标后停止。打开进料阀，进料要求平稳，打入指定液位高度的料液后停止。

③ 打开加热和冷却系统。

④ 建立回流。塔釜见液面后，按其升温速率缓慢升温至工艺指标。随着塔压力的升高，

逐渐排除设备内的惰性气体，并逐渐加大塔顶冷凝器的冷剂量，当回流液槽的液面达 1/2 以上时，开始打回流。在全回流情况下继续加热，直到塔温、塔压均达到规定指标，产品质量符合要求。

⑤ 进料与出产品。打开进料阀进料，同时从塔顶和塔底采出产品，调节到指定的回流比。

⑥ 控制调节。精馏塔控制调节的实质是控制塔内气液相负荷的大小，以保持良好的传质传热，获得合格产品。但气液相负荷无法直接控制，生产中主要通过控制温度、压力、进料量及回流比来实现。

空塔加料时，由于没有回流液体，精馏段的塔板上是处于干板操作的状态。由于没气液接触，气相中的难挥发组分容易被直接带入精馏段。如果升温速率过快，则难挥发组分会大量地被带到精馏段，而不易为易挥发组分所置换，塔顶产品的质量不易达到合格，造成开车时间长。当塔顶有了回流液，塔板上建立了液体层后，升温速率可适当地提高。减压精馏塔的升温速率，对于开车成功与否的影响，将更为显著。例如，对苯酚的减压精馏，已有经验证明，升温速率一般应维持在塔内上升蒸气的速率为 1.5 ～ 3m/s，每块塔板的阻力为 1 ～ 3mmHg。如果升温速率太高，则顶部尾气的排出量太大，真空设备的负荷增大，在真空泵最大负荷的限制下，可能使塔内的真空度下降，开车不易成功。

开车时，对阀门、仪表的调节一定要勤调、慢调，合理使用。发现有不正常现象应及时分析原因，果断进行处理。

2. 停车操作

精馏塔的停车，可分为临时停车和长期停车两种情况。

（1）临时停车　接停车命令后，马上停止塔的进料、塔顶采出和塔釜采出，进行全回流操作。适当地减少塔顶冷剂量及塔釜热剂量，全塔处于保温、保压的状态。如果停车时间较短，可根据塔的具体情况处理，只停塔的进料，可不停塔顶采出（此时为产品），以免影响后工序的生产，但塔釜采出应关闭。这种操作破坏了正常的物料平衡，不可长时间地应用，否则产品质量就会下降。

（2）长期停车　接停车命令后，立即停止塔的进料，产品可继续进行采出，当分析结果不合格时，可停止采出，同时停止塔釜加热和塔顶冷凝，然后放尽釜液。对于分离低沸点物料的塔，釜液的放尽要缓慢地进行，以防止节流造成过低的温度使设备材质冷脆。

二、影响精馏操作的因素与控制调节

对于现有的精馏装置和特定的物系，精馏操作的基本要求是使设备具有尽可能大的生产能力，达到预期的分离效果，操作费用最低。影响精馏装置稳态、高效操作的主要因素包括操作压力、进料组成和热状况、塔顶回流、全塔的物料平衡、冷凝器和再沸器的传热性能、设备散热情况等。以下就其主要影响因素予以简要分析。

1. 物料平衡的影响和制约

根据精馏塔的总物料衡算可知，对于一定的原料液流量 F 和组成 x_F，只要确定了分离程度 x_D 和 x_W，馏出液流量 D 和釜残液流量 W 也就被确定了。而 x_D 和 x_W 决定了气液平衡关系、x_F、q、R 和理论板数 N_T（适宜的进料位置），因此 D 和 W 或采出率 D/F 与 W/F 只能根据 x_D 和 x_W 确定，而不能任意增减，否则进、出塔的两个组分的量不平衡，必然导致塔内组成变化，操作波动，使操作不能达到预期的分离要求。

在精馏塔的操作中，需维持塔顶和塔底产品的稳定，保持精馏装置的物料平衡是精馏塔稳态操作的必要条件。通常由塔底液位来控制精馏塔的物料平衡。

2．塔顶回流的影响

回流比是影响精馏塔分离效果的主要因素，生产中经常用回流比来调节、控制产品的质量。例如当回流比增大时，精馏产品质量提高；反之，当回流比减小时，x_D 减小而 x_W 增大，使分离效果变差。

回流比增加，使塔内上升蒸气量及下降液体量均增加，若塔内气液负荷超过允许值，则可能引起塔板效率下降，此时应减小原料液流量。

调节回流比的方法可有如下几种。

① 减少塔顶采出量以增大回流比。

② 塔顶冷凝器为分凝器时，可增加塔顶冷剂的用量，以提高凝液量，增大回流比。

③ 有回流液中间贮槽的强制回流，可暂时加大回流量，以提高回流比，但不得将回流贮槽抽空。

必须注意，在馏出液采出率 D/F 规定的条件下，借增加回流比 R 以提高 x_D 的方法并非总是有效。此外，加大操作回流比意味着加大蒸发量与冷凝量，这些数值还将受到塔釜及冷凝器的传热面的限制。

3．进料热状况的影响

当进料状况（x_F 和 q）发生变化时，应适当改变进料位置，并及时调节回流比 R。一般精馏塔常设几个进料位置，以适应生产中进料状况，保证在精馏塔的适宜位置进料。如进料状况改变而进料位置不变，必然引起馏出液和釜残液组成的变化。

进料情况对精馏操作有着重要意义。常见的进料状况有五种，不同的进料状况，都直接影响提馏段的回流量和塔内的气液平衡。精馏塔较为理想的进料状况是泡点进料，它较为经济和最为常用。对特定的精馏塔，若 x_F 减小，则将使 x_D 和 x_W 均减小，欲保持 x_D 不变，则应增大回流比。

4．塔釜温度的影响

在一定操作压力下，对于具体物系，依据 t-x-y 图可知，若塔顶馏出液组成（即产品质量）x_D 一定时，对应的塔顶温度 t_D 也是一个定值，只要控制塔顶温度不高于 t_D，则馏出液组成就不低于 x_D。由于通常情况下，塔顶温度虽然随组成变化而变化，但变化不显著，即塔顶组成有明显改变时，塔顶温度变化很小，不易观察。实际操作中，一般采取控制灵敏板（组成发生变化时，温度变化最显著的那块塔板）温度或塔釜温度来间接控制塔顶温度，即间接控制塔顶组成。

釜温主要是由加热量、被加热的塔釜物料量决定的，釜压和物料组成对塔釜温度也有影响。精馏过程中，只有保持规定的釜温，才能确保产品质量。因此釜温是精馏操作中重要的控制指标之一。

提高塔釜温度时，塔内液相中轻组分减少，同时，上升蒸气的速率增大，有利于提高传质效率。如果由塔顶得到产品，则塔釜排出难挥发物中，轻组分减少，损失减少；如果塔釜排出物为产品，则可提高产品质量，但塔顶排出的轻组分中夹带的重组分增多，从而增大损失。因此，在提高温度的时候，既要考虑到产品的质量，又要考虑到工艺损失。一般情况下，操作习惯于用温度来提高产品质量，降低工艺损失。

当釜温变化时，通常是用改变蒸发釜的加热蒸汽量，将釜温调节至正常。当釜温低于规定值时，应加大蒸汽用量，以提高釜液的汽化量，使釜液中重组分的含量相对增加，泡点提高，釜温提高。当釜温高于规定值时，应减少蒸汽用量，以减少釜液的汽化量，使釜液中轻组分的含量相对增加，泡点降低，釜温降低。此外还有与液位串级调节的方法等。

5．操作压力的影响

塔的压力是精馏塔主要的控制指标之一。在精馏操作中，常常规定了操作压力的调节范围。塔压波动过大，就会破坏全塔的气液平衡和物料平衡，使产品达不到所要求的质量。

在精馏操作中，塔压为恒定值最为理想，但不易做到，尤其在开车操作时更难控制，一般控制在规定的操作压力调节范围即可。

提高操作压力，可以相应地提高塔的生产能力，操作稳定。如果从塔顶得到产品，则可提高产品的质量和易挥发组分的浓度。但在塔釜难挥发产品中，易挥发组分含量增加。

影响塔压变化的因素是多方面的，例如：塔顶温度、塔釜温度、进料组成、进料流量、回流量、冷剂量、冷剂压力等的变化以及仪表故障、设备和管道的冻堵等，都可以引起塔压的变化。例如真空精馏的真空系统出了故障、塔顶冷凝器的冷却剂突然停止等都会引起塔压的升高。

对于常压塔的压力控制，主要有以下三种方法。

① 对塔顶压力在稳定性要求不高的情况下，无需安装压力控制系统，应当在精馏设备（冷凝器或回流罐）上设置一个通大气的管道，以保证塔内压力接近于大气压。

② 对塔顶压力的稳定性要求较高或被分离的物料不能和空气接触时，若塔顶冷凝器为全凝器时，塔压多是靠冷剂量的大小来调节的。

③ 用调节塔釜加热蒸汽量的方法来调节塔釜的气相压力。

在生产中，当塔压变化时，控制塔压的调节机构就会自动动作，使塔压恢复正常。当塔压发生变化时，首先要判断引起变化的原因，而不要简单地只从调节上使塔压恢复正常，要从根本上消除变化的原因，才能不破坏塔的正常操作。如釜温过低引起塔压降低，若不提高釜温，而单靠减少塔顶采出来恢复正常塔压，将造成釜液中轻组分大量增加。由于设备原因而影响了塔压的正常调节时，应考虑改变其他操作因素以维持生产，严重时则要停车检修。

三、精馏操作常见故障及处理

1．塔顶温度异常的处理

塔顶温度异常的原因主要有：进料浓度的变化、进料量的变化、回流量与温度的变化、再沸器加热量的变化。

装置达到稳定状态后，出现塔顶温度上升异常现象的处理措施如下。

① 检查回流量是否正常。先检查回流泵工作状态，若回流泵故障，及时报告，停车检修回流泵。

若回流泵正常，而回流量变小，则检查塔顶冷凝器是否正常。对于以水为冷流体的塔顶冷凝器，如工作不正常，一般是冷却水供水管线上的阀门故障，此时可以打开与电磁阀并联的备用阀门；若发现一次水管网供水中断，及时报告，停车检修阀门。

② 检测进料浓度是否异常。如发现进料发生了变化，并根据浓度的变化调整进料板的位置和再沸器的加热量。

③ 以上检查结果正常时，可适当增加进料量或减小再沸器的加热量。

装置达到稳定状态后，塔顶温度下降异常现象的处理措施如下。

① 检查回流量是否正常。若回流量变大，则适当减小回流量（若同时加大采出量，则能达到新的稳态）。

② 检测进料浓度。如发现进料发生了变化，及时报告，并根据浓度的变化调整进料板的位置和再沸器的加热量。

③ 以上检查结果正常时，可适当减小进料量或增加再沸器的加热量。

2．液泛或漏液现象的处理

塔底再沸器加热量过大、进料轻组分过多、进料温度过高均可能导致液泛。当塔底再沸器加热量过小、进料轻组分过少、进料温度过低、回流量过大均可能导致漏液。

液泛处理措施：

① 减小再沸器的加热功率（减小加热电压）；

② 检测进料浓度，调整进料位置和再沸器的加热量；

③ 检查进料温度，作出适当处理。

漏液处理措施为：

① 增加再沸器的加热功率（增加加热电压）；

② 检测进料浓度，调整进料位置和再沸器的加热量；

③ 检查进料温度，作出适当处理。

3．塔压力超高的处理

加热过猛、冷剂中断、压力表失灵、调节阀堵塞、调节阀开度漂移、排气管冻堵等都是塔压力超高的原因。塔压力超高时，一般应首先加大排出气量，同时减少加热剂量，把压力控制住再进一步查找原因，及时控制塔压。

如果是塔压差升高，可能是负荷升高，可从进料量判断；如果不是负荷升高，则要分段测压差，找出压差集中部位。若压差集中在精馏段，再看回流量是否正常，正常回流量下压差还高，很可能是冻塔；若各板温度比正常值高，可能是液泛；若处理的是易结垢物料，要考虑堵塞造成的气液流动不畅而增加了阻力，同时观察釜温和灵敏板温度，釜温不高，多是由于堵塞引起的高压差。查清原因后，降负荷运行或停车处理。

 技能训练

精馏仿真
工艺

精馏仿真
操作

一、精馏塔的仿真操作

1．训练要求

① 掌握精馏操作的基本原理。

② 学会精馏塔的开停车方法及简单的事故处理。

2．工艺流程

本仿真操作工艺流程图见图 1-46。

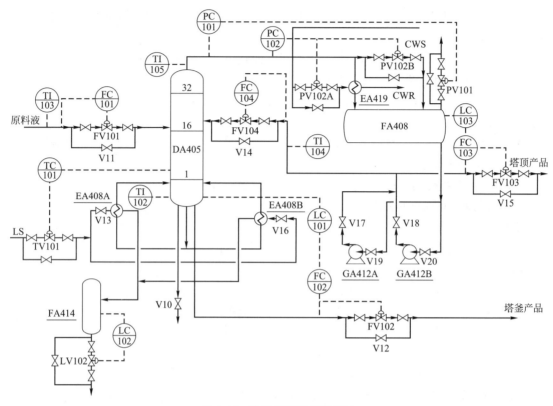

图 1-46　脱丁烷塔工艺流程图

本单元是一种加压精馏操作，原料液为脱丙烷塔塔釜的混合液，分离后馏出液为高纯度的 C_4 产品，残液主要是 C_5 以上组分。

67.8℃的原料液经流量调节器 FIC101 控制流量（14056kg/h）后，从精馏塔 DA405 的第 16 块塔板（全塔共 32 块塔板）进料。塔顶蒸气经全凝器 EA419 冷凝为液体后进入回流罐 FA408；回流罐 FA408 的液体由泵 GA412A/B 抽出，一部分作为回流液由调节器 FC104 控制流量（9664kg/h），送回 DA405 第 32 层塔板；另一部分则作为产品，其流量由调节器 FC103 控制（6707kg/h）。回流罐的液位由调节器 LC103 与 FC103 构成的串级控制回路控制。DA405 操作压力由调节器 PC102 分程控制为 5.0atm（atm，压强单位，1atm＝101325Pa），其分程动作如图 1-47 所示。同时调节器 PC101 将调节回流罐的气相出料，保证系统的安全和稳定。

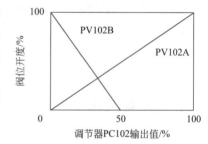

图 1-47　调节器 PC102 分程动作示意图

塔釜液体的一部分经再沸器 EA408A/B 回精馏塔，另一部分由调节器 FC102 控制流量（7349kg/h），作为塔底采出产品。调节器 LC101 和 FC102 构成串级控制回路，调节精馏塔的液位。再沸器用低压蒸汽加热，加热蒸汽流量由调节器 TC101 控制，其冷凝液送 FA414。FA414 的液位由调节器 LC102 调节。

3. 操作规程

（1）冷态开车　进料前确认装置为冷态开工状态，精馏塔单元处于常温、常压、氮气吹扫完毕的氮封状态，所有阀门、机泵处于关停状态，所有调节器置于手动状态。

① 进料及排放不凝气。

a. 打开 PV101（开度＞5%）排放塔内不凝气。

b. 打开 FV101（开度＞40%），向精馏塔进料。

c. 进料后，塔内温度略升、压力升高；当压力升高至 0.5atm（表）时，关闭 PV101。

d. 控制塔顶压力大于 1.0atm（表），不超过 4.25atm（表）。

② 启动再沸器。

a. 待塔顶压力 PC101 升至 0.5atm（表），逐渐打开冷凝水调节阀 PV102A（至开度为 50%）。

b. 待塔釜液位 LC101 升至 20% 以上，全开加热蒸汽入口阀 V13，手动缓开调节阀 TV101，给再沸器缓慢加热。

c. 将蒸汽缓冲罐 FA414 的液位 LC102 设定为 50%，投自动。

d. 逐渐开大 TV101 至 50%，使塔釜温度逐渐上升至 100℃，灵敏板温度升至 75℃。

③ 建立回流。

a. 待回流罐液位 LC103 升至 20%，灵敏板温度 TC101 指示值高于 75℃，塔釜温度高于 100℃后，依次全开回流泵 GA412A 入口阀 V19，启动泵，全开泵出口阀 V17。

b. 手动打开调节阀 FV104（开度＞40%），全回流操作，维持回流罐液位升至 40%。

④ 调整至正常。

a. 待塔压稳定后，将 PC101 和 PC102 投自动。

b. 逐步调整进料量为 14056kg/h，稳定后将 FIC101 投自动。

c. 通过 TC101 调节再沸器加热量使灵敏板温度稳定在 89.3℃，将 TC101 投自动。

d. 在保证回流罐液位和塔顶温度的前提下，逐步加大回流量，将调节阀 FV104 开至 50%，最后当 FC104 流量稳定在 9664kg/h 后，将其投自动。

e. 当塔釜液位无法维持时，逐渐打开 FC102，采出塔釜产品；同时将 LC101 输出设为 50%，投自动。当塔釜产品采出量稳定在 7349kg/h 后，将 FC102 先投自动，再投串级。

f. 当回流罐液位无法维持时，逐渐打开 FV103，采出塔顶产品；同时将 LC103 输出为 50%，投自动。待采出量稳定在 6707kg/h 后，将 FC103 先投自动，再投串级。

（2）正常运行　熟悉工艺流程，维持各工艺参数稳定，密切注意各工艺参数的变化情况。发现突发事故时，应先分析事故原因，并作及时正确处理。

（3）正常停车

① 降负荷。

a. 手动逐步关小调节阀 FV101（开度＜35%），使进料量降至正常进料量的 70%。

b. 同时保持灵敏板温度 TC101 和塔压 PC102 的稳定性，使精馏塔分离出合格的产品。

c. 降负荷过程中，断开 LC103 和 FC103 的串级，手动开大 FV103（开度＞90%），尽量通过 FV103 排出回流罐中的液体产品，至回流罐液位降至 20% 左右。

d. 同时，断开 LC101 和 FC102 的串级，手动开大 FV102（开度＞90%）出塔釜产品，使液位 LC101 降至 30% 左右。

② 停进料和再沸器。在负荷降至正常的 70%，且产品已大部分采出后，停进料和再沸器。

a. 精馏塔进料，关闭调节阀 FV101。

b. 停加热蒸汽，关闭调节阀 TV101，关加热蒸汽阀 V13。

c. 停止产品采出，手动关闭 FV102 和 FV103。

d. 打开塔釜泄液阀 V10，排出不合格产品。

e. 手动打开 LV102，对 FA414 进行泄液。

③ 停回流。

a. 手动开大 FV104，将回流罐内液体全部打入精馏塔，以降低塔内温度。

b. 当回流罐液位降至 0 时，停回流，关闭调节阀 FV104。

c. 依次关泵出口阀 V17，停泵 GA412A，关入口阀 V19。

④ 降压、降温。

a. 塔内液体排完后，进行降压，手动打开 PV101，当塔压降至常压后，关闭 PV101。

b. 灵敏塔板温度降至 50℃以下，关塔顶冷凝器冷凝水，手动关闭 PV102A（开度为 0%）。

c. 当塔釜液位降至 0% 后，关闭泄液阀 V10。

4. 事故处理

常见故障处理方法见表 1-8。

表 1-8　常见故障的处理

故障	现象及可能原因	处理方法
热蒸汽压力过高	现象：加热蒸汽的流量增大，塔釜温度持续上升。 原因：热蒸汽压力过高	适当减小 TC101 的阀门开度
热蒸汽压力过低	现象：加热蒸汽的流量减小，塔釜温度持续下降。 原因：热蒸汽压力过低	适当增大 TC101 的开度
冷凝水中断	现象：塔顶温度上升，塔顶压力升高。 原因：停冷凝水	（1）开回流罐放空阀 PC101 保压。 （2）手动关闭 FC101，停止进料。 （3）手动关闭 TC101，停加热蒸汽。 （4）手动关闭 FC103 和 FC102，停止产品采出。 （5）开塔釜排液阀 V10，排不合格产品。 （6）手动打开 LC102，对 FA414 泄液。 （7）当回流罐液位为 0 时，关闭 FC104。 （8）关闭回流泵出口阀 V17/V18。 （9）关闭回流泵 GA412A/GA412B。 （10）关闭回流泵入口阀 V19/V20。 （11）待塔釜液位为 0 时，关闭泄液阀 V10。 （12）待塔顶压力为常压后，关闭冷凝器
停电	现象：回流泵 GA412A 停止，回流中断。 原因：停电	（1）手动开回流罐放空阀 PC101 泄压。 （2）手动关进料阀 FC101。 （3）手动关出料阀 FC102 和 FC103。 （4）手动关加热蒸汽阀 TC101。 （5）开塔釜排液阀 V10 和回流罐泄液阀 V23，排不合格产品。 （6）手动打开 LC102，对 FA414 泄液。 （7）当回流罐液位为 0 时，关闭 V23。 （8）关闭回流泵出口阀 V17/V18。 （9）关闭回流泵 GA412A/GA412B。 （10）关闭回流泵入口阀 V19/V20。 （11）待塔釜液位为 0 时，关闭泄液阀 V10。 （12）待塔顶压力降为常压后，关闭冷凝器

续表

故障	现象及可能原因	处理方法
回流泵故障	现象：GA412A 断电，回流中断，塔顶压力、温度上升。 原因：回流泵 GA412A 泵坏	（1）开备用泵入口阀 V20。 （2）启动备用泵 GA412B。 （3）开备用泵出口阀 V18。 （4）关闭运行泵出口阀 V17。 （5）停运行泵 GA412A。 （6）关闭运行泵入口阀 V19
回流控制阀 FC104 阀卡	现象：回流量减小，塔顶温度上升，压力增大。 原因：回流控制阀 FC104 阀卡	打开旁路阀 V14，保持回流

二、精馏塔的实际操作

1. 训练要求

① 认识装置设备、仪表及调节控制装置。

② 识读乙醇 - 水精馏系统的工艺流程图，标出物料的流向，查摸现场装置流程。

③ 学会精馏的开停车操作。

精馏操作
开车前准备

精馏装置
开车操作

精馏装置
停车操作

2. 实训装置

精馏装置工艺流程图及工艺流程说明详见本项目任务 1 的图 1-7 乙醇 - 水的混合物分离精馏装置。

3. 生产控制指标

乙醇 - 水混合物分离精馏装置重要工艺操作指标如下。

塔釜压力：0 ～ 4.0kPa。

温度控制：进料温度≤ 65℃；塔顶温度 78.2 ～ 80.0℃；塔釜温度 90.0 ～ 92.0℃。

加热电压：140 ～ 200V。

流量控制：进料流量 3.0 ～ 8.0L/h；冷却水流量 300 ～ 400L/h。

液位控制：塔釜液位 260 ～ 350mm；塔顶凝液罐液位 100 ～ 200mm。

4. 安全生产技术

进入装置必须穿戴劳动防护用品，在指定区域正确戴上安全帽，穿上安全鞋，无关人员未得允许不得进入。

（1）动设备操作安全注意事项

① 检查柱塞计量泵润滑油油位是否正常。

② 检查冷却水系统是否正常。

③ 确认工艺管线，工艺条件正常。

④ 启动电机前先盘车，正常才能通电。通电时立即查看电机是否启动；若启动异常，应立即断电。避免电机烧毁。

⑤ 启动电机后看其工艺参数是否正常。

⑥ 观察有无过大噪声、振动及松动的螺栓。

⑦ 观察有无泄漏。

⑧ 电机运转时不允许接触转动件。

（2）静设备操作安全注意事项

① 操作及取样过程中注意防止静电产生。

② 装置内的塔、罐、贮槽在需清理或检修时应按安全作业规定进行。

③ 容器应严格按规定的装料系数装料。

（3）安全技术

① 开车之前必须了解室内总电源开关与分电源开关的位置，以便出现用电事故时及时切断电源；在启动仪表柜电源前，必须清楚每个开关的作用。

② 设备配有温度、液位等测量仪表，对相关设备的工作进行集中监视，出现异常时应及时处理。

③ 由于装置产生蒸汽，蒸汽通过的地方温度较高，应规范操作，避免烫伤。

④ 不能使用有缺陷的梯子，登梯前必须确保梯子支撑稳固，面向梯子上下并双手扶梯，一人登梯时要有同伴护稳梯子。

（4）防火措施

① 乙醇属于易燃易爆品，操作过程中要严禁烟、火。

② 当塔顶温度升高时，应及时处理，避免塔顶冷凝器放风口处出现雾滴（为乙醇溶液）。

5. 实训操作步骤

（1）开车前的检查　组长作好分工，组员相互配合，熟悉工艺流程、工艺指标、操作方案、岗位安全防护等后，按方案操作。

① 熟悉各取样点及温度和压力测量与控制点的位置。

② 检查公用工程（水、电）是否处于正常供应状态。

③ 设备上电，检查流程中各设备、仪表是否处于正常开车状态，动设备试车。

④ 检查塔顶产品罐，是否有足够空间贮存实训产生的塔顶产品；如空间不够，关闭阀门 VA101、VA115A（或 B）和 VA123，打开阀门 VA116A（或 B）、VA117A（或 B）、VA120、VA121、VA128、VA129、VA122A（或 B），启动循环泵 P104，将塔顶产品倒到原料罐 A（或 B）。

⑤ 检查塔釜产品罐，是否有足够空间贮存实训产生的塔釜产品；如空间不够，关闭阀门 VA115A（或 B）、VA129 和 VA123，打开阀门 VA101、VA102、VA116A（或 B）、VA117A（或 B）、VA120、VA121 和 VA122A（或 B），启动循环泵 P104，将塔釜产品倒到原料罐 A 或 B。

⑥ 检查原料罐，是否有足够原料供实训使用，检测原料浓度是否符合操作要求（原料体积浓度 10%～20%），如有问题进行补料或调整浓度的操作。

⑦ 检查流程中各阀门是否处于正常开车状态。

关闭阀门：VA101、VA104、VA108、VA109、VA110、VA111、VA112、VA113、VA115A（或 B）、VA121、VA122A（或 B）、VA123、VA124、VA125A（或 B）、VA126、VA127、VA129、VA131、VA132、VA140。

全开阀门：VA102、VA103、VA107、VA114、VA117A（B）、VA118A（B）、VA119、VA120、VA128、VA130、VA133、VA139。

⑧ 按照要求制定操作方案。

（2）正常开车　将变频器的频率控制参数 F011 设置为 0000。

① 从原料取样点 AI02 取样分析原料组成。

② 精馏塔有 3 个进料位置，根据实训要求，选择进料板位置，打开相应进料管线上的阀门。

③ 操作台总电源上电。

④ 启动循环泵 P104。

⑤ 当塔釜液位指示计 LIC01 达到 300mm 时，关闭循环泵，同时关闭 VA107 阀门。

注意：塔釜液位指示计 LIC01 严禁低于 260mm。

⑥ 打开再沸器 E101 的电加热开关，加热电压调至 200V，加热塔釜内原料液。

⑦ 通过第十二节塔段上的视镜和第二节玻璃观测段，观察液体加热情况。当液体开始沸腾时，注意观察塔内气液接触状况，同时将加热电压设定在 130 ～ 150V 之间的某一数值。

⑧ 当塔顶观测段出现蒸气时，打开塔顶冷凝器冷却水调节阀 VA135，使塔顶蒸气冷凝为液体，流入塔顶凝液罐 V103。

⑨ 当凝液罐中的液位达到规定值后，启动回流液泵 P102 进行全回流操作，适时调节回流流量，使塔顶凝液罐 V103 的液位稳定在 150 ～ 200mm 之间的某一值。

⑩ 随时观测塔内各点温度、压力、流量和液位值的变化情况，每 10min 记录一次数据。

⑪ 当塔顶温度 TIC01 稳定一段时间（15min）后，在塔釜和塔顶的取样点 AI01、AI03位置分别取样分析。

（3）稳定操作与参数调节

① 待全回流稳定后，切换至部分回流，将原料罐、进料泵 P101 和进料口管线上的相关阀门全部打开，使进料管路通畅。

② 将进料泵 P101 的行程调至 4L/h，然后开启进料泵 P101、塔顶采出泵 P103 开关，适时调节回流泵和采出泵的流量，以使塔顶凝液罐 V103 液位稳定（采出泵的调节方式同回流泵）。

③ 观测塔顶回流液位变化，以及回流和出料流量计值的变化。在此过程中可根据情况小幅增大塔釜加热电压值（5 ～ 10V），以及冷却水流量。

④ 塔顶温度稳定一段时间后，取样测量浓度。

（4）正常停车操作

① 关闭塔顶采出泵、进料泵。

② 停止再沸器 E101 加热。

③ 待没有蒸气上升后，关闭回流液泵 P102。

④ 关闭塔顶冷凝器 E104 的冷却水。

⑤ 将各阀门恢复到初始状态。

⑥ 关仪表电源和总电源。

⑦ 清理装置，打扫卫生。

6. 操作记录

操作过程要如实、按要求作好记录，填写记录表。对产品取样分析结果作好记录，如实填写分析报告单。

（1）操作记录要求

① 从投料开始，每 10min 记录一次操作条件。

② 书写规范，清晰，不得涂改。确有需更改的，按照要求在错误记录上画一斜杠，在其旁边写上正确数字，再签字，说明对记录的真实性负责。

③ 记录开始时间在要求时间的前后 5min 内进行。

（2）精馏操作记录

精馏操作记录

组别_____ 操作装置号_____ 操作时间_____

| 时间 | 加热电压/V | 温度/℃ | | | 进料 | 回流 | | 采出 | | 冷却水 | 液位/cm | | | | 釜压/kPa |
		进料	塔釜	塔顶	流量/（L/h）	流量/（L/h）	泵频率/Hz	流量/（L/h）	泵频率/Hz	流量/（L/h）	馏出罐	产品罐	原料罐	釜液罐	

7. 精馏操作评分表

精馏操作评分表

装置号：_____ 日期：_____

操作阶段（规定时间）	考核内容	操作要求	标准分值	评分标准与说明	得分
设备功能说明，流程叙述（10min）	装置构成与功能说明	①塔釜及再沸器、②塔体及塔板、③全凝器及馏出罐、④釜液与原料热交换器、⑤原料罐、⑥釜残液及产品罐	8	一、叙述说明，其他人不得提示、补充 二、考核点及分值 1. 精馏装置6个设备的名称与作用（0.5×6＝3分）；错或漏1处，减0.5分。 2.气、液相传质、传热过程说明（4分）。其中：气相传质、传热过程说明各1分，共2分；液相传质、传热过程说明各1分，共2分；叙述说明缺项或错误扣1分。 3. 规定时间内完成（1分），否则扣1分	
	流程叙述	塔釜—塔板筛孔—板上液层—塔顶—全凝器。 原料：原料罐—进料泵—加料板—各板—塔釜—热交换器—釜液罐； 凝液：全凝器—馏出罐—采出泵—产品罐。 全凝器—馏出罐—回流泵—塔顶—各塔板			
开车准备（10min）	检查水、电、仪、阀、泵、储罐；分析原料组成	1. 检查冷却水系统； 2. 检查各阀门状态； 3. 检查记录塔釜、原料罐、馏出罐、产品罐、塔釜液罐的液位； 4. 检查电源和仪表显示； 5. 开启产品罐放空阀，启动采出泵，将馏出罐液位调至4cm（本点不受此项限时）； 6. 用酒精计测量原料罐料液浓度，记录原料罐储量和含量	12	考核点及分值 1. 打开冷却水回水、上水阀，查有无供水（1分）。 2. 检查并确定工艺流程中各阀门状态（1分），附阀门状态表。 3. 记录原料罐、釜液位和馏出罐液位（3分）；少1处扣1分。 4. 开启总电源、仪表盘电源，查看电压表、温度显示（1分）。 5. 开启产品罐放空阀、启动采出泵，倒空馏出罐并记录液位（3分）；错或漏一处扣1分。 6. 酒精计测料液浓度，记录储量和浓度（共3分）。其中取样及静置（1分）、测量及温度校正（1分）、记录（1分），错或漏一步扣1分	

续表

操作阶段（规定时间）	考核内容	操作要求	标准分值	评分标准与说明	得分
全回流操作（100min）	全回流操作及其稳定状态的判断	1. 开全凝器给水阀，调节流量至200～300L/h； 2. 打开电加热器以150～200V加热； 3. 观察、记录馏出罐液位、塔内情况； 4. 当馏出罐液位达到15cm时，开回流阀、启动回流泵，进入全回流操作； 5. 维持馏出罐液位（15cm±1cm），至全回流操作稳定，间隔5min取样分析馏出液乙醇浓度	15	考核点及分值 1. 操作步骤（左列前四步共4分）；错或漏1步，减1分。 2. 馏出罐液位变化±1cm以内（1分），液位变化超过1cm扣1分。 3. 全回流操作质量（10分） 全回流稳定后，间隔5min取样两次，分析： 两次取样分析结果要求浓度均不低于92%，且两次浓度差≤0.5%得10分，否则得6分。 取样须在全回流操作稳定时进行，否则在相应等级上扣2分。 若浓差≥1.00%，可继续全回流操作至≤1.00%，超时减5分	
部分回流操作（70min）	加料、馏出、采出及其控制操作	1. 开启进料阀、启动进料泵，以4L/h进料； 2. 增大加热电压（<190V）； 3. 调节回流变频器，控制回流量； 4. 开启釜液罐放空阀； 5. 开启产品罐的放空阀、采出阀、启动采出泵，维持馏出罐液位稳定； 6. 部分回流操作稳定后，施加加热电压增大的干扰，操作人员正确判断，采取相应措施，恢复并维持正常运行	35	考核点及分值 1. 操作步骤（左列中的前5步，每步3分，共15分）。步骤顺序错或漏，每步扣3分。 2. 操作质量（15分，其中取样5分、操作稳定5分、产品质量稳定5分） ①取样5分（取样点、时间、容器、操作和取样量各1分）。部分回流稳定15min后，间隔5min取样分析一次，共两次；取样要求运行稳定、反映真实浓度，否则扣相应观测点的分值。 ②操作稳定5分。产品浓度均不低于92%，且两次浓度差≤2.0%（5分），否则0分。 3. 生产稳定（5分），馏出罐液位稳定至（15±1）cm，每超过偏差1cm扣1分	
正常停车（10min）		1. 关闭进料泵及相应管线上阀门； 2. 关闭再沸器电加热器； 3. 关闭采出泵、采出阀、产品罐放空阀； 4. 关闭回流泵、回流阀； 5. 记录各储罐的液位、关闭放空阀； 6. 各阀门恢复开车前状态； 7. 关闭上水阀、回水阀； 8. 关闭仪表电源和总电源； 9. 用酒精计测量馏出液浓度，记录馏出罐储量和采出量	20	考核点及分值（操作顺序错误，扣相应步骤分） 1. 关闭进料泵、相应管线上阀门（1分），缺或错1步扣1分。 2. 关闭再沸器电加热器（1分）。 3. 关闭采出泵（1分）。 4. 关闭回流泵（1分）。 5. 检查记录原料罐、馏出罐、产品罐和釜液罐的液位（每处0.5分，共3分）缺或漏1处，扣0.5分。 6. 各工艺阀门恢复初始开车前的状态，1分（操作以挂牌为标志）。 7. 关闭上水阀、回水阀（1分）。 8. 关仪表电源和总电源（1分）。 9. 用酒精计测量馏出液浓度，记录馏出罐储量和采出量（产品浓度均不低于92%时，按每10mL采出量计1分计算产量分，满分10分。质量不合格不得分）	

续表

操作阶段 （规定时间）	考核 内容	操作要求	标准 分值	评分标准与说明	得 分
安全文明 操作	安全、文 明、礼貌	1. 着装符合职业要求； 2. 正确操作设备、使用工具； 3. 操作环境整洁、有序； 4. 操作文明规范	5	考核点及分值 1. 着装符合职业要求（1分）。 2. 正确操作设备、使用工具（2分）。 错误扣1分，损坏扣10分。 3. 操作环境整洁、有序（1分） 4. 操作文明规范（1分）	
记录与报告	记录与报告	1. 10min记录一次，记录符合要求，清晰、准确； 2. 记录原料消耗、产品产量，计算乙醇蒸出率	5	考核点及分值 1. 规范、准确、真实（2分），若不规范、不及时、不完整，发现一次扣1分。 2. 产品蒸出率超过85%，得3分，否则得1分	
总分					

知识拓展

精馏的优化节能技术

精馏是工业上应用最广的分离操作，消耗大量能量。由于世界能源日趋紧张，节能问题显得越来越重要。对于精馏操作而言，应用高效换热设备以及高效率、低压降的新型塔设备，均是实现节能的重要途径。前面所述的最适宜回流比和进料热状态同样可达到节能的效果。除此之外，研究人员还开发和研究了多种节能方法，有的已取得明显节能效果，有的具有良好的应用前景，下面进行简要介绍。

1. 设置中间冷凝器和中间再沸器

在普通精馏塔中，热量从温度最高的再沸器加入，从温度最低的塔顶冷凝器移出，精馏塔内温度自塔顶向塔底逐渐升高，因此功耗大，加热和冷却的费用也随釜温的升高和顶温的降低而升高。对于塔顶、釜温差较大的精馏塔，如能在精馏段设置中间冷凝器，就可用比塔顶冷凝器温度稍高而价格较低的冷剂作为冷源，以代替一部分塔顶所用的价格较高的低温冷剂来提供冷量，从而节省有效能，如图1-48所示。同理，如果在提馏段设置中间再沸器，就可用温度比塔底再沸器稍低而价格较廉的热剂作为热源，达到节能的目的。在深冷分离塔中，则可以回收温位较低的冷量。

2. 热泵精馏

对于组分沸点差较小的低温精馏系统，热泵精馏是一种有效的提高热力学效率的手段，如低温精馏分离丙烯-丙烷的流程。热泵系统实质上是一个制冷系统，它的原理是使用膨胀阀和压缩机来改变冷凝（或沸腾）温度，使冷凝器中放出的热量用作再沸器中加热所需的热量。当冷凝器和再沸器不相匹配时，可用辅助冷凝器和再沸器。

热泵精馏流程见图1-49。工作介质经压缩后在较高露点下冷凝，放出的热量供再沸器中的物料汽化；被液化的工作介质经过膨胀，在低压下汽化，汽化时需要吸收热量将塔顶冷凝器的热量移去。通过压缩机和膨胀阀的作用致使工质冷凝和汽化，将塔顶的低温位热送到塔底高温位处利用，整个系统因而得名热泵。热泵系统中压缩机消耗的能量，是唯一由外界提供的能量，它比再沸器直接加热所消耗的能量少得多，一般只相当于后者的 20% ～ 40%。

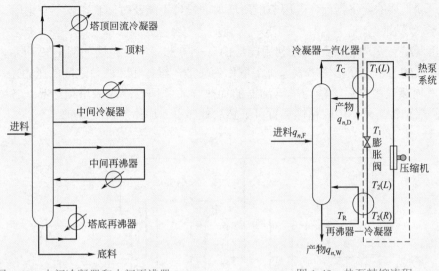

图 1-48 中间冷凝器和中间再沸器　　　　　图 1-49 热泵精馏流程

　　如果被分离的物料本身可以作为热泵的工作介质，可进一步提高热泵精馏的效益，有两种流程。

　　图 1-50 为再沸液闪蒸的热泵系统，当塔底产品是一种好的制冷剂时，从塔底出来的液体经节流减压在塔顶冷凝器中汽化，再经压缩升温作为塔底上升蒸气使用。此系统中塔顶冷凝器又起再沸器的双重作用。

　　图 1-51 为蒸气再压缩的热泵系统，当馏出物是一种好的制冷剂时，塔顶蒸气被压缩，使它的冷凝温度高于塔底产物沸点。塔顶蒸气经压缩后在再沸器中冷凝，冷凝液经节流降温再回流到塔内。这两种流程不仅能减少热交换器的投资，并将进一步提高热泵的节能性能。

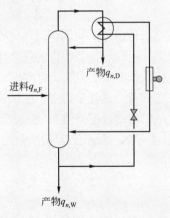
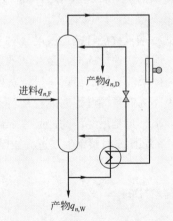

图 1-50 再沸液闪蒸热泵系统　　　　　图 1-51 蒸气再压缩热泵系统

　　由于压缩机、电能等的限制以及具体工艺条件的不同，致使不同物系采用热泵精馏的效益差别甚大，所以并非任何精馏过程都能采用热泵进行节能。通常对于下列几种系统较为合适：①塔顶与塔釜间温差小的系统；②塔内压降较小的系统；③被分离物系的组分间因沸点相近而难以分离，必须采用较大回流比，从而消耗热能较大的系统；④低温精馏过程需要制冷设备的系统。

热泵精馏是靠消耗一定量机械能达到低温热能再利用的，因此消耗单位机械能回收的热能是一项重要的经济指标。若因节能所增加的投资不能及时回收，就不宜采用。

3．多效精馏

采用两效或多效精馏是充分利用能级的一个方法。多效精馏如图 1-52 所示，采用压力依次降低的若干个精馏塔串联，每个塔称为一效，维持相邻两效之间的压力差，使前一精馏塔塔顶蒸气用作后一精馏塔再沸器的加热介质并同时冷凝成塔顶产品。各效分别进料。除两端精馏塔外，中间精馏装置可不必从外界引入加热剂或冷却剂。

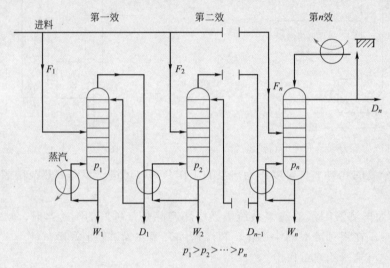

图 1-52　多效精馏流程简图

多效精馏适用于进料中轻重组分沸点差较大的场合。多效精馏降低了冷剂、热剂的消耗量，可节省能耗，但需增加设备投资，经济上是否可行需要通过经济核算决定。由于塔间需采用热耦合，所以要求更高级的控制系统。

降低精馏过程能耗的途径是多种多样的，无论采用哪一种措施，均能获得一定程度的节能效果，但最终评价的准则是经济效益。在大多数情况下，精馏过程节能措施使操作费用减少，但需要节能装置而使设备投资费用增加，而且往往使操作变得更复杂，并要求提高控制水平。因此降低精馏过程的能耗相对于最大的经济效益之间有一最佳节能点。应该说，最大限度节能不一定是最经济的，应寻求最优条件。实际生产中精馏过程是整个生产过程的一个组成部分，因此要对整个生产过程加以权衡，确定最佳节能方案，而不仅仅考虑精馏过程。

 考核评价

精馏塔的操作及故障处理		
工作任务	**考核内容**	**考核要点**
精馏塔的操作	基础知识	精馏开停车操作、影响因素、故障处理；乙醇化学品安全技术说明书；精馏操作规程；DCS 系统调节控制知识；危险化学品标志
	现场考核	精馏开停车操作，考核要点见精馏操作评分表
职业素养		安全意识，规范操作意识，树立工程观念，培养团队协作精神

 自测练习

一、选择题

1. 某常压精馏塔，塔顶设全凝器，现测得其塔顶温度升高，则塔顶产品中易挥发组分的含量将（　　　）。

A. 升高
B. 降低
C. 不变
D. 以上答案都不对

2. 若仅仅加大精馏塔的回流量，会引起以下的结果是（　　　）。

A. 塔顶产品中易挥发组分浓度提高
B. 塔底产品中易挥发组分浓度提高
C. 提高塔顶产品的产量
D. 减少塔釜产品的产量

3. 精馏塔塔顶产品纯度下降，可能是（　　　）。

A. 提馏段板数不足
B. 精馏段板数不足
C. 塔顶冷凝量过多
D. 塔顶温度过低

4. 降低精馏塔的操作压力，可以（　　　）。

A. 降低操作温度，改善传热效果
B. 降低操作温度，改善分离效果
C. 提高生产能力，降低分离效果
D. 降低生产能力，降低传热效果

5. 操作中的精馏塔，若选用的回流比小于最小回流比，则（　　　）。

A. 不能操作
B. x_D、x_W 均增加
C. x_D、x_W 均不变
D. x_D、x_W 均减少

6. 有关灵敏板的叙述，正确的是（　　　）。

A. 灵敏板是操作条件变化时，塔内温度变化最大的那块板

B. 板上温度变化，物料组成不一定都变

C. 板上温度升高，反应塔顶产品组成降低

D. 板上温度升高，反应塔底产品组成增加

7. 蒸馏生产要求控制压力在允许范围内稳定，大幅度波动会破坏（　　　）。

A. 生产效率
B. 产品质量
C. 气液平衡
D. 不确定

8. 精馏塔温度控制最关键的部位是（　　　）。

A. 灵敏板温度
B. 塔底温度
C. 塔顶温度
D. 进料温度

9. 精馏塔釜温度指示较实际温度高，会造成（　　　）。

A. 轻组分损失增加
B. 塔顶馏出物作为产品不合格
C. 釜液作为产品质量不合格
D. 可能造成塔板严重漏液

10. 精馏塔回流量的增加会使（　　　）。

A. 塔压差明显减小，塔顶产品纯度会提高

B. 塔压差明显增大，塔顶产品纯度会提高

C. 塔压差明显增大，塔顶产品纯度会减小

D. 塔压差明显减小，塔顶产品纯度会减小

11. 在精馏塔操作中，若出现塔釜温度及压力不稳，产生的原因可能是（　　　）。

A. 蒸气压力不稳定
B. 疏水器不畅通
C. 加热器有泄漏
D. 以上三种原因均有可能

12. 在精馏塔操作中，若出现淹塔，可采取的处理方法有（　　）。

A. 调进料量，降釜温，停采出　　　　B. 降回流，增大采出量

C. 停车检修　　　　　　　　　　　　D. 以上三种方法均可

二、判断题

（　　）1. 实现稳定的精馏操作必须保持全塔系统的物料平衡和热量平衡。

（　　）2. 精馏塔操作过程中主要通过控制温度、压力、进料量和回流比来实现对气液负荷的控制。

（　　）3. 在精馏操作中，严重的雾沫夹带将导致塔压的增大。

（　　）4. 控制精馏塔时加大加热蒸汽量，则塔内温度一定升高。

（　　）5. 控制精馏塔时加大回流量，则塔内压力一定降低。

（　　）6. 精馏塔内的温度随易挥发组分浓度增大而降低。

任务6　其他精馏操作

 教学目标

知识目标：

1. 掌握恒沸精馏、萃取精馏原理、特点及应用场合；

2. 了解水蒸气蒸馏及多组分精馏。

能力目标：

对相对挥发度接近于1或形成恒沸物的混合物能根据物系特点选择合适的分离方法。

素质目标：

具有安全、环保、社会可持续发展意识。

> **思政育人要素：**
>
> 从夹带剂、萃取剂的选择、循环使用知识点出发，引入环保、安全、节能、可持续发展要素。

 相关知识

一、恒沸精馏

一般的蒸馏或精馏操作是以液体混合物中各组分的挥发度差异为依据的。组分间挥发度差别越大越容易分离。但对某些液体混合物，当组分间的相对挥发度接近于1或能形成恒沸物，以至于不宜或不能用一般精馏方法进行分离，而从技术上、经济上又不适用于用其他方法分离时，则需要采用特殊精馏方法。

恒沸精馏是向精馏塔内加入能与料液中被分离组分形成低沸点恒沸物的添加剂，使普通精馏难以分离的液体混合物变得容易分离的一种特殊精馏方法。当料液中组分间的相对挥发度接近于1或形成恒沸物时，加入能与料液中一个或几个组分形成低沸点的恒沸物的添加剂，使被分离组分间的相平衡关系发生下列变化：①如果料液本来不会形成恒沸物，则形成沸点比各组分均低的恒沸物，这样，就可以用蒸馏的方法使之与其余组分分离；②如果料液的某

些组分能够形成恒沸物，则与添加剂形成的新恒沸物的沸点低于原恒沸物，这样，添加剂的加入使料液中的一个组分全部进入恒沸物，从塔顶馏出，而塔底则可得到基本不含该组分的产物。若馏出的恒沸物的冷凝液是非均相的，则先沉降分离，再用普通精馏进一步分离。如果馏出的恒沸物的冷凝液是均相的，需用萃取等方法分离。

图1-53为苯与环己烷恒沸精馏工艺流程。料液为苯（沸点为80.1℃）与环己烷（沸点为80.73℃）的混合液，用丙酮作添加剂，与料液一起加入塔内。环己烷与丙酮形成恒沸物从塔顶馏出，从塔底可得纯苯。恒沸物（沸点为50.3℃）与纯苯的沸点相差颇大，使精馏过程容易进行。塔顶馏出的恒沸物是均相的，可用水萃取丙酮，留下纯环己烷。丙酮再经精馏回收，供循环使用。

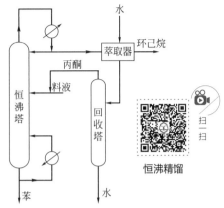

图1-53　苯与环己烷恒沸精馏
工艺流程

如果料液本身能形成非均相恒沸物，也可不用添加剂而采用双塔流程进行分离。这种精馏过程也属于恒沸精馏。例如，原料液为稀糠醛水溶液，在第一塔中进行常压精馏，糠醛可以全部进入恒沸物，从塔顶馏出，塔底得纯水。恒沸物经冷凝后分成两个液层：上层为水相（糠醛的摩尔分数约为0.02）作为第一塔的回流；下层为醛相（糠醛的摩尔分数约为0.7），进入第二塔中再次精馏。第二塔的馏出物为恒沸组成，在塔底得纯糠醛。

恒沸添加剂又称夹带剂，选择的原则是：①添加剂至少与料液中一个组分能形成低沸点恒沸物，最好其恒沸点比纯组分的沸点低，一般两者沸点差不小于10℃；②在所形成的恒沸物中，添加剂的相对含量不应太多，以减少添加剂的需用量；③添加剂应与料液中含量少的组分形成恒沸物，以减轻精馏过程的热负荷；④新恒沸物最好为非均相混合物，便于用分层方法分离，使夹带剂易于回收；⑤来源充足，价格便宜，且安全无毒。

恒沸精馏主要用于各种有机物的脱水以及醛、酮、有机酸及烃类氧化物等的分离。与萃取精馏相比，恒沸添加剂的选择范围较小，且添加剂由塔顶馏出，热耗较大。只有当添加剂与原料中含量较少的组分形成恒沸物时，采用恒沸精馏才是经济的。

二、萃取精馏

萃取精馏和恒沸精馏相似，也是向原料液中加入第三组分（称为萃取剂或溶剂），以改变原有组分间的相对挥发度而得到分离，但不同的是要求萃取剂的沸点较原料液中各组分的沸点高得多，且不与组分形成恒沸液。萃取精馏常用于分离各组分沸点（挥发度）差别很小的溶液。例如，在常压下苯的沸点为80.1℃，环己烷的沸点为80.73℃，若在苯-环己烷溶液中加入萃取剂糠醛，则溶液的相对挥发度发生显著的变化，如表1-9所示。

表1-9　苯-环己烷溶液中加入糠醛后 α 的变化

溶液中糠醛的摩尔分数	0	0.2	0.4	0.5	0.6	0.7
相对挥发度	0.98	1.38	1.86	2.07	2.36	2.7

由表1-9可见，相对挥发度随萃取剂量加大而增高。

图1-54为分离苯-环己烷溶液的萃取精馏流程示意图。原料液进入萃取精馏塔1中，萃取剂（糠醛）由塔1顶部加入，以便在每层板上都与苯相结合。塔顶出料为环己烷蒸

气。为回收微量的糠醛蒸气，在塔 1 上部设置回收段 2（若萃取剂沸点很高，也可以不设回收段）。塔底釜液为苯 - 糠醛混合液，再将其送入苯回收塔 3 中。由于常压下苯沸点为 80.1℃，糠醛的沸点为 161.7℃，故两者很容易分离。塔 3 中釜液为糠醛，可循环使用。在精馏过程中，萃取剂基本上不被汽化，也不与原料液形成恒沸液，这些都是有异于恒沸精馏的。

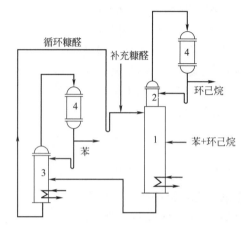

图 1-54　苯 - 环己烷萃取精馏流程

1—萃取精馏塔；2—萃取剂回收段；3—苯回收塔；4—冷凝器

选择萃取剂时，主要应考虑：①萃取剂应使原组分间相对挥发度发生显著的变化；②萃取剂的挥发性应低些，即其沸点应较各组分的为高，且不与原组分形成恒沸液；③无毒性、无腐蚀性，热稳定性好；④来源方便，价格低廉。萃取精馏主要用于那些加入萃取剂后，因相对挥发度增大所节省的费用，足以补偿萃取剂本身及其回收操作所需费用的场合。萃取精馏最初用于丁烷与丁烯以及丁烯与丁二烯等混合物的分离。目前，萃取精馏比恒沸精馏更广泛地用于醛、酮、有机酸及其他烃类氧化物等的分离。

萃取精馏与恒沸精馏比较如下：①萃取剂比夹带剂易于选择；②萃取剂在精馏过程中基本上不汽化，故萃取精馏的耗能量较恒沸精馏的为少；③萃取精馏中，萃取剂加入量的变动范围较大，而在恒沸精馏中，适宜的夹带剂量多为一定，故萃取精馏的操作较灵活，易控制；④萃取精馏不宜采用间歇操作，而恒沸精馏则可采用间歇操作方式；⑤恒沸精馏操作温度较萃取精馏的为低，故恒沸精馏较适用于分离热敏性溶液。

三、水蒸气蒸馏

直接向不混溶于水的液体混合物中通入水蒸气的蒸馏方法，即为水蒸气蒸馏，如图 1-55 所示。

将水蒸气连续通入含有可挥发物质 A 的混合液，当与水不相混溶的物质与水共存达到相平衡时，根据道尔顿分压定律，气相含有水蒸气和组分 A，气相的总压等于水蒸气分压和组分 A 分压之和。当气相总压等于外压时，液体便在远低于组分 A 的正常沸点的温度下沸腾，组分 A 随水蒸气蒸出。在水蒸气蒸馏操作中，水蒸气起到载热体和降低沸点的作用。原则上，任何与料液不互溶的气体或蒸

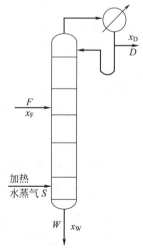

图 1-55　水蒸气蒸馏

气皆可使用，但水蒸气价廉易得，冷却后容易分离，故最为常用。如果蒸馏操作中使用饱和水蒸气，且外部加入的热量不足，水蒸气将部分冷凝，形成两个液相。这时气相中水蒸气的分压最大，等于其饱和蒸气压，液体将在最低温度下沸腾，但由于水的饱和蒸气压远高于组分 A 的蒸气分压，所以馏出气相中组分 A 的含量很少，水蒸气的耗用量最大。为节省能耗，在蒸馏釜内须避免出现水蒸气的冷凝。为此可用外部加热或使用过热蒸汽将料液升温到允许的最高温度，以增大组分 A 的蒸气分压，同时选择较低的操作压力，降低水蒸气的分压，节省水蒸气的用量。

水蒸气蒸馏常用于下列几种情况：①某些沸点高的有机化合物，在常压下蒸馏虽可与副产品分离，但易被破坏；②混合物中含有大量树脂状杂质或不挥发性杂质，采用蒸馏、萃取等方法都难于分离；③从较多固体反应物中分离出被吸附的液体。

水蒸气蒸馏也常用来降低操作温度，以便将高沸点或热敏性物质从料液中蒸发出来，从而得到纯化，如脂肪酸、苯胺、松节油的提取和精制。

当混合物中各组分蒸气压总和等于外界大气压时，这时的温度即为它们的沸点。此沸点比各组分的沸点都低。因此，在常压下应用水蒸气蒸馏，就能在低于 100℃ 的情况下将高沸点组分与水一起蒸出来。因为总的蒸气压与混合物中二者间的相对量无关，直到其中一组分几乎完全移去，温度才上升至留在瓶中液体的沸点。

利用水蒸气蒸馏来分离提纯物质时，要求此物质在 100℃ 左右时的蒸气压至少在 1.33kPa 左右。如果蒸气压在 0.13～0.67kPa，则其在馏出液中的含量仅占 1%，甚至更低。为了要使馏出液中的含量增高，就要想办法提高此物质的蒸气压，也就是说要提高温度，使蒸气的温度超过 100℃，即要用过热水蒸气蒸馏。

从上面的分析可以看出，使用水蒸气蒸馏这种分离方法是有条件限制的，被提纯物质必须具备以下几个条件：①不溶或难溶于水；②与沸水长时间共存而不发生化学反应；③在 100℃ 左右必须具有一定的蒸气压（一般不小于 1.33kPa）。

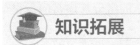 **知识拓展**

多组分精馏

工业上常遇到的精馏操作是多组分精馏。虽然多组分精馏与双组分精馏在基本原理上是相同的，但因多组分精馏中溶液的组分数目增多，故影响精馏操作的因素也增多，计算过程就更为复杂。

1. 气液平衡关系

从相律就可以看出，物系中组分数目增加，自由度也相应增加。对于 n 个组分物系的气液平衡，则有 n 个自由度，当压力确定后，尚需先将物系中 $n-1$ 个独立变量同时确定，才能确定物系的平衡状态。因此在恒压条件下，平衡时某一组分在气相和液相中的组成与系统中其他组分的组成均有关，所以多组分溶液相平衡关系及计算，要比双组分溶液复杂，具体计算方法可查阅相关资料。

2. 流程方案的选择

双组分溶液的普通精馏过程在一个精馏塔内可以进行分离，但对多组分溶液精馏则不然。因受气液平衡的限制，所以要在一个普通精馏塔内同时得到几个相当纯的组分是不可能的。例如分离三组分溶液时需要两个塔，四组分溶液时需要三个塔……n组分溶液时需要n-1个塔。应当指出，塔数越多，流程组织方案也越多。

在化工生产中，多组分精馏流程方案的分类，主要是按照精馏塔中组分分离的顺序安排而区分的。第一种是按挥发度递减的顺序采出馏分的流程；第二种是按挥发度递增的顺序采出馏分的流程；第三种是按不同挥发度交错采出的流程。对于A、B、C三组分物系，有两种分离方案，如图1-56所示。图1-56（a）是按挥发度递减的顺序采出，图1-56（b）是按挥发度递增的顺序采出。对于四组分溶液，若要通过精馏分离采出四种纯组分，分离的流程方案有五种。对于n个组分，分离流程的方案数Z为：

$$Z = \frac{[2(n-1)]!}{n!(n-1)!}$$ （1-40）

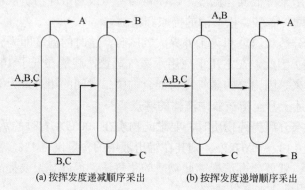

(a) 按挥发度递减顺序采出 (b) 按挥发度递增顺序采出

图 1-56　三组分精馏的两种方案

由此看出，供选择的分离流程的方案数，随组分增加而急剧递增。如何确定最佳的分离方案，是一个很关键的问题。分离方案的选择应尽量做到以下几点。

① 满足工艺要求。对于热敏性物料，在流程安排上尽量减少其受热次数，尽早将其分离。为了保证安全生产，若进料中含有易燃、易爆等影响安全操作的组分，通常应尽早将它除去。

② 减少能量消耗。一般精馏过程所消耗的能量，主要是以再沸器加热釜液所需的热量和塔顶冷凝器所需的冷量为主。一般说来，按挥发度递减顺序从塔顶采出的流程，往往要比按挥发度递增的顺序从塔底采出的流程节省更多的能量。若进料中有两个组分的相对挥发度近似于1，通常将这两个组分的分离放在分离顺序的最后，这在能量消耗上也是合理的。

③ 节省设备投资。由于塔径的大小与塔内的气液相流量大小有关，因此按挥发度递减顺序分离，塔内组分的汽化和冷凝次数少，塔径及再沸器、冷凝器的传热面积也相应减少，从而节省了设备投资。

若进料中有一个组分的含量占主要时，应先将它分离掉，以减少后续塔及再沸器的负荷；若进料中有一个组分具有强腐蚀性，则应尽早将它除去，以便后续塔无需采用耐腐蚀材料制造，相应减少设备投资费用。

显然，确定多组分精馏的最佳方案时，要使前述三项要求均得到满足往往是不容易的。所以，通常先以满足工艺要求、保证产品质量和产量为主，然后再考虑降低生产成本等问题。

3. 关键组分

在多组分精馏计算中，为简化计算，引入关键组分的概念。在待分离的多组分溶液中，选取工艺中最关心的两个组分，规定它们在塔顶和塔底产品中的组成或回收率（即分离要求），那么在一定的分离条件下，所需的理论板层数和其他组分的组成也随之而定。由于所选定的两个组分对多组分溶液的分离起控制作用，故称它们为关键组分，其中挥发度高的那个组分称为轻关键组分，挥发度低的称为重关键组分。在进料中，轻关键组分和比其沸点更低的组分绝大部分进入塔顶馏出液中，在塔底产品中含量甚微；重关键组分和比其沸点更高的组分绝大部分进入塔底产品中，在塔顶馏出液中含量甚微。换言之，关键组分的分离程度达到要求，其他组分的分离程度也达到要求。对多组分物系的分离简化为对两个关键组分的分离，从而简化了工艺计算和操作。

 考核评价

其他精馏操作		
工作任务	考核内容	考核要点
认识其他精馏操作	基础知识	恒沸精馏、萃取精馏、水蒸气蒸馏、多组分精馏原理、各自特点、应用场合
	能力训练	根据物系特点选择合适的分离方法
	职业素养	安全意识、环保意识、节能意识、可持续发展理念

 自测练习

一、选择题

1. 采用水蒸气蒸馏可以（　　）混合液的沸点。

A. 提高　　　　　　B. 降低　　　　　　C. 不变　　　　　　D. 不一定

2. 乙醇 - 水混合液若采用恒沸蒸馏，常用的夹带剂是（　　）。

A. 乙醇　　　　　　B. 水　　　　　　　C. 苯　　　　　　　D. 甲醇

3. 萃取精馏中，萃取剂必须从塔的（　　）不断加入。

A. 上部　　　　　　B. 下部　　　　　　C. 进料口　　　　　D. 灵敏板

4. 多组分精馏中，若要分离 5 个组分的混合液，一般需要（　　）个塔。

A. 3　　　　　　　　B. 4　　　　　　　C. 5　　　　　　　D. 6

5. 蒸馏是一个（　　）过程。

A. 传质　　　　　　　　　　　　　　　B. 传热

C. 传质、传热同时进行的　　　　　　　D. 无传质传热的

二、判断题

（　　）1. 乙醇 - 水混合液可以用普通蒸馏方法进行分离。

（　　）2. 混合液加入萃取剂之后会与混合液互溶，并能使其中某一组分的饱和蒸气压明显降低。

（　　）3. 丙烯与丙烷的挥发度相当接近，故分离丙烯与丙烷混合液所需要的塔板数很多。

（　　）4. 特殊精馏是分离 $\alpha=1$ 或 $\alpha \approx 1$ 的混合液的方法。

项目 2
吸收技术

工业生产中常常会遇到均相气体混合物的分离问题。为了分离混合气体，通常将混合气体与某种液体相互接触，气体中的一种或几种组分便溶解于液体内而形成溶液，不能溶解的组分则保留在气相中，从而达到了气体混合物分离的目的。**这种利用混合气体中各组分在某液体溶剂中的溶解度不同而将其分离的单元操作称为吸收。**

吸收操作所用的液体溶剂称为吸收剂，以 S 表示；混合气体中，能够显著溶解于吸收剂的组分称为吸收质或溶质，以 A 表示；而几乎不被溶解的组分统称为惰性组分或载体，以 B 表示；吸收操作所得到的溶液称为吸收液或溶液，其主要成分为溶剂 S 和溶质 A；被吸收后余下的气体称为吸收尾气，其主要成分为惰性气体 B 和少量未被吸收的溶质。吸收在化工生产中的应用如下。

① 原料气的净化。对混合气的净化或精制常采用吸收操作。如在合成氨工艺中，用碳酸钾水溶液脱除合成气中的二氧化碳。

② 制取液态产品。液态产品有时可用吸收的方法制取。如用水吸收氯化氢气体制取盐酸等。

③ 回收混合气中有用成分。回收混合气体中的某组分通常亦采用吸收的方法。如用水吸收合成氨厂中放空气体中的氨；用洗油回收焦炉煤气中的粗苯等。

④ 废气的净化。如用碱性吸收剂除去工业尾气中含有的 SO_2、H_2S 等酸性组分。否则，若直接排入大气，会对环境造成污染。

通过吸收能使混合气中的溶质溶解于吸收剂中而得到溶液，就溶质的存在形态而言，仍然是一种混合物，并没有得到纯度较高的气体溶质。在工业生产中，除以制取溶液产品为目的的吸收之外，大都需要将吸收液进行解吸，以便得到纯净的溶质或使吸收剂再生后循环使用。**解吸是使溶质从吸收液中释放出来的过程，是吸收的逆过程。**

吸收过程是溶质由气相转移到液相的相际传质过程，机理很复杂，本项目重点讨论吸收过程的机理、影响吸收过程的因素、吸收装置流程、吸收塔的工艺计算及操作调节等。

任务 1　认识吸收装置

 **教学目标**

知识目标：

1. 了解吸收的基本概念及在化工生产中的应用；

2．熟悉吸收分类及特点；

3．掌握吸收流程；

4．掌握吸收剂的选择方法。

能力目标：

1．认识吸收流程中的主要设备名称、作用；

2．能够正确绘制和叙述工业吸收基本流程；

3．能够正确使用和佩戴劳动防护用品；

4．能识读和绘制工艺流程图；

5．能识记操作现场的安全警示标志。

素质目标：

具有安全、环保、节能意识，具有社会责任感。

> **思政育人要素：**
>
> 吸收剂的选择、吸收流程与应用，体现环保、可持续发展理念、操作安全、低毒理念，体现人文关怀与社会责任担当，树立化工职业底线意识。

 相关知识

一、吸收生产案例

图 2-1 为合成氨生产中 CO_2 气体的净化过程。合成氨原料气（含 $CO_2$30% 左右）从底部进入吸收塔，塔顶喷入吸收剂（乙醇胺溶液）。气、液逆流接触传质，吸收剂乙醇胺吸收了溶质 CO_2 后从塔底排出，从塔顶排出的尾气中 CO_2 含量可降至 0.5% 以下，原料气从而得到净化。

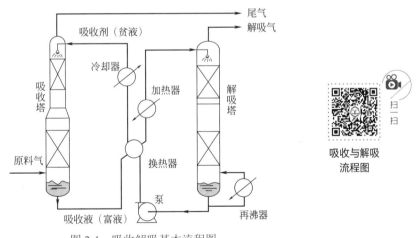

图 2-1　吸收解吸基本流程图

将吸收塔底排出的含 CO_2 的乙醇胺溶液（又叫富液）用泵送至加热器，加热到130℃左右后从解吸塔顶喷淋下来，在塔底再沸器中加热。CO_2 在高温、低压下自溶液中解吸出来。从解吸塔顶排出的气体经冷却、冷凝后得到可用的 CO_2。解吸塔底排出的含少量 CO_2的乙醇胺溶液（又叫贫液）经冷却降温至 50℃ 左右，经加压后可作为吸收剂送入吸收塔循环使用。

在吸收操作中，吸收与解吸通常是一对不可分割的、相伴的操作过程。

由此可见，**采用吸收操作实现气体混合物的分离必须解决以下问题：**

① 选择合适的吸收剂，选择性地溶解某个（或某些）组分；
② 选择适当的传质设备以实现气液两相接触，使溶质能较完全地从气相转移至液相；
③ 吸收剂的再生和循环使用。

二、吸收操作分类

工业吸收过程有多种，分类方法见表 2-1。本项目主要讨论单组分等温物理吸收过程。

表 2-1　吸收操作的分类

分类		特点
按过程有无化学反应分类	化学吸收	吸收过程中溶质与吸收剂之间有显著的化学反应为化学吸收
	物理吸收	吸收过程中溶质与吸收剂之间不发生明显的化学反应为物理吸收
按被吸收的组分数目分类	单组分吸收	若混合气体中只有一个组分（溶质）进入液相，其余组分皆可认为不溶解于吸收剂的吸收过程为单组分吸收
	多组分吸收	若混合气体中有两个或更多组分进入液相的吸收过程为多组分吸收
按吸收过程有无温度变化分类	非等温吸收	气体溶解于液体时，常常伴随着热效应，当有化学反应时还会有反应热，其结果是随吸收过程的进行，溶液温度会逐渐变化，这样的吸收为非等温吸收
	等温吸收	吸收过程的热效应较小，或被吸收的组分在气相中浓度很低，而吸收剂用量相对较大时，温度升高不显著，可认为是等温吸收
按溶质在气液两相中的浓度分类	低浓度吸收	溶质在气液两相中的摩尔分数均较低（通常不超过 0.1），这种吸收称为低浓度吸收。对于低浓度吸收过程，由于气相中溶质浓度较低，传递到液相中的溶质量也较小，因此形成的吸收液为稀溶液，并且由溶解热而产生的热效应也不会引起液相温度的显著变化，可视为等温吸收过程
	高浓度吸收	当混合气中溶质的摩尔分数高于 0.1，且被吸收的数量又较多时，称为高浓度吸收

三、吸收流程

1. 逆流吸收流程和并流吸收流程

按照塔内气液流向分类，吸收流程分为逆流吸收流程和并流吸收流程，如图 2-2 和图 2-3 所示。逆流吸收是液体在塔内自上而下流动，气体自下而上通过；并流吸收是塔内气液两相均自上而下流动。由于逆流吸收推动力大，可以使吸收分离更完善，因此，工业生产中吸收一般选择逆流操作。并流吸收可以有效避免吸收塔的液泛现象，但是由于吸收推动力小，气体净化程度不会很高，一般用于快速化学反应的吸收操作。

2. 部分溶剂循环的逆流吸收流程

如图 2-4 所示，气体自下而上通过，液体在塔内自上而下流动，出塔的富液有一部分返回塔顶循环使用。对于等温吸收，液相循环的结果是造成液相的返混，使得推动力下降，对吸收不利。对于非等温吸收，部分溶剂循环使用，可以利用其循环带出热量，降低吸收温度，能增加吸收推动力。此种流程适用于以获取较高浓度的液相产品为目的的吸收过程，或热效应显著的吸收过程。

3. 两段吸收及解吸流程

两段吸收及解吸流程如图 2-5 所示，出吸收塔的富液经液力透平进入解吸塔进行解吸，再生的贫液经换热后循环返回塔内，解吸塔中段抽出的半贫液经半贫液泵后返回吸收塔中部，该流程可使吸收尾气中的溶质含量大大降低。当溶质含量较高，又需要较高的气体净化度时，可以考虑使用两段吸收及解吸流程。

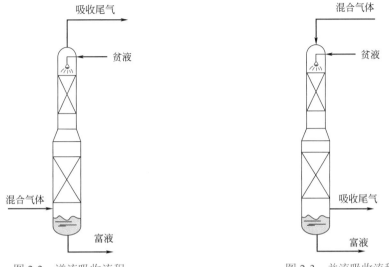

图 2-2　逆流吸收流程　　　　　　　　　　图 2-3　并流吸收流程

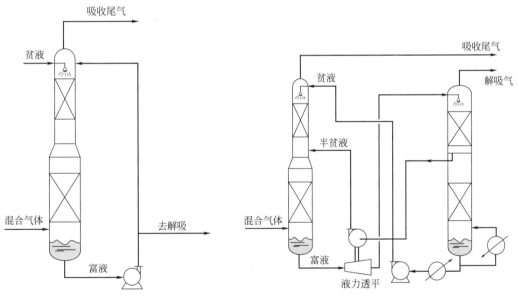

图 2-4　部分溶剂循环的逆流吸收流程　　　　图 2-5　两段吸收及解吸流程

　　除此之外，根据生产任务的需要，吸收流程还有多段吸收及解吸流程、同时使用多个吸收塔的多塔吸收流程以及使用两种吸收剂的两步吸收流程等。

　　在工业生产中吸收操作多采用塔设备，既可采用气液两相在塔内逐级接触的板式塔，也可采用气液两相在塔内连续接触的填料塔。板式塔在蒸馏中已经介绍过，这里不再赘述。填料塔内填充填料，液体自塔顶均匀淋下并沿填料表面成膜，气体通过填料间的空隙与液体连续接触，气体中的溶质不断地被吸收。

　　吸收与蒸馏操作同是相际间的物质传递过程，但吸收与蒸馏的传质不同。蒸馏不仅有气相中重组分进入液相，而且同时有液相中轻组分转入气相的传质，属于双向传质；吸收则只进行气相中溶质向液相中传质，为单向传质过程。

四、吸收剂的选择

吸收剂的性能不同，吸收效果、生产成本等差别会很大，因此，吸收剂的选用也是吸收过程非常关键的一环。一般应从生产的具体要求和条件出发，全面考虑各方面的因素，作出经济合理的选择。**通常主要考虑以下几点。**

（1）**溶解度** 吸收剂对溶质组分的溶解度越大，则传质推动力越大，吸收速率越快，且吸收剂的耗用量越少。

（2）**选择性** 吸收剂应对溶质组分有较大的溶解度，而对混合气体中的其他组分溶解度要小，否则不能实现有效的分离。

（3）**挥发度** 在操作温度下，吸收剂的蒸气压要低，即挥发度要小，以减少吸收剂的损失量。

（4）**黏度** 吸收剂在操作温度下的黏度越低，其在塔内的流动阻力越小，同时吸收剂黏度低，吸收质在液体中的扩散阻力小，吸收速率高。

（5）**其他** 所选用的吸收剂应容易再生，尽可能满足无毒性、无腐蚀性、不易燃易爆、不发泡、化学性质稳定、价廉易得等要求。

水是常用的吸收剂。常用于净化煤气中的 CO_2、回收废气中的 SO_2、除去混合气体中的 NH_3 和 HCl 等，上述物质在水中的溶解度大，并随气相分压而增加，随吸收温度的降低而增大。因而理想的操作条件是在加压和低温下吸收，降压和升温下解吸。用水作吸收剂，价廉易得，流程、设备简单，但其缺点是净化效率低，设备庞大，动力消耗大。

SO_2、HCl、H_2S 等酸性气体在碱性溶液中的溶解度比在水中要大得多，且碱性越强、溶解度越大。但化学吸收流程较长、设备较多、操作也较复杂，吸收剂价格较贵，同时由于吸收能力强而吸收剂不易再生，因此在选择时，要从几方面加以权衡。

 技能训练

扫一扫

吸收装置
流程

查摸吸收流程

1. 训练要求

① 观察吸收装置的构成，了解各设备作用。

② 查摸并叙述吸收流程。

2. 实训装置

图 2-6 为空气 - 二氧化碳混合气分离的吸收装置。空气（即载体）由旋涡气泵提供，二氧化碳（即溶质）由钢瓶提供，二者混合后从吸收塔的底部进入吸收塔向上流动通过吸收塔，与下降的水（即吸收剂）逆流接触吸收，吸收尾气一部分进入二氧化碳气体分析仪，大部分排空；吸收剂存储于解吸液储槽中，经解吸液泵输送至吸收塔的顶端向下流动经过吸收塔，与上升的气体逆流接触吸收其中的二氧化碳，吸收液从吸收塔底部进入吸收液储槽。

空气由旋涡气泵提供，从解吸塔的底部进入解吸塔向上流动通过解吸塔，与下降的吸收液逆流接触进行解吸，解吸尾气一部分进入二氧化碳气体分析仪，大部分排空；吸收液存储于吸收液储槽，经吸收液泵输送至解吸塔的顶端向下流动经过解吸塔，与上升的气体逆流接触解吸其中的溶质，解吸液从解吸塔底部进入解吸液储槽。

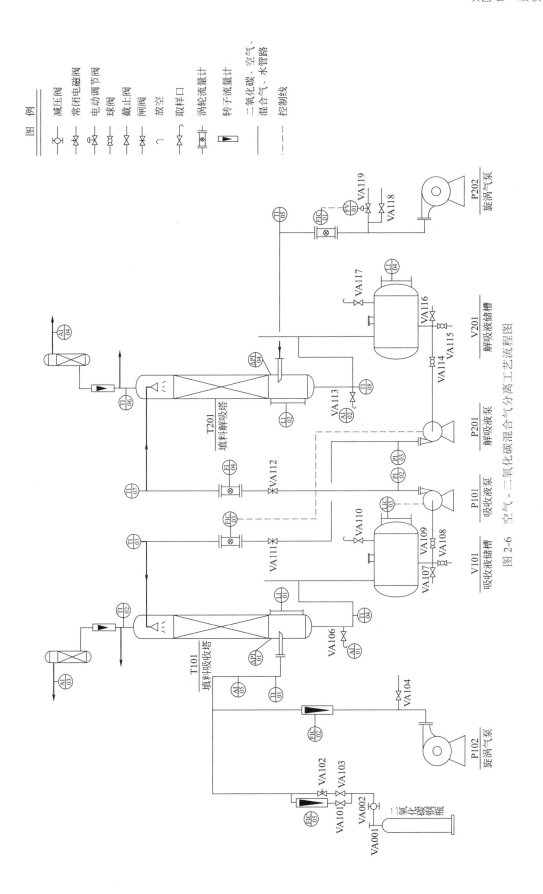

图 2-6 空气 - 二氧化碳混合气分离工艺流程图

3．安全生产注意事项

进入装置必须穿戴劳动防护用品，在指定区域正确戴上安全帽，穿上安全鞋。在装置实训时不能动电源开关，不能动仪表柜各个开关。登梯前必须确保梯子支撑稳固，面向梯子上下并双手扶梯。

4．实训操作步骤

① 通过观察与之对应的实际装置，认识吸收塔、进料泵、储罐及管路阀门、仪表等主要设备及器件，了解各设备作用。

② 查走并叙述空气 - 二氧化碳分离吸收装置的吸收流程、解吸流程。

③ 提炼并绘制吸收基本工艺流程。

在对吸收过程有了基本了解后，对实际吸收装置进行简化提炼，绘制并叙述吸收基本工艺流程，强化对吸收工艺过程的理解。

 考核评价

认识吸收装置			
工作任务	**考核内容**		**考核要点**
认识吸收装置	基础知识		吸收基本概念及在化工生产中的应用；吸收分类及特点；吸收流程；吸收剂的选择
	能力训练	准备工作	正确穿戴劳动防护用品
		现场考核	认识吸收流程中的主要设备名称，说明其作用；查摸吸收基本流程；正确识读、绘制和叙述吸收流程；正确识读现场操作安全警示标志
	职业素养		安全、环保、节能意识，严谨细致，团结协作

 自测练习

一、选择题

1．混合气体中被液相吸收的组分称为（　　）。

A．吸收剂　　　　　　B．吸收液　　　　　　C．吸收质　　　　　　D．惰性气体

2．选择吸收剂时不需要考虑的是（　　）。

A．对溶质的溶解度　　　　　　　　　　B．对溶质的选择性

C．操作条件下的挥发度　　　　　　　　D．操作温度下的密度

3．选择吸收剂时应重点考虑的是（　　）。

A．挥发度+再生性　　B．选择性+再生性　　C．挥发度+选择性　　D．溶解度+选择性

4．利用气体混合物各组分在液体中溶解度的差异而使气体中不同组分分离的操作称为（　　）。

A．蒸馏　　　　　　B．萃取　　　　　　C．吸收　　　　　　D．解吸

5．吸收操作的目的是分离（　　）。

A．气体混合物　　　　　　　　　　　　B．液体均相混合物

C. 气液混合物　　　　　　　　　　D. 部分互溶的均相混合物

6. 吸收过程是溶质（　　）的传递过程。

A. 从气相向液相　　　　　　　　　B. 气液两相之间

C. 从液相向气相　　　　　　　　　D. 任一相态

7. 吸收过程中一般多采用逆流流程，主要是因为（　　）。

A. 流体阻力最小　　　B. 传质推动力最大　　C. 流程最简单　　　D. 操作最方便

8. 目前工业生产中应用十分广泛的吸收设备是（　　）。

A. 板式塔　　　　　　　B. 填料塔　　　　　　C. 湍球塔　　　　　　D. 喷射式吸收器

二、判断题

（　　）1. 吸收操作是双向传质过程。

（　　）2. 吸收操作是根据混合物的挥发度的不同而达到分离的目的的。

（　　）3. 吸收既可以用板式塔，也可以用填料塔。

（　　）4. 物理吸收操作是将分离的气体混合物，通过吸收剂转化成较容易分离的液体。

（　　）5. 在吸收操作中，选择吸收剂时，要求吸收剂的蒸气压尽可能高。

任务 2　认识填料吸收塔

 教学目标

知识目标：

1. 掌握填料塔基本构造；

2. 熟悉填料种类特点、性能评价及选择；

3. 掌握填料塔内操作时气液流动状况。

能力目标：

1. 认识填料塔，能区分不同类型的填料，并能说出构造特点及其作用；

2. 能正确穿戴劳动防护用品；

3. 能识记操作现场的安全警示标志。

素质目标：

具有安全意识、规范操作意识。

> **思政育人要素：**
> 通过介绍填料的类型，及我国在开发各类型填料方面的成就，激发民族自豪感，进行社会主义核心价值观教育。

 相关知识

一、填料塔的结构及特点

1. 填料塔的结构

图 2-7 为填料塔的结构示意图。填料塔是以塔内的填料作为气液两相间接触构件的传质设备。填料塔的塔身是一直立式圆筒，底部装有填料支承板，填料以乱堆或整砌的方式放置在支承板上。填料的上方安装填料压板，以防被上升气流吹动。液体从塔顶经液体分布器喷

淋到填料上，在填料表面形成液膜，并沿填料表面下流。气体从塔底送入，经气体分布装置（小直径塔一般不设气体分布装置）分布后，与液体呈逆流连续通过填料层的空隙。在填料表面上，气液两相密切接触进行传质。填料塔属于连续接触式气液传质设备，两相组成沿塔高连续变化，在正常操作状态下，气相为连续相，液相为分散相。

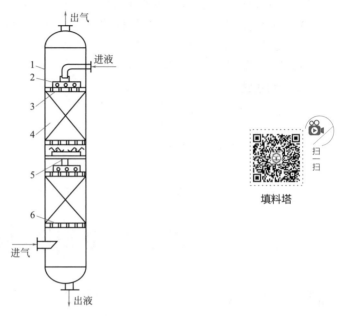

图 2-7　填料塔结构示意图
1—塔体；2—液体分布器；3—填料压紧装置；
4—填料层；5—液体再分布器；6—支承装置

扫一扫

填料塔

当液体沿填料层向下流动时，有逐渐向塔壁集中的趋势，使得塔壁附近的液流量逐渐增大，这种现象称为壁流。壁流效应造成气液两相在填料层中分布不均，从而使传质效率下降。因此，当填料层较高时，需要进行分段，中间设置再分布装置。液体再分布装置包括液体收集器和液体再分布器两部分，上层填料流下的液体经液体收集器收集后，送到液体再分布器，经重新分布后喷淋到下层填料上。

2. 填料塔特点

填料塔能为气液两相提供充分的接触时间、面积和空间，其中填料塔用于吸收操作更为常见。与板式塔相比，填料塔具有以下特点：结构简单，造价低，压力降较小，能耗低，分离效率高，适于腐蚀性介质、热敏性物料及易起泡物系的分离。

但是，填料塔也有一些不足之处，如性能好的填料往往造价高；当液体负荷较小时不能有效地润湿填料表面，使传质效率显著降低；当液体负荷过大时，则易产生液泛；不能直接用于有悬浮物或容易聚合的物料；对多侧线进料和出料的塔不太适合等。

二、填料的类型、特性及选择

（一）填料的类型

填料是填料塔中的核心构件，填料的作用就是使气液充分接触，提高传质效率。填料的种类很多，根据装填方式的不同，可分为散装填料和规整填料。

1. 散装填料

散装填料是一个个具有一定几何形状和尺寸的颗粒体，一般以随机的方式堆积在塔内，又称为乱堆填料或颗粒填料。散装填料根据结构特点不同，又可分为环形填料、鞍形填料、环鞍形填料等。几种较为典型的散装填料如图 2-8 所示。

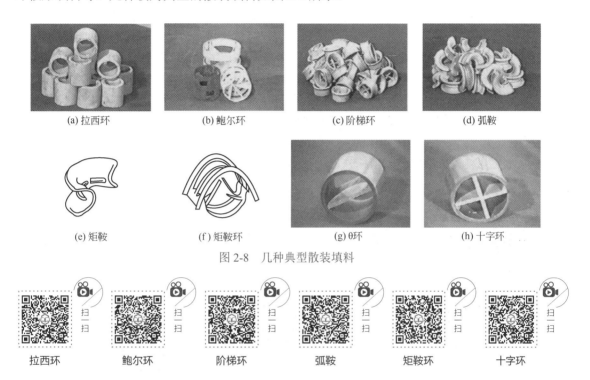

(a) 拉西环　　(b) 鲍尔环　　(c) 阶梯环　　(d) 弧鞍

(e) 矩鞍　　(f) 矩鞍环　　(g) θ环　　(h) 十字环

图 2-8　几种典型散装填料

拉西环　　鲍尔环　　阶梯环　　弧鞍　　矩鞍环　　十字环

（1）拉西环填料　拉西环填料于 1914 年由拉西（F.Rashching）发明，为外径与拉西环高度相等的圆环。拉西环填料的气液分布较差，传质效率低，阻力大，通量小，目前工业上已较少应用。

（2）鲍尔环填料　鲍尔环是对拉西环的改进，在拉西环的侧壁上开出两排长方形的窗孔，被切开的环壁的一侧仍与壁面相连，另一侧向环内弯曲，形成内伸的舌叶，诸舌叶的侧边在环中心相搭。鲍尔环由于环壁开孔，大大提高了环内空间及环内表面的利用率，气流阻力小，液体分布均匀。与拉西环相比，鲍尔环的气体通量可增加 50% 以上，传质效率提高 30% 左右。鲍尔环是一种应用较广的填料。

（3）阶梯环填料　阶梯环是对鲍尔环的改进，与鲍尔环相比，阶梯环高度减少了一半并在一端增加了一个锥形翻边。由于高径比减少，气体绕填料外壁的平均路径大为缩短，减少了气体通过填料层的阻力。锥形翻边不仅增加了填料的机械强度，而且使填料之间由线接触为主变成以点接触为主，这样不但增加了填料间的空隙，同时成为液体沿填料表面流动的汇集分散点，可以促进液膜的表面更新，有利于传质效率的提高。阶梯环的综合性能优于鲍尔环，成为目前所使用的环形填料中最为优良的一种。

（4）弧鞍填料　弧鞍填料属鞍形填料的一种，其形状如同马鞍，一般采用瓷质材料制成。弧鞍填料的特点是表面全部敞开，不分内外，液体在表面两侧均匀流动，表面利用率高，流道呈弧形，流动阻力小。其缺点是易发生套叠，致使一部分填料表面被重合，使传质效率降低。弧鞍填料强度较差，容易破碎，工业生产中应用不多。

（5）矩鞍填料　将弧鞍填料两端的弧形面改为矩形面，且两面大小不等，即成为矩鞍填料。矩鞍填料堆积时不会套叠，液体分布较均匀。矩鞍填料一般采用瓷质材料制成，其性能优于拉西环。目前，国内绝大多数应用瓷拉西环的场合，均已被瓷矩鞍填料所取代。

（6）金属环矩鞍填料　环矩鞍填料是兼顾环形和鞍形结构特点而设计出的一种新型填料，该填料一般以金属材质制成，故又称为金属环矩鞍填料。环矩鞍填料将环形填料和鞍形填料两者的优点集于一体，其综合性能优于鲍尔环和阶梯环，在散装填料中应用较多。

（7）球形填料　球形填料一般采用塑料注塑而成，其结构有多种。球形填料的特点是球体为空心，可以允许气体、液体从其内部通过。由于球体结构的对称性，填料装填密度均匀，不易产生空穴和架桥，所以气液分散性能好。球形填料一般只适用于某些特定的场合，工程上应用较少。

除上述几种较典型的散装填料外，近年来不断有构型独特的新型填料开发出来，如共轭环填料、海尔环填料、纳特环填料等。

工业上常用的散装填料的特性数据可查有关手册。

2. 规整填料

规整填料是按一定的几何构型排列，整齐堆砌的填料。规整填料种类很多，根据其几何结构可分为格栅填料、波纹填料、脉冲填料等。图 2-9 所示为几种典型规整填料。

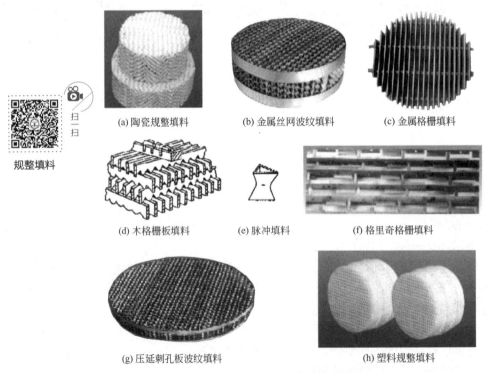

扫一扫

规整填料

(a) 陶瓷规整填料　　(b) 金属丝网波纹填料　　(c) 金属格栅填料

(d) 木格栅板填料　　(e) 脉冲填料　　(f) 格里奇格栅填料

(g) 压延刺孔板波纹填料　　(h) 塑料规整填料

图 2-9　几种典型规整填料

（1）格栅填料　格栅填料是以条状单元体经一定规则组合而成的，具有多种结构形式。工业上应用最早的格栅填料为木格栅填料。目前应用较为普遍的有格里奇格栅填料、网孔格栅填料、蜂窝格栅填料等，其中以格里奇格栅填料最具代表性。

格栅填料的比表面积较低，主要用于要求压降小、负荷大及防堵等场合。

（2）波纹填料　目前工业上应用的规整填料绝大部分为波纹填料，它是由许多波纹薄板组成的圆盘状填料，波纹与塔轴的倾角有 30°和 45°两种。组装时相邻两波纹板反向靠叠，各盘填料垂直装于塔内，相邻的两盘填料间交错 90°排列。

波纹填料按结构可分为网波纹填料和板波纹填料两大类，其材质又有金属、塑料和陶瓷等之分。

金属丝网波纹填料是网波纹填料的主要形式，它是由金属丝网制成的。金属丝网波纹填料的压降低，分离效率很高，特别适用于高效吸收、精密吸收及真空吸收装置，为难分离物系、热敏性物系的吸收提供了有效的手段。尽管其造价高，但因其性能优良仍得到了广泛的应用。

金属板波纹填料是板波纹填料的一种主要形式。该填料的波纹板片上冲压有许多 5mm 左右的小孔，可起到粗分配板片上的液体、加强横向混合的作用。波纹板片上轧成细小沟纹，可起到细分配板片上的液体、增强表面润湿性能的作用。金属孔板波纹填料强度高，耐腐蚀性强，特别适用于大直径塔及气液负荷较大的场合。

金属压延孔板波纹填料是另一种有代表性的板波纹填料。它与金属孔板波纹填料的主要区别在于板片表面不是冲压孔，而是刺孔，用碾轧方式在板片上碾出很密的孔径为 0.4～0.5mm 小刺孔。其分离能力类似于网波纹填料，但抗堵能力比网波纹填料强，并且价格便宜，应用较为广泛。

波纹填料的优点是结构紧凑，阻力小，传质效率高，处理能力大，比表面积大。波纹填料的缺点是不适于处理黏度大、易聚合或有悬浮物的物料，且装卸、清理困难，造价高。

（3）脉冲填料　脉冲填料是由带缩颈的中空棱柱形个体，按一定方式拼装而成的一种规整填料。脉冲填料组装后，会形成带缩颈的多孔棱形通道，其纵面流道交替收缩和扩大，气液两相通过时产生强烈的湍动。在缩颈段，气速最高，湍动剧烈，从而强化传质。在扩大段，气速减到最小，实现两相的分离。流道收缩、扩大的交替重复，实现了"脉冲"传质过程。

脉冲填料的特点是处理量大、压降小，是真空操作的理想填料。因其优良的液体分布性能使放大效应减少，故特别适用于大塔径的场合。

工业上常用规整填料的特性参数可参阅有关手册。

（二）填料的几何特性与性能评价

1. 填料的几何特性

填料的几何特性数据主要包括比表面积、空隙率、填料因子等，是评价填料性能的基本参数。

（1）比表面积　单位体积填料的填料表面积称为比表面积，以 a 表示，其单位为 m^2/m^3。填料的比表面积越大，所提供的气液传质面积越大。因此，比表面积是评价填料性能优劣的一个重要指标。

（2）空隙率　单位体积填料中的空隙体积称为空隙率，以 ε 表示，其单位为 m^3/m^3，或以 % 表示。填料的空隙率越大，气体通过的能力越大且压降低。因此，空隙率是评价填料性能优劣的又一重要指标。

（3）填料因子　填料的比表面积与空隙率三次方的比值，即 a/ε^3，称为填料因子，以 f 表示，其单位为 m^{-1}。填料因子分为干填料因子与湿填料因子，填料未被液体润湿时的 a/ε^3

称为干填料因子，它反映填料的几何特性；填料被液体润湿后，填料表面覆盖一层液膜，α 和 ε 均发生相应的变化，此时的 α/ε^3 称为湿填料因子，它表示填料的流体力学性能，**f 值越小，表明流动阻力越小**。

2. 填料的性能评价

填料性能的优劣通常根据效率、通量及压降三要素衡量。在相同的操作条件下，填料的比表面积越大，气液分布越均匀，表面的润湿性能越好，则传质效率越高；填料的空隙率越大，结构越开敞，则通量越大，压降亦越低。人们采用模糊数学方法对 9 种常用填料的性能进行了评价，得出如表 2-2 所示的结论。可看出，丝网波纹填料综合性能最好，拉西环最差。

表 2-2　9 种填料综合性能评价

序号	填料名称	评估值	评价	排序
1	丝网波纹填料	0.86	很好	1
2	孔板波纹填料	0.61	相当好	2
3	金属环矩鞍填料	0.59	相当好	3
4	金属鞍形环填料	0.57	相当好	4
5	金属阶梯环填料	0.53	一般好	5
6	金属鲍尔环填料	0.51	一般好	6
7	瓷环矩鞍填料	0.41	较好	7
8	瓷鞍形环填料	0.38	略好	8
9	瓷拉西环填料	0.36	略好	9

（三）填料的选择

填料的选择包括确定填料的种类、规格及材质等。所选填料既要满足生产工艺的要求，又要使设备投资和操作费用最低。

1. 填料种类的选择

填料种类的选择要考虑分离工艺的要求，通常考虑以下几个方面。

① 传质效率要高。一般而言，规整填料的传质效率高于散装填料。

② 通量要大。在保证具有较高传质效率的前提下，应选择具有较高泛点气速或气相动能因子的填料。

③ 填料层的压降要低。

④ 填料抗污堵性能强，拆装、检修方便。

2. 填料规格的选择

填料规格是指填料的公称尺寸或比表面积。

（1）散装填料规格的选择　工业塔常用的散装填料主要有 $DN16$、$DN25$、$DN38$、$DN50$、$DN76$ 等几种规格。同类填料，尺寸越小，分离效率越高，但阻力增加，通量减少，填料费用也增加很多。而大尺寸的填料应用于小直径塔中，又会产生液体分布不良及严重的壁流，使塔的分离效率降低。因此，对塔径与填料尺寸的比值要有一个规定，一般塔径与填料公称直径的比值 D/d 应大于 8。

（2）规整填料规格的选择　工业上常用规整填料的型号和规格的表示方法很多，国内习惯用比表面积表示，主要有 $125m^2/m^3$、$150m^2/m^3$、$250m^2/m^3$、$350m^2/m^3$、$500m^2/m^3$、$700m^2/m^3$ 等几种规格。同种类型的规整填料，其比表面积越大，传质效率越高，但阻力增加，通量减少，填料费用也明显增加。选用时应从分离要求、通量要求、场地条件、物料性质及设备投资、操作费用等方面综合考虑，使所选填料既能满足技术要求，又具有经济合理性。

应予指出，一座填料塔可以选用同种类型、同一规格的填料，也可选用同种类型、不同规格的填料；可以选用同种类型的填料，也可以选用不同类型的填料；有的塔段可选用规整填料，而有的塔段可选用散装填料。设计时应灵活掌握，根据技术经济统一的原则来选择填料的规格。

3．填料材质的选择

填料的材质分为陶瓷、金属和塑料三大类。

（1）陶瓷填料　陶瓷填料具有很好的耐腐蚀性及耐热性，陶瓷填料价格便宜，具有很好的表面润湿性能；质脆、易碎是其最大缺点。在气体吸收、气体洗涤等过程中应用较为普遍。

需要说明一下，像陶瓷这类质脆、易碎的填料，在堆放时为防止破碎，有时需先将塔内注水后再装填。

（2）金属填料　金属填料可用多种材质制成，选择时主要考虑腐蚀问题。碳钢填料造价低，且具有良好的表面润湿性能，对于无腐蚀或低腐蚀性物系应优先考虑使用；不锈钢填料耐腐蚀性强，一般能耐除 Cl^- 以外常见物系的腐蚀，但其造价较高，且表面润湿性能较差，在某些特殊场合（如极低喷淋密度下的减压吸收过程），需对其表面进行处理，才能取得良好的使用效果；钛材、特种合金钢等材质制成的填料造价很高，一般只在某些腐蚀性极强的物系下使用。

一般来说，金属填料可制成薄壁结构，它的通量大、气体阻力小，具有很高的抗冲击性能，能在高温、高压、高冲击强度下使用，应用范围最为广泛。

（3）塑料填料　塑料填料的材质主要包括聚丙烯（PP）、聚乙烯（PE）及聚氯乙烯（PVC）等，国内一般多采用聚丙烯材质。塑料填料的耐腐蚀性能较好，可耐一般的无机酸、碱和有机溶剂的腐蚀。其耐温性良好，可长期在 $100℃$ 以下使用。

塑料填料质轻、价廉，具有良好的韧性，耐冲击、不易碎，可以制成薄壁结构。它的通量大、压降低。塑料填料的缺点是表面润湿性能差，但可通过适当的表面处理来改善其表面润湿性能。

三、填料塔的附件

填料塔的附件主要有填料支承装置、填料压紧装置、液体分布装置、液体再分布装置和除沫装置等。合理地选择和设计填料塔的附件，对保证填料塔的正常操作及良好的传质性能十分重要。

1．填料支承装置

填料支承装置支承塔内填料及其持有的液体重量。故支承装置要有足够的强度。同时为使气液顺利通过，支承装置的自由截面积应大于填料层的自由截面积，否则当气速增大时，填料塔的液泛将首先在支承装置发生。常用的填料支承装置有栅板型、升气管型、驼峰型等，如图 2-10 所示。应根据塔径、使用的填料种类及型号、塔体及填料的材质、气液流速来选择支承装置。

扫一扫

栅板型

(a) 栅板型　　　　　(b) 升气管型　　　　　(c) 驼峰型

图 2-10　填料支承装置

扫一扫

升气管型

2. 液体分布装置

液体分布装置设在塔顶，为填料层提供足够数量并分布适当的喷淋点，以保证液体初始均匀地分布。常用的液体分布装置如图 2-11 所示。莲蓬式喷洒器一般适用于处理清洁液体，且直径小于 600mm 的小塔。盘式分布器常用于直径较大的塔。管式分布器适用于液量小而气量大的填料塔。槽式液体分布器多用于气液负荷大及含有固体悬浮物、黏度大的分离场合。

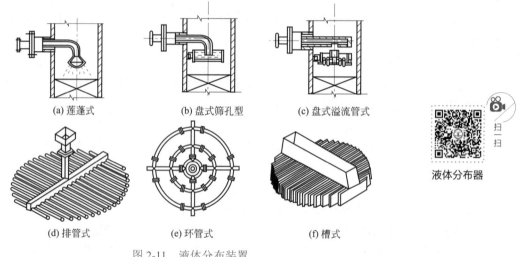

(a) 莲蓬式　　　　(b) 盘式筛孔型　　　　(c) 盘式溢流管式

(d) 排管式　　　　(e) 环管式　　　　(f) 槽式

扫一扫

液体分布器

图 2-11　液体分布装置

3. 液体再分布装置

壁流将导致填料层内气液分布不均，使传质效率下降。为减少壁流现象，可间隔一定高度在填料层内设置液体再分布装置。最简单的液体再分布装置为截锥式再分布器，如图 2-12 所示。图 2-12（a）是将截锥筒体焊在塔壁上；图 2-12（b）是在截锥筒的上方加设支承板，截锥下面隔一段距离再装填料，以便于分段卸出填料。

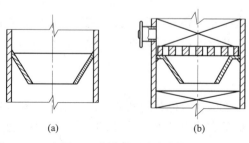

(a)　　　　　　　　(b)

图 2-12　液体再分布装置

4. 填料压紧装置

填料压紧装置安装于填料上方，保持操作中填料床层高度恒定，防止在高压降、瞬时负荷波动等情况下填料床层发生松动和跳动。分为填料压板和床层限制板两大类，每类又有不同的形式，如图 2-13 所示。填料压板适用于陶瓷、石墨制的散装填料。床层限制板用于金属散装填料、塑料散装填料及所有规整填料。

(a) 压紧栅板　　　　　(b) 压紧网板　　　　　(c) 905 型金属压板

图 2-13　填料压紧装置

5. 除沫装置

在液体分布器的上方安装除沫装置，清除气体中夹带的液体雾沫，折板除沫器由 50mm×50mm×3mm 的角钢制成，结构简单、不易堵塞、压降小，但金属耗用量大、造价高，只能除去 50μm 以下液滴，小塔有时使用；丝网除沫器由金属丝或塑料丝编结而成，由于比表面积大、空隙率大、结构简单、使用方便、除沫效率高（可除去 5μm 的微小液滴）及压降小等优点，应用广泛；填料除沫器由除雾填料层构成；见图 2-14。

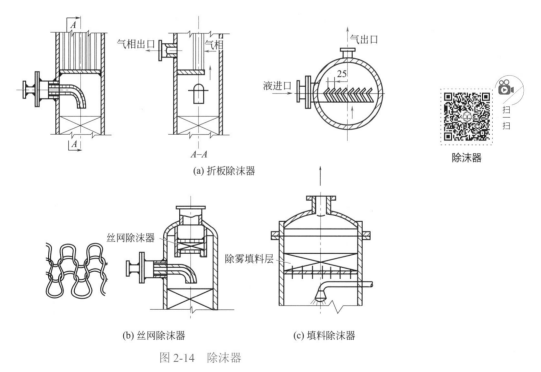

(a) 折板除沫器

(b) 丝网除沫器　　　　　(c) 填料除沫器

图 2-14　除沫器

四、填料塔的流体力学性能

填料塔的流体力学性能主要包括填料层的持液量、填料层的压降、液泛、液体喷淋密度和填料表面的润湿等。

1. 填料层的持液量

填料层的持液量是指在一定操作条件下，在单位体积填料层内所积存的液体体积，以（m^3 液体）/（m^3 填料）表示。持液量可分为静持液量 H_s、动持液量 H_o 和总持液量 H_t。静持液量是指当填料被充分润湿后，停止气液两相进料，并经排液至无滴液流出时存留于填料层中的液体量，其取决于填料和流体的特性，与气液负荷无关。动持液量是指填料塔停止气液两相进料时流出的液体量，它与填料、液体特性及气液负荷有关。总持液量是指在一定操作条件下存留于填料层中的液体总量。显然，总持液量为静持液量和动持液量之和，即：

$$H_t = H_s + H_o \tag{2-1}$$

填料层的持液量可由实验测出，也可由经验公式计算。一般来说，适当的持液量对填料塔操作的稳定性和传质是有益的，但持液量过大，将减少填料层的空隙和气相流通截面，使压降增大，处理能力下降。

2. 填料层的压降

在逆流操作的填料塔中，从塔顶喷淋下来的液体，依靠重力在填料表面成膜状向下流动，上升气体与下降液膜的摩擦阻力形成了填料层的压降。填料层压降与液体喷淋量及气速有关，**在一定的气速下，液体喷淋量越大，压降越大；在一定的液体喷淋量下，气速越大，压降也越大**。将不同液体喷淋量下的单位填料层的压降 $\dfrac{\Delta p}{Z}$ 与空塔气速 u 的关系标绘在对数坐标纸上，可得到如图 2-15 所示的曲线簇。

在图 2-15 中，直线 0 表示无液体喷淋（$L=0$）时，干填料的 $\Delta p/Z$-u 关系，称为干填料压降线。曲线 1、2、3 表示不同液体喷淋量下，填料层的 $\Delta p/Z$-u 关系，称为填料操作压降线。

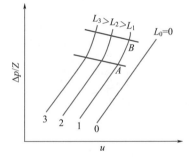

图 2-15 填料层 $\Delta p/Z$-u 关系

从图中可看出，在一定的喷淋量下，压降随空塔气速的变化曲线大致可分为三段：当气速低于 A 点时，气体流动对液膜的曳力很小，液体流动不受气流的影响，填料表面上覆盖的液膜厚度基本不变，因而填料层的持液量不变，该区域称为**恒持液量区**。此时 $\Delta p/Z$-u 为一直线，位于干填料压降线的左侧，且基本上与干填料压降线平行。当气速超过 A 点时，气体对液膜的曳力较大，对液膜流动产生阻滞作用，使液膜增厚，填料层的持液量随气速的增加而增大，此现象称为拦液。开始发生拦液现象时的空塔气速称为载点气速，曲线上的转折点 A，称为载点。当气速继续增大，到达图中 B 点时，由于液体不能顺利向下流动，使填料层的持液量不断增大，填料层内几乎充满液体。气速增加很小便会引起压降的剧增，此现象称为液泛，开始发生液泛现象时的气速称为泛点气速，以 u_F 表示。曲线上的点 B，称为泛点。从载点到泛点的区域称为载液区，泛点以上的区域称为液泛区。

应予指出，在同样的气液负荷下，不同填料的 $\Delta p/Z$-u 关系曲线有所差异，但其基本形状相近。对于某些填料，载点与泛点并不明显，故上述三个区域间无截然的界限。

3. 液泛

在泛点气速下，持液量的增多使液相由分散相变为连续相，而气相则由连续相变为分散相，此时气体呈气泡形式通过液层，气流出现脉动，液体被大量带出塔顶，塔的操作极不稳定，甚至会被破坏，此种情况称为淹塔或液泛。影响液泛的因素很多，如填料的特性、流体的物性及操作的液气比等。

填料塔正常流动

填料特性的影响集中体现在填料因子上。填料因子值过大，则易发生液泛现象。

流体物性的影响体现在气体密度、液体的密度和黏度上。气体密度越小，液体的密度越大、黏度越小，则泛点气速越大，越不易发生液泛现象。

操作的液气比越大，填料层的持液量增加而空隙率减小，故泛点气速越小。

填料塔液泛

4. 液体喷淋密度和填料表面的润湿

填料塔中气液两相间的传质主要是在填料表面流动的液膜上进行的。要形成液膜，填料表面必须被液体充分润湿，而填料表面的润湿状况取决于塔内的液体喷淋密度及填料材质的表面润湿性能。

液体喷淋密度是指单位塔截面积上，单位时间内喷淋的液体体积，以 U 表示，单位为 $m^3/(m^2 \cdot h)$。为保证填料层的充分润湿，必须保证液体喷淋密度大于某一极限值，该极限值称为最小喷淋密度，以 U_{min} 表示。最小喷淋密度通常采用下式计算，即：

$$U_{min} = (L_W)_{min} \alpha \qquad (2\text{-}2)$$

式中　U_{min}——最小喷淋密度，$m^3/(m^2 \cdot h)$；

　　　$(L_W)_{min}$——最小润湿速率，$m^3/(m \cdot h)$；

　　　α——填料的比表面积，m^2/m^3。

最小润湿速率是指在塔的截面上，单位长度的填料周边的最小液体体积流量。其值可由经验公式计算，也可采用经验值。对于直径不超过 75mm 的散装填料，可取最小润湿速率 $(L_W)_{min}$ 为 $0.08m^3/(m \cdot h)$；对于直径大于 75mm 的散装填料，取 $(L_W)_{min} = 0.12m^3/(m \cdot h)$。

填料表面润湿性能与填料的材质有关，就常用的陶瓷、金属、塑料三种材质而言，以陶瓷填料的润湿性能最好，塑料填料的润湿性能最差。

实际操作时采用的液体喷淋密度应大于最小喷淋密度。若喷淋密度过小，可采用增大液气比或采用液体再循环的方法加大液体流量，以保证填料表面的充分润湿；也可采用减小塔径予以补偿；对于金属、塑料材质的填料，可采用表面处理方法，改善其表面的润湿性能。

5. 返混

在填料塔内，气液两相的逆流并不呈理想的活塞流状态，而是存在着不同程度的返混。造成返混现象的原因很多，如：填料层内的气液分布不均；气体和液体在填料层内的沟流；液体喷淋密度过大时所造成的气体局部向下运动；塔内气液的湍流脉动使气液微团停留时间不一致等。填料塔内流体的返混使得传质平均推动力变小，传质效率降低。因此，按理想的活塞流设计的填料层高度，因返混的影响需适当加高，以保证预期的分离效果。

 技能训练

认识填料吸收塔

1. 训练要求

掌握填料塔外部构件、内部构造，了解其作用。

2. 参观填料塔

观察填料塔外部构件以及通过打开的人孔观察内部构造。借助资料，并在老师指导下，能指出塔的内部主要构件的名称、作用。

 **知识拓展**

填料发展现状与趋势

填料塔具有效率高、压降低、持液量小、构造简单、安装容易、投资少等优点，是石油、化工、轻工、制药及原子能等工业中广泛应用的气液接触传质设备之一。填料是填料塔的核心构件，填料的性能对填料塔的操作有极其重要的影响。因此，人们对填料的研究十分活跃。

从近些年的理论和工业开发来看，散堆填料的发展趋势是朝增大空隙率和减小压降、增大比表面积、改善润湿性能以及功能多样化的方向发展，如 IMPAC 填料、阶梯短环填料、共轭环填料、H 型网填料，以及北京化工大学研发的双鞍环新型填料、清华大学研制的内弯弧型筋片扁环填料等，性能较理想，比规整填料具有更好的自清理能力，不易堵塞。

多年来，我国在规整填料方面也有突破，如上海化工研究院国家高效分离塔填料及装置技术研究推广中心于 20 世纪 70 年代开发了 SCSB 丝网波纹填料系列，80 年代开发了 SM 系列孔板波纹填料，90 年代开发了 Sw 系列网孔波纹填料并取得专利证书，已在国内多座塔器中应用，效果显著。此外，天津大学的 Zupak 填料，天津博隆科技开发公司的 CHINAPAK 填料，天津市天进新技术开发公司开发的板花规整填料，南京大学开发的波纹型系列无壁流规整填料，清华大学开发的新型复合填料、分层填料等，都在工业中取得了成功的应用。

今后填料将从两个方面得到发展：一是不断开发和应用更简单、更高效的填料，即沿着理想填料的方向发展；二是不同种类的填料组成填料复合塔或组成填料 - 塔板复合塔。

 考核评价

认识填料吸收塔		
工作任务	**考核内容**	**考核要点**
认识填料吸收塔	基础知识	填料塔的结构、特点，填料的类型及性能评价、填料的选择，填料塔的附件，填料塔的流体力学性能
	能力训练	观察塔实物构造后回答问题
职业素养		创新意识，安全意识，质量意识，经济意识

 自测练习

一、选择题

1. 为改善液体的壁流现象的装置是（　　）。

A. 填料支承装置　　B. 液体分布装置　　C. 液体再分布器　　D. 除沫装置

2. 在填料吸收塔中，为了保证吸收剂液体的均匀分布，塔顶需设置（　　　）。

A. 液体喷淋装置　　　B. 再分布器　　　　C. 冷凝器　　　　D. 塔釜

3. 填料支承装置是填料塔的主要附件之一，要求支承装置的自由截面积应（　　　）填料层的自由截面积。

A. 小于　　　　　　　B. 大于　　　　　　C. 等于　　　　　　D. 都可以

4. 吸收操作大多采用填料塔。下列（　　　）不属于填料塔构件。

A. 液相分布器　　　B. 疏水器　　　　　C. 填料　　　　　　D. 液相再分布器

5. 吸收操作气速一般（　　　）。

A. 大于泛点气速　　　　　　　　　　B. 小于载点气速

C. 大于泛点气速而小于载点气速　　　D. 大于载点气速而小于泛点气速

6. 从解吸塔出来的半贫液一般进入吸收塔的（　　　），以便循环使用。

A. 中部　　　　　　　　　　　　　　B. 上部

C. 底部　　　　　　　　　　　　　　D. 上述均可

7. 吸收操作中，气流若达到（　　　），将有大量液体被气流带出，操作极不稳定。

A. 液泛气速　　　　　　　　　　　　B. 空塔气速

C. 载点气速　　　　　　　　　　　　D. 临界气速

二、判断题

（　　　）1. 操作弹性大、阻力小是填料塔和湍球塔共同的优点。

（　　　）2. 吸收过程一般只能在填料塔中进行。

（　　　）3. 填料吸收塔正常操作时的气速必须小于载点气速。

（　　　）4. 填料塔的基本结构包括：圆柱形塔体、填料、填料压板、填料支承板、液体分布装置、液体再分布装置。

（　　　）5. 填料乱堆安装时，首先应在填料塔内注满水。

任务 3　吸收过程的基本原理

 教学目标

知识目标：

1. 了解气体在液体中的溶解度，掌握亨利定律及相平衡方程；

2. 掌握物质在单相内的传质机理，掌握双膜理论；

3. 理解吸收速率方程，掌握吸收阻力的控制。

能力目标：

能对吸收过程进行分析计算。

素质目标：

建立正确的世界观和科学方法论；具有节能意识；具有严谨细致的工作作风。

思政育人要素：

通过介绍双膜理论及传质阻力控制引入矛盾的对立与统一、主要矛盾和次要矛盾的哲学思想，引导学生将马克思主义哲学原理运用于本任务学习中，从而建立正确世界观和科学方法论。

 **相关知识**

一、吸收过程的气液相平衡

1. 气体在液体中的溶解度

一定温度、压力下，气体与液体接触时，溶剂中能溶解溶质的最大浓度称为平衡浓度或饱和浓度，即气体在液体中的溶解度。溶解度表明一定条件下吸收过程可能达到的极限程度，习惯上用单位质量（或体积）的液体中所含溶质的质量来表示。

气体的溶解度通过实验测定。图2-16、图2-17分别示出常压下氨和氧在水中的溶解度与其在气相的分压之间的关系（以温度为参数）。图中的关系线称为溶解度曲线。

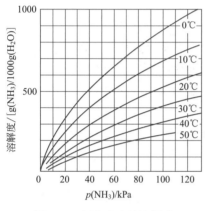

图2-16 氨在水中的溶解度

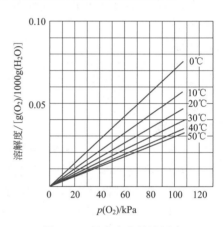

图2-17 氧在水中的溶解度

由两图可看出：

① 在同一溶剂（水）中，不同气体的溶解度有很大差异。例如，当温度为20℃、气相中溶质分压为20kPa时，每1000kg水中所能溶解的氨和氧的质量分别为170kg和0.009kg。这表明氨易溶于水，氧难溶于水。

② 同一溶质在相同的温度下，随着气体分压的提高，在液相中的溶解度加大。例如在10℃时，当氨在气相中的分压分别为40kPa和100kPa时，每1000kg水中溶解氨的质量分别为395kg和680kg。

③ 同一溶质在相同的气相分压下，溶解度随温度降低而加大。例如，当氨的分压为60kPa时，温度从40℃降至10℃，每1000kg水中溶解的氨从220kg增加至515kg。

由溶解度曲线所显示的共同规律可知：**加压和降温可以提高气体的溶解度，对吸收操作有利；反之，升温和减压对解吸操作有利。**

2. 亨利定律

当总压不高时，稀溶液的气液相平衡关系可用亨利定律来表达：在一定温度下，当总压不高（< 500kPa）时，稀溶液上方气体溶质的平衡分压与溶质在液相中的摩尔分数成正比，即：

$$p^* = Ex \tag{2-3}$$

式中　p^*——与x相平衡时溶质在气相中的平衡分压，Pa；

E——亨利系数，Pa；

x——溶质在液相中的摩尔分数。

亨利系数 E 的值随物系而变化。当物系一定时，温度升高，E 值增大。亨利系数由实验测定，一般易溶气体的 E 值小，难溶气体的 E 值大。常见物系的亨利系数可查阅附录。

由于气、液相组成表示方法不同，亨利定律又有多种形式。

（1）以摩尔分数表示气液相组成　若溶质在气相与液相中的组成分别用摩尔分数 y^* 与 x 表示，亨利定律又可写成如下形式：

$$y^* = mx \qquad (2\text{-}4)$$

式中　y^*——与 x 相平衡时溶质在气相中的摩尔分数；

m——相平衡常数，无量纲。

式（2-4）可由式（2-3）两边除以系统的总压 P 得到，即：

$$y^* = \frac{p^*}{P} = \frac{E}{P} x = mx$$

$$m = \frac{E}{P} \qquad (2\text{-}5)$$

温度升高，m 增大；压力增加，m 减小。易溶气体的 m 值小，难溶气体的 m 值大。

（2）以摩尔比表示气液相组成　在吸收操作中，气体总量和溶液总量都随吸收的进行而改变，但惰性气体和吸收剂的量则始终保持不变，因此，常用摩尔比 X、Y 来表示液相、气相组成，以简化吸收计算过程。

摩尔比是指混合物中某一组分与另一组分的物质的量之比，对于单组分气体吸收过程，则有：

$$X = \frac{\text{液相中溶质的物质的量}}{\text{液相中溶剂的物质的量}} = \frac{x}{1-x} \qquad (2\text{-}6)$$

$$Y^* = \frac{\text{气相中溶质的物质的量}}{\text{气相中惰性组分的物质的量}} = \frac{y^*}{1-y^*} \qquad (2\text{-}7)$$

联立式（2-4）、式（2-6）及式（2-7）可得：

$$Y^* = \frac{mX}{1+(1-m)X} \qquad (2\text{-}8)$$

对于稀溶液，公式（2-8）可近似表示为：

$$Y^* = mX \qquad (2\text{-}9)$$

式中　Y^*——与 X 相平衡时溶质在气相中的摩尔比，kmol(A)/kmol(B)；

X——溶质在液相中的摩尔比，kmol(A)/kmol(S)。

式（2-8）称为吸收过程的相平衡方程，式（2-9）是亨利定律的一种表示形式，反映了稀溶液的相平衡关系。将式（2-8）、式（2-9）绘制在直角坐标系中即得到吸收平衡线，如图 2-18、图 2-19 所示。可以看出，对于稀溶液，由于系统服从亨利定律，平衡关系在 X-Y 坐标图中也可近似地表示成一条通过原点的直线，其斜率为 m。

（3）以物质的量浓度表示溶液的浓度　若溶质在气相与液相中的组成分别用分压与物质的量浓度表示，亨利定律可写成如下形式：

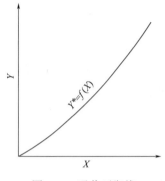

图 2-18 吸收平衡线

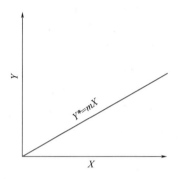

图 2-19 符合亨利定律的吸收平衡线

$$p^* = \frac{c}{H} \tag{2-10}$$

式中　c——溶质在液相中的物质的量浓度，$kmol/m^3$；

　　　H——溶解度系数，$kmol/(m^3 \cdot Pa)$。

$$H = \frac{\rho}{E M_S} \tag{2-11}$$

式中　ρ——溶液的密度，kg/m^3；

　　　M_S——溶剂的摩尔质量，$kg/kmol$。

温度升高，H 减小。难溶气体的 H 值小，易溶气体的 H 值大。

3．相平衡关系在吸收操作中的应用

相平衡关系在吸收操作中有下面几项应用。

（1）判断过程进行的方向　根据气、液两相的实际组成与相应条件下平衡组成的比较，可判断过程进行的方向。若气相的实际组成 Y 大于与液相呈平衡关系的组成 $Y^*(Y^* = mX)$，则为吸收过程；反之，若 $Y^* > Y$，则为解吸过程；$Y = Y^*$，系统处于相平衡状态。

（2）计算过程推动力　气相或液相的实际组成与相应条件下的平衡组成的差值表示传质的推动力。对于吸收过程，传质的推动力为 $Y - Y^*$ 或 $X^* - X$（X^* 为与 Y 相平衡时，溶质在溶液中的摩尔比）。

（3）确定过程进行的极限　平衡状态即过程进行的极限。对于逆流操作的吸收塔，无论吸收塔有多高，吸收剂用量有多大，吸收尾气中溶质组成 Y_2 的最低极限是与入塔吸收剂组成平衡的，即 mX_2；吸收液的最大组成 X_1 不可能高于入塔气相组成 Y_1 成平衡的液相组成，即不高于 Y_1/m。总之，相平衡限定了混合气体离开吸收塔的最低组成和吸收液离开塔时的最高组成。

相平衡关系在吸收操作中的应用在 Y-X 坐标图上表达更为清晰，如图 2-20 所示。气相组成在平衡线上方（点 A_1），进行吸收过程；气相组成在平衡线下方（点 A_2），则为解吸操作。吸收过程的推动力为 $Y_1 - Y^*$ 或 $X_1^* - X_c$，解吸的推动力为 $Y^* - Y_2$ 或 $X_c - X_2^*$。

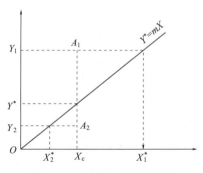

图 2-20　相平衡关系的应用

二、吸收传质机理

吸收操作是溶质从气相转移到液相的传质过程，其中包括溶质由气相主体向气液相界面的传递、界面上溶质的溶解和溶质由相界面向液相主体的传递。因此，讨论吸收过程的机理，首先要说明物质在单相（气相或液相）中的传递规律。

1. 传质的基本方式

物质在单相（气相或液相）中的传递凭借扩散作用。发生在流体中的扩散有分子扩散与涡流扩散两种。

（1）分子扩散　分子扩散是物质在单一相内部有浓度差异的条件下，由流体分子的无规则热运动而引起的物质传递现象。一般发生在静止或层流的流体里。

分子扩散速率主要决定于扩散物质和流体的某些物理性质。分子扩散速率与其在扩散方向上的浓度梯度及扩散系数成正比。

分子扩散系数 D 是物质物理性质之一。扩散系数大，表示分子扩散快。温度升高，压力降低，扩散系数增加。同一物质在不同介质中扩散系数不同。对不太大的分子而言，在气相中的扩散系数值约为 $0.1 \sim 1 cm^2/s$ 的量级；在液体中约为在气体中的 $10^4 \sim 10^5$ 分之一。这主要是因为液体的密度比气体的密度大得多，其分子间距小，故而分子在液体中扩散速率要慢得多。扩散系数一般由实验方法求取，有时也可由物质的基础物性数据及状态参数估算。

（2）涡流扩散　涡流扩散是在有浓度差异的条件下，凭借流体质点的湍动和旋涡而传递物质的扩散，一般发生在湍流流体里。涡流扩散时，扩散物质不仅靠分子本身的扩散作用，并且借助湍流流体的携带作用而转移，而且后一种作用是主要的。**涡流扩散速率比分子扩散速率大得多。**涡流扩散系数难于测定和计算。

工程上常将分子扩散与涡流扩散两种传质作用结合起来予以考虑，即对流扩散。**对流扩散是湍流主体与相界面之间的物质传递，是涡流扩散与分子扩散共同作用过程。**这一点与传热过程中的对流传热相类似。由于对流扩散过程极为复杂，影响因素很多，所以对流扩散速率也采用类似对流传热的处理方法，即利用基本扩散速率方程在一定条件下推导出对流扩散速率方程。

2. 双膜理论

描述吸收过程的相际间传质机理有很多种，其中应用最广泛的是刘易斯和惠特曼在 20 世纪 20 年代提出的双膜理论，如图 2-21 所示。

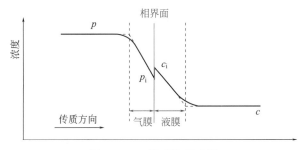

图 2-21　双膜理论示意图

双膜理论的基本论点如下：

① 互相接触的气液两相流体有一稳定的分界面，叫相界面。在相界面两侧各有一层稳定的气膜和液膜。膜内流体做滞流流动，称有效滞流膜层。溶质以分子扩散方式通过这两个膜

层。膜的厚度随流体的流速而变，流速越大，膜层厚度越小。

② 两膜层以外的气、液两相分别称为气相主体与液相主体。在气、液两相的主体中，由于流体的充分湍动，溶质的浓度基本上是均匀的，即两相主体内浓度梯度皆为零，全部浓度变化集中在两个膜层内，即阻力集中在两膜层之中。

③ 在相界面处，溶质在气、液两相中的浓度处于平衡状态。

双膜理论的意义在于将复杂的相际传质过程简化为溶质通过两个有效膜层的分子扩散过程。对于具有稳定相界面的系统以及流动速率不高的两流体间的传质，双膜理论与实际情况是相当符合的，根据这一理论所确定的吸收过程的传质速率，至今仍是吸收设备设计的主要依据。但是对于具有自由相界面的系统，尤其是高度湍动的两流体间的传质，双膜理论表现出它的局限性。针对这一局限性，后来人们相继提出了一些新的理论，如溶质渗透理论、表面更新理论、界面动力状态理论等。这些理论对于相际传质过程的界面状态及流体力学因素的影响等方面的研究和描述都有所进步，但由于其数学模型太复杂，目前应用于传质设备的计算或解决实际问题较困难。

三、吸收速率方程

根据生产任务进行吸收设备的设计计算，或核算混合气体通过指定设备所能达到的吸收程度，都需要知道吸收速率。吸收速率是指单位时间内单位相际传质面积上吸收的溶质的量，一般吸收速率方程的数学表达式为：

$$吸收速率 = 吸收系数 \times 吸收推动力$$

或：

$$吸收速率 = \frac{吸收推动力}{吸收阻力}$$

可以看出，**吸收系数的倒数是吸收阻力**。由于吸收系数及其相应的推动力的表达方式及范围不同，出现了多种形式的吸收速率方程式。

1. 单相内的传质速率方程

（1）气相与界面的传质速率

$$N_A = k_y(y - y_i) \tag{2-12}$$

或：

$$N_A = k_Y(Y - Y_i) \tag{2-13}$$

式中　N_A——单位时间内组分A扩散通过单位面积的物质的量，即传质速率，$kmol/(m^2 \cdot s)$；

　　y，y_i——溶质 A 在气相主体与界面处的摩尔分数；

　　Y，Y_i——溶质 A 在气相主体与界面处的摩尔比，$kmol(A)/kmol(B)$；

　　k_y——以 $y - y_i$ 表示推动力的气相传质系数，$kmol/(m^2 \cdot s)$；

　　k_Y——以 $Y - Y_i$ 表示推动力的气相传质系数，$kmol/(m^2 \cdot s)$。

（2）液相与界面的传质速率

$$N_A = k_x(x_i - x) \tag{2-14}$$

或：

$$N_A = k_X(X_i - X) \tag{2-15}$$

式中　x，x_i——溶质A在液相主体与界面处的摩尔分数；

X，X_i——溶质 A 在液相主体与界面处的摩尔比，kmol(A)/kmol(S)；

　　k_x——以 $x_i - x$ 表示推动力的液相传质系数，kmol/(m² · s)；

　　k_X——以 $X_i - X$ 表示推动力的液相传质系数，kmol/(m² · s)。

传质系数 k_y、k_Y、k_x、k_X 与流体流动状态和流体物性、扩散系数、密度、黏度、传质界面形状等因素有关，根据具体操作条件由实验测取或通过经验关联式计算。

由于相界面上的浓度无法测取，因此单一相内的传质速率方程还不能直接应用。

2．吸收总传质速率方程

依照吸收速率的一般表达方式，吸收总传质速率方程可表示如下：

$$N_A = K_Y(Y - Y^*) \tag{2-16}$$

式中　Y^*——与液相主体浓度平衡时，溶质A在气相的摩尔比，kmol(A)/kmol(B)；

　　K_Y——以 $Y - Y^*$ 为推动力的总传质系数，kmol/(m² · s)。

或：

$$N_A = K_X(X^* - X) \tag{2-17}$$

式中　X^*——与气相主体浓度平衡时，溶质A在液相的摩尔比，kmol(A)/kmol(S)；

　　K_X——以 $X^* - X$ 为推动力的总传质系数，kmol/(m² · s)。

四、传质阻力的控制

由于吸收速率的表达形式很多，所以吸收阻力的形式也很多。下面以将摩尔比差为推动力的形式为例，推导得出吸收的总阻力表达式为：

$$\frac{1}{K_Y} = \frac{1}{k_Y} + \frac{m}{k_X} \tag{2-18}$$

或：

$$\frac{1}{K_X} = \frac{1}{k_X} + \frac{1}{mk_Y} \tag{2-19}$$

可见，吸收阻力包括气膜阻力和液膜阻力。由于膜内阻力与膜的厚度成正比，因此加大气液两流体的相对运动速度，使流体内产生强烈的搅动，可减小膜厚降低阻力，增大吸收系数。

由式（2-18）可知，对于易溶气体，m 值很小，在 k_Y 和 k_X 数量级相同或接近的情况下，存在如下关系，即 $\frac{m}{k_X} << \frac{1}{k_Y}$，此时吸收过程阻力的绝大部分存在于气膜之中，液膜阻力可以忽略，因而式（2-18）可以简化为 $\frac{1}{K_Y} \approx \frac{1}{k_Y}$ 或 $K_Y \approx k_Y$，即气膜阻力控制着整个吸收过程，吸收总推动力的绝大部分用于克服气膜阻力，这种吸收称为气膜控制吸收。例如用水吸收氨或氯化氢等过程。对于气膜控制的吸收过程，要强化传质过程，提高吸收速率，在选择设备形式及确定操作条件时，应特别注意减小气膜阻力，比如增加气体流速。

由式（2-19）可知，对于难溶气体，m 值很大，在 k_Y 和 k_X 数量级相同或接近的情况下，存在如下关系，即 $\frac{1}{mk_Y} << \frac{1}{k_X}$，此时吸收过程阻力的绝大部分存在于液膜之中，气膜阻力可

以忽略，因而式（2-19）可以简化为 $\frac{1}{K_X} \approx \frac{1}{k_X}$ 或 $K_X \approx k_X$，即液膜阻力控制着整个吸收过程，吸收总推动力的绝大部分用于克服液膜阻力，这种吸收称为液膜控制吸收。例如用水吸收氧气、二氧化碳等过程。对于液膜控制的吸收过程，要强化传质过程，提高吸收速率，在选择设备形式及确定操作条件时，应特别注意减小液膜阻力，比如增加液相湍动程度。

对于具有中等溶解度的气体吸收过程，如水吸收 SO_2、丙酮等，气膜阻力与液膜阻力均不可忽略。要提高吸收过程速率，必须兼顾气、液两膜阻力的降低，方能得到满意的效果。

 技能训练

吸收过程相平衡计算

【**例 2-1**】 在总压 101.3kPa 及 30℃下，氨在水中的溶解度为 1.72g(NH_3)/100g(H_2O)。若氨水的气液平衡关系符合亨利定律，相平衡常数为 0.764，试求气相组成 Y。

解 先求液相组成

$$x = \frac{\frac{1.72}{17}}{\frac{1.72}{17}+\frac{100}{18}} = 0.0179$$

由亨利定律，求气相组成

$$y = mx = 0.764 \times 0.0179 = 0.0137$$

则

$$Y = \frac{y}{1-y} = \frac{0.0137}{1-0.0137} = 0.0140$$

【**例 2-2**】 设在 101.3kPa、20℃下，稀氨水的相平衡方程为 $Y^* = 0.94X$，现将含氨为 10%（摩尔比，下同）的混合气体与 5% 的氨水接触，试判断传质方向。

解 实际气相摩尔比 $Y = 0.10$，根据相平衡关系，与实际 $X = 0.05$ 的溶液成平衡的气相摩尔比 $Y^* = 0.94 \times 0.05 = 0.047$。由于 $Y > Y^*$，故两相接触时将有部分氨自气相转入液相，发生吸收过程。

 **知识拓展**

溶质渗透理论

除双膜理论外，学者 Higbie 提出了溶质渗透理论，将液相中的对流传质过程简化如下：液体在下流过程中每隔一定时间 t_e 发生一次完全的混合，使液体的浓度均匀化。在 t_e 时间内，液相中发生的不再是定态的扩散过程，液相内的浓度分布如图 2-22 所示。

在发生混合的最初瞬间，只有界面处的浓度处于平衡浓度 c_i，而界面以外的其他地方的浓度均与液相主体浓度相同。此时界面处的浓度梯度最大，传质速率也最快。随着时间的延续，浓度分布趋于均化，传质

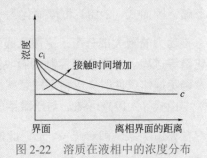

图 2-22 溶质在液相中的浓度分布

速率下降，经 t_c 时间后，又发生另一次混合。传质系数应是 t_c 时间内的平均值。

该设想的依据是填料塔中液体的实际流动。液体自一个填料转移至下一个填料时必定发生混合，不能保持原来的浓度分布。

 考核评价

吸收过程的基本原理		
工作任务	考核内容	考核要点
吸收过程的基本原理	基础知识	亨利定律；相平衡方程；双膜理论；吸收速率方程；吸收阻力的控制
	能力训练	计算相平衡数据，判断吸收进行方向，计算吸收推动力
职业素养		树立质量意识、经济意识，建立科学方法论

 自测练习

一、选择题

1. 当 $X^* > X$ 时，（　　　）。

A. 发生吸收过程 　　　　　　　　　　B. 发生解吸过程

C. 吸收推动力为零 　　　　　　　　　D. 解吸推动力为零

2. 对气体吸收有利的操作条件应是（　　　）。

A. 低温＋高压　　　B. 高温＋高压　　　C. 低温＋低压　　　D. 高温＋低压

3. 氨水的摩尔分数为 20%，则它的摩尔比是（　　　）%。

A. 15　　　　　　B. 20　　　　　　C. 25　　　　　　D. 30

4. 下述说法错误的是（　　　）。

A. 溶解度系数 H 值很大，为易溶气体　　B. 亨利系数 E 值越大，为易溶气体

C. 亨利系数 E 值越大，为难溶气体　　　D. 平衡常数 m 值越大，为难溶气体

5. 在一符合亨利定律的气液平衡系统中，溶质在气相中的摩尔分数与其在液相中的摩尔分数的差值为（　　　）。

A. 正值　　　　　　B. 负值　　　　　　C. 零　　　　　　D. 不确定

6. 温度（　　　），将有利于解吸的进行。

A. 降低　　　　　　B. 升高　　　　　　C. 变化　　　　　　D. 不变

7. 只要组分在气相中的分压（　　　）液相中该组分的平衡分压，解吸就会继续进行，直至达到一个新的平衡为止。

A. 大于　　　　　　B. 小于　　　　　　C. 等于　　　　　　D. 不等于

8. 对难溶气体，如欲提高其吸收速率，较有效的手段是（　　　）。

A. 增大液相流速 　　　　　　　　　　B. 增大气相流速

C. 减小液相流速 　　　　　　　　　　D. 减小气相流速

9. 某吸收过程，已知气相传质系数 k_Y 为 4×10^{-4} kmol/($m^2 \cdot$ s)，液相传质系数 k_X 为 8kmol/($m^2 \cdot$ s)，由此可判断该过程（　　　）。

A. 气膜控制　　　B. 液膜控制　　　C. 判断依据不足　　　D. 双膜控制

10. 根据双膜理论，用水吸收空气中的氨的吸收过程是（　　　）。

A. 气膜控制　　　　B. 液膜控制　　　　C. 双膜控制　　　　D. 不能确定

11. 在气膜控制的吸收过程中，增加吸收剂用量，则（　　　）。

A. 吸收传质阻力明显下降　　　　　　B. 吸收传质阻力基本不变

C. 吸收传质推动力减小　　　　　　　D. 操作费用减小

12. 根据双膜理论，在气液接触界面处（　　　）。

A. 气相组成大于液相组成　　　　　　B. 气相组成小于液相组成

C. 气相组成等于液相组成　　　　　　D. 气相组成与液相组成平衡

13. 溶解度较小时，气体在液相中的溶解度遵守（　　　）定律。

A. 拉乌尔　　　　　B. 亨利　　　　　C. 开尔文　　　　　D. 道尔顿

14. 已知常压、20℃时稀氨水的相平衡关系为 $Y^*=0.94X$，今使含氨6%（摩尔分数）的混合气体与 $X=0.05$ 的氨水接触，则将发生（　　　）。

A. 解吸过程　　　　　　　　　　　　B. 吸收过程

C. 已达平衡无过程发生　　　　　　　D. 无法判断

15. 对接近常压的溶质浓度低的气液平衡系统，当总压增大时，亨利系数 E（　　　），相平衡常数 m（　　　），溶解度系数（　　　）。

A. 增大，减小，不变　　　　　　　　B. 减小，不变，不变

C. 不变，减小，不变　　　　　　　　D. 无法确定

16. 在吸收操作中，吸收塔某一截面上的总推动力（以液相组成差表示）为（　　　）。

A. X^*-X　　　　B. $X-X^*$　　　　C. X_i-X　　　　D. $X-X_i$

17. "液膜控制"吸收过程的条件是（　　　）。

A. 易溶气体，气膜阻力可忽略　　　　B. 难溶气体，气膜阻力可忽略

C. 易溶气体，液膜阻力可忽略　　　　D. 难溶气体，液膜阻力可忽略

18. 在吸收操作中，操作温度升高，其他条件不变，相平衡常数 m（　　　）。

A. 增加　　　　　　　　　　　　　　B. 不变

C. 减小　　　　　　　　　　　　　　D. 不能确定

二、判断题

（　　）1. 根据双膜理论，吸收过程的主要阻力集中在两流体的双膜内。

（　　）2. 吸收塔的吸收速率随着温度的提高而增大。

（　　）3. 亨利系数随温度的升高而减小，由亨利定律可知，当温度升高时，表明气体的溶解度增大。

（　　）4. 当气体溶解度很大时，吸收阻力主要集中在液膜上。

（　　）5. 当气体溶解度很大时，可以采用提高气相湍流强度来降低吸收阻力。

（　　）6. 在吸收操作中，只有气液两相处于不平衡状态时，才能进行吸收。

（　　）7. 水吸收氨-空气混合气中的氨的过程属于液膜控制。

（　　）8. 在逆流吸收操作中，若已知平衡线与操作线为互相平行的直线，则全塔的平均推动力 ΔY_m 与塔内任意截面的推动力 $Y-Y^*$ 相等。

（　　）9. 根据双膜理论，在气液两相界面处传质阻力最大。

三、计算题

1. 已知在20℃和101.3kPa下，测得氨在水中的溶解度数据为：溶液上方氨平衡分压为

0.8kPa 时，气体在液体中溶解度为 1g(NH$_3$)/1000g(H$_2$O)。试求在此温度和压力下，亨利系数 E、相平衡常数 m 及溶解度系数 H。

2. 在总压为 101.3kPa、温度为 30℃的条件下，含有 15%（体积分数）SO$_2$ 的混合空气与含有 0.2%（体积分数）SO$_2$ 的水溶液接触，试判断 SO$_2$ 的传递方向。已知操作条件下相平衡常数 $m = 47.9$。

3. 采用填料塔用清水逆流吸收混于空气中的 CO$_2$。已知 25℃时 CO$_2$ 在水中的亨利系数为 1.66×10^5kPa，现空气中 CO$_2$ 的体积分数为 0.06。操作条件为 25℃、506.6kPa，吸收液中 CO$_2$ 的组成为 $X_1 = 1.2 \times 10^{-4}$。试求塔底处吸收总推动力 ΔX 和 ΔY。

任务 4　吸收过程的工艺计算

教学目标

知识目标：

1. 掌握吸收全塔物料衡算式及吸收操作线方程；
2. 理解最小液气比，掌握吸收剂用量的确定方法；
3. 理解传质单元数及传质单元数的意义，掌握填料层高度的计算方法。

能力目标：

1. 能确定吸收塔吸收剂用量及塔底排出液浓度；
2. 能确定吸收塔的填料层高度。

素质目标：

具有经济意识，树立工程观念。

> **思政育人要素：**
> 　　通过对吸收剂用量分析，树立经济意识及工程观念，提高学生职业素养。

相关知识

在填料塔内，气液两相可做逆流流动也可做并流流动。在两相进出口组成相同的情况下，逆流的平均推动力大于并流。逆流时下降至塔底的液体与刚刚进塔的混合气体接触，有利于提高出塔液体的组成，可以减少吸收剂的用量；上升至塔顶的气体与刚刚进塔的新鲜吸收剂接触，有利于降低出塔气体的含量，可提高溶质的吸收率。因此，逆流操作在工业生产中较为多见。

一、全塔物料衡算

图 2-23 所示为一个稳定操作下的逆流接触吸收塔。塔底截面用 1-1′ 表示，塔顶截面用 2-2′ 表示。

稳定操作时，单位时间进塔物料中溶质 A 的量等于出塔物料中 A 的量，或气相中溶质 A 减少的量等于液相中溶质 A 增加的量，即：

$$VY_1 + LX_2 = VY_2 + LX_1 \tag{2-20}$$

或：

$$V(Y_1 - Y_2) = L(X_1 - X_2) \tag{2-21}$$

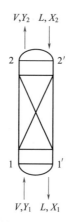

图 2-23　逆流吸收塔

V—单位时间通过吸收塔的惰性气体量，kmol(B)/s；

L—单位时间通过吸收塔的吸收剂量，kmol(S)/s；

Y_1，Y_2—进塔和出塔气体中溶质与惰性组分的摩尔比，kmol(A)/kmol(B)；

X_1，X_2—出塔和进塔液体中溶质组分与溶剂的摩尔比，kmo(A)/kmol(S)

式（2-21）是逆流吸收的全塔物料衡算式。

吸收负荷是指单位时间内吸收塔吸收的溶质量，用 G 表示，单位为 kmol(A)/s，通过全塔物料衡算可知，$G = V(Y_1 - Y_2) = L(X_1 - X_2)$。

混合气体中被吸收的溶质量与进塔气体中溶质的总量之比，称为吸收率或回收率，即：

$$\eta = \frac{VY_1 - VY_2}{VY_1} = \frac{Y_1 - Y_2}{Y_1} = 1 - \frac{Y_2}{Y_1} \tag{2-22}$$

式中　η——吸收率。

一般工程上，在吸收操作中进塔混合气的组成 Y_1 和惰性气体流量 V 是由吸收任务给定的。吸收剂初始浓度 X_2 和流量 L 往往根据生产工艺确定，如果溶质吸收率 η 也确定，则气体离开塔组成 Y_2 也是定值：

$$Y_2 = Y_1(1 - \eta) \tag{2-23}$$

通过全塔物料衡算可求得塔底排出液的组成 X_1，或在规定塔底排出液浓度的前提下，确定吸收剂用量。

二、操作线方程与操作线

反映塔内任一截面上气相组成 Y 和液相组成 X 之间关系的方程，称为操作线方程。可由物料衡算得出。如图 2-24 所示，从塔底与任意截面 *m-n* 间对溶质组分作物料衡算，得：

$$VY_1 + LX = VY + LX_1$$

整理得：

$$Y = \frac{L}{V} X + \left(Y_1 - \frac{L}{V} X_1 \right) \tag{2-24}$$

同理，从塔顶与任意截面 *m-n* 间对溶质组分作物料衡算，也会得：

$$VY + LX_2 = VY_2 + LX$$

整理得：

$$Y = \frac{L}{V} X + \left(Y_2 - \frac{L}{V} X_2 \right) \tag{2-25}$$

式（2-24）和式（2-25）均为吸收塔的操作线方程。式（2-24）与式（2-25）是等效的。由于稳定操作时，L、V、Y_1、Y_2、X_1、X_2 都是定值，因此塔内任一截面上逆流吸收塔操作线方程所表示的气、液两相组成之间关系是**一直线关系**，L/V 是该直线斜率。在 Y 与 X 的关系图中，塔顶 $A(X_2、Y_2)$ 与塔底 $B(X_1、Y_1)$ 的连线即为吸收操作线，见图 2-25。曲线 OE 为平衡线。

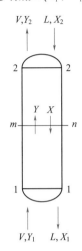

图 2-24 吸收塔底物料衡算示意图

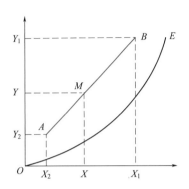

图 2-25 逆流吸收塔操作线示意图

操作线与平衡线之间的距离决定吸收操作推动力的大小，操作线离平衡线越远，推动力越大。操作线上任意一点 M 代表塔内相应截面上的气、液相浓度 Y、X 之间的关系。在进行吸收操作时，塔内任一截面上，溶质在气相中的浓度总是要大于与其接触的液相的气相平衡浓度，所以吸收过程操作线的位置在平衡线上方。

三、吸收剂用量的确定

在吸收塔的计算中，需要处理的气体流量及气相的初浓度和终浓度均由生产任务所规定。吸收剂的入塔浓度则常由工艺条件决定或由设计者选定，但吸收剂的用量尚有待于选择。

1. 液气比

吸收剂与惰性气体摩尔流量之比，称为液气比，也是吸收操作线斜率 L/V，它反映了单位气体处理量的吸收剂消耗量的大小，是吸收操作中重要的控制参数。当气体处理量一定时，确定吸收剂用量就是确定液气比。

2. 吸收剂用量对吸收操作的影响

如图 2-26 所示，当混合气体量 V、进口组成 Y_1、出口组成 Y_2 及液体进口浓度 X_2 一定的情况下，操作线 A 端一定，若吸收剂量 L 减少，操作线斜率变小，点 B 便沿水平线 $Y=Y_1$ 向右移动，其结果是使出塔吸收液组成增大，但

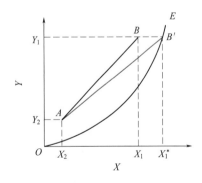

图 2-26 逆流吸收塔操作线示意图

此时吸收推动力变小，完成同样吸收任务所需的塔高增大，设备费用增大。当吸收剂用量减少到 B 点与平衡线 OE 相交时，即塔底流出液组成与刚进塔的混合气组成达到平衡。这是理论上吸收液所能达到的最高浓度，但此时吸收过程推动力为零，因而需要无限大相际接触面积，即需要无限高的塔，这在实际生产上是无法实现的，只能用来表示吸收达到一个极限的情况，此种状况下吸收操作线 $B'A$ 的斜率称为最小液气比，以 $(L/V)_{min}$ 表示；相应的吸收

剂用量即为最小吸收剂用量，以 L_{min} 表示。

反之，若增大吸收剂用量，则点 B 将沿水平线向左移动，使操作线远离平衡线，吸收过程推动力增大，有利于吸收操作，设备费用减小。但超过一定限度后，使吸收剂消耗量、输送及回收等操作费用急剧增加。

3. 适宜吸收剂用量计算

由以上分析可见，吸收剂用量的大小从设备费用和操作费用两方面影响吸收过程的经济性，应综合考虑，选择适宜的液气比，使两种费用之和最小。根据生产实践经验，一般情况下取吸收剂用量为最小用量的 $1.1 \sim 2.0$ 倍是比较适宜的，即：

$$\frac{L}{V} = (1.1 \sim 2)\left(\frac{L}{V}\right)_{min} \tag{2-26}$$

或：

$$L = (1.1 \sim 2)L_{min} \tag{2-27}$$

最小液气比可用图解法求得。无论最小液气比时的操作线与平衡曲线相交或相切，均可根据计算操作线斜率的方法求得最小液气比。图 2-26 所示的情况为操作线与平衡曲线相交，则：

$$\left(\frac{L}{V}\right)_{min} = \frac{Y_1 - Y_2}{X_1^* - X_2} \tag{2-28}$$

若平衡关系符合亨利定律，平衡曲线 OE 是直线，可用 $Y = mX$ 表示，则直接用下式计算最小液气比，即：

$$\left(\frac{L}{V}\right)_{min} = \frac{Y_1 - Y_2}{\dfrac{Y_1}{m} - X_2} \tag{2-29}$$

若使用纯吸收剂，则式（2-29）可以简化为：

$$\left(\frac{L}{V}\right)_{min} = \frac{Y_1 - Y_2}{\dfrac{Y_1}{m} - X_2} = \frac{Y_1 - Y_2}{\dfrac{Y_1}{m}} = m\eta \tag{2-30}$$

必须指出，为了保证填料表面能被液体充分润湿，还应考虑到单位塔截面上单位时间流下的液体量不得小于某一最低允许值。吸收剂最低用量要确保传质所需的填料层表面全部润湿。

四、填料层高度的计算

在许多工业吸收中，当进塔混合气中的溶质含量不高，如小于 10% 时，通常称为低浓度气体吸收。因被吸收的溶质量很少，所以，流经全塔的混合气体量与液体量变化不大；由溶质的溶解热而引起塔内液体温度升高不显著，吸收可认为在等温下进行，因而可以不作热量衡算；因气、液两相在塔内的流量变化不大，全塔流动状态基本相同，传质系数 k_G、k_L 在全塔为常数；若在操作范围内，亨利系数、相平衡常数变化不大，平衡线的斜率变化就不大，总传质系数 K_X、K_Y 也认为是常数。这些特点使低浓度气体吸收计算大为简化。

1. 填料层高度的基本计算式

为了使填料吸收塔出口气体达到一定的工艺要求，需要塔内装填一定高度的填料层能提供足够的气、液两相接触面积。若在塔径已经被确定的前提下，填料层高度则仅取决于完成规定生产任务所需的总吸收面积和每立方米填料层所能提供的气、液接触面。其关系如下：

$$Z = \frac{填料层体积 V_P}{塔截面积 \Omega} = \frac{总吸收面积 F}{\alpha \Omega} \qquad (2-31)$$

式中　Z——填料层高度，m；

　　　V_P——填料层体积，m^3；

　　　F——总吸收面积，m^2；

　　　Ω——塔的截面积，m^2；

　　　α——单位体积填料层提供的有效比表面积，m^2/m^3。

总吸收面积 F 可表示为：

$$F = \frac{吸收负荷 G_A}{吸收速率 N_A} \qquad (2-32)$$

塔的吸收负荷可依据全塔物料衡算关系求出，而吸收速率则要依据全塔吸收速率方程求得。由此，从以气相浓度差表示的吸收总速率方程和物料衡算出发，可导出填料层高度的基本计算式为：

$$Z = \frac{V}{K_Y \alpha \Omega} \int_{Y_2}^{Y_1} \frac{dY}{Y - Y^*} = H_{OG} N_{OG} \qquad (2-33)$$

同理，从以液相浓度差表示的吸收总速率方程和物料衡算出发，可导出填料层高度的基本计算式为：

$$Z = \frac{L}{K_X \alpha \Omega} \int_{X_2}^{X_1} \frac{dX}{X^* - X} = H_{OL} N_{OL} \qquad (2-34)$$

式中　$H_{OG} = \dfrac{V}{K_Y \alpha \Omega}$——气相传质单元高度，m；

　　　$H_{OL} = \dfrac{L}{K_X \alpha \Omega}$——液相传质单元高度，m；

　　　$N_{OG} = \displaystyle\int_{Y_2}^{Y_1} \frac{dY}{Y - Y^*}$——气相传质单元数，无量纲；

　　　$N_{OL} = \displaystyle\int_{X_2}^{X_1} \frac{dX}{X^* - X}$——液相传质单元数，无量纲。

传质单元高度可以理解为一个传质单元所需要的填料层高度，是吸收设备效能高低的反映，与操作气液流动情况、物料性质及设备结构有关。在填料塔设计计算中，选用分离能力强的高效填料及适宜的操作条件，都能提高传质系数，增加有效气液接触面积，从而降低所需的传质单元高度。

传质单元数与气液相进出口浓度及平衡关系有关，反映吸收任务的难易程度。当分离要求高或吸收平均推动力小时，均会使 $N_{OG}(N_{OL})$ 增大，相应的填料层高度也增加。在填料塔设计计算中，可用改变吸收剂的种类、降低操作温度或提高操作压力、增大吸收剂用量、减小吸收剂入口浓度等方法，增大吸收过程的传质推动力，达到减小 $N_{OG}(N_{OL})$ 的目的。

$K_Y \alpha$、$K_X \alpha$ 称为体积吸收总系数，单位为 $kmol/(m^3 \cdot s)$。其物理意义为：在推动力为一个单位的情况下，单位时间单位体积填料层内所吸收的溶质的量。体积吸收总系数一般通过实验测取，也可根据经验公式计算。

2. 对数平均推动力法求传质单元数

计算填料层的高度关键是计算传质单元数。传质单元数的求法有解析法（适用于相平衡关系服从亨利定律的情况）、对数平均推动力法（适用于相平衡关系是直线关系的情况）、图解积分法（适用于各种相平衡关系），这里以 N_{OG} 的计算为例，介绍对数平均推动力法，其他方法可查阅《化学工程手册》。

若操作线和相平衡线均为直线，则吸收塔任意一截面上的推动力 $Y-Y^*$ 对 Y 必有直线关系，此时全塔的平均推动力可由数学方法推得，为吸收塔填料层上、下两端推动力的对数平均值，其计算式为：

$$\Delta Y_{m} = \frac{\Delta Y_1 - \Delta Y_2}{\ln \dfrac{\Delta Y_1}{\Delta Y_2}} = \frac{\left(Y_1 - Y_1^*\right) - \left(Y_2 - Y_2^*\right)}{\ln \dfrac{Y_1 - Y_1^*}{Y_2 - Y_2^*}} \tag{2-35}$$

同理：

$$\Delta X_{m} = \frac{\Delta X_1 - \Delta X_2}{\ln \dfrac{\Delta X_1}{\Delta X_2}} = \frac{\left(X_1^* - X_1\right) - \left(X_2^* - X_2\right)}{\ln \dfrac{X_1^* - X_1}{X_2^* - X_2}} \tag{2-36}$$

当 $\dfrac{\Delta Y_1}{\Delta Y_2} < 2$ 时，$\Delta Y_{m} \approx \dfrac{\Delta Y_1 + \Delta Y_2}{2}$

当 $\dfrac{\Delta X_1}{\Delta X_2} < 2$ 时，$\Delta X_{m} \approx \dfrac{\Delta X_1 + \Delta X_2}{2}$

全塔平均推动力为 ΔY_{m} 或 ΔX_{m}，而低浓度气体吸收时，每个截面的 K_Y、K_X 相差很小，即 K_Y、K_X 基本保持不变，则全塔总吸收速率方程为：

$$N_A = K_Y \Delta Y_{m}$$

或：

$$N_A = K_X \Delta X_{m}$$

而整个填料层的总吸收负荷为：

$$G_A = N_A F = K_Y \Delta Y_{m} a \Omega Z = V(Y_1 - Y_2)$$

则

$$Z = \frac{V}{K_Y a \Omega} \frac{Y_1 - Y_2}{\Delta Y_{m}}$$

与填料层的基本计算式比较得：

$$N_{OG} = \int_{Y_2}^{Y_1} \frac{\mathrm{d}Y}{Y - Y^*} = \frac{Y_1 - Y_2}{\Delta Y_{m}} \tag{2-37}$$

同理：

$$N_{OL} = \int_{X_2}^{X_1} \frac{\mathrm{d}X}{X^* - X} = \frac{X_1 - X_2}{\Delta X_{m}} \tag{2-38}$$

 技能训练

吸收塔的工艺计算

1．吸收剂用量确定

【例 2-3】 在一填料塔中，用洗油逆流吸收混合气体中的苯。已知混合气体的流量为 1600m³/h，进塔气体中含苯 5%（摩尔分数，下同）。要求吸收率为 90%，操作温度为 25℃，

压力为 101.3kPa，洗油进塔浓度为 0.00015，相平衡关系为 $Y^* = 26X$，操作液气比为最小液气比的 1.3 倍。试求吸收剂用量及出塔洗油中苯的含量。

解 将摩尔分数换算为摩尔比

$$y_1 = 0.05 \quad Y_1 = \frac{y_1}{1-y_1} = \frac{0.05}{1-0.05} = 0.0526$$

根据吸收率的定义

$$Y_2 = Y_1(1-\eta) = 0.0526 \times (1-0.90) = 0.00526$$

$$x_2 = 0.00015 \quad X_2 = \frac{x_2}{1-x_2} = \frac{0.00015}{1-0.00015} = 0.00015$$

混合气体中惰性气体量为：

$$V = \frac{1600}{22.4} \times \frac{273}{273+25} \times (1-0.05) = 62.2(\text{kmol/h})$$

由于气液相平衡关系 $Y^* = 26X$，则：

$$\left(\frac{L}{V}\right)_{\min} = \frac{Y_1-Y_2}{\dfrac{Y_1}{m}-X_2} = \frac{0.0526-0.00526}{\dfrac{0.0526}{26}-0.00015} = 25.3$$

实际液气比为：

$$\frac{L}{V} = 1.3\left(\frac{L}{V}\right)_{\min} = 1.3 \times 25.3 = 32.9$$

$$L = 32.9V = 32.9 \times 62.2 = 2.05 \times 10^3 (\text{kmol/h})$$

出塔洗油苯的含量为：

$$X_1 = \frac{V(Y_1-Y_2)}{L} + X_2 = \frac{62.2}{2.05 \times 10^3} \times (0.0526-0.00526) + 0.00015 = 1.59 \times 10^{-3}[\text{kmol(A)/kmol(S)}]$$

2. 填料层高度确定

【例 2-4】 某蒸馏塔顶出来的气体中含有 3.90%（体积分数）的 H_2S，其余为碳氢化合物，可视为惰性组分。用纯三乙醇胺水溶液吸收 H_2S，要求吸收率为 95%。操作温度为 300K，压力为 101.3kPa，平衡关系为 $Y^* = 2X$。进塔吸收剂中不含 H_2S，吸收剂用量为最小用量的 1.4 倍。已知单位塔截面上流过的惰性气体量为 0.015kmol/（$m^2 \cdot s$），气体体积吸收系数 $K_Y \alpha$ 为 0.040kmol/（$m^3 \cdot s$），求所需的填料层高度。

解

$$y_1 = 0.039, \quad Y_1 = \frac{y_1}{1-y_1} = \frac{0.039}{1-0.039} = 0.0406$$

$$Y_2 = Y_1(1-\eta) = 0.0406 \times (1-0.95) = 2.03 \times 10^{-3}$$

$$X_2 = 0$$

最小液气比 $\quad \left(\dfrac{L}{V}\right)_{\min} = m\eta = 2 \times 0.95 = 1.9$

液气比 $\quad \dfrac{L}{V} = 1.4 \times \left(\dfrac{L}{V}\right)_{\min} = 1.4 \times 1.9 = 2.66$

气相总传质单元高度 $\quad H_{OG} = \dfrac{V}{K_Y \alpha \Omega} = \dfrac{0.015}{0.040} = 0.375(\text{m})$

液体出塔浓度 X_1 为：

$$X_1 = \frac{V(Y_1 - Y_2)}{L} + X_2 = \frac{1}{2.66} \times (0.0406 - 0.00203) = 0.0145$$

$$\Delta Y_1 = Y_1 - Y_1^* = Y_1 - mX_1 = 0.0406 - 2 \times 0.0145 = 0.0116$$

$$\Delta Y_2 = Y_2 - Y_2^* = Y_2 - mX_2 = Y_2 = 0.00203$$

$$\Delta Y_m = \frac{\Delta Y_1 - \Delta Y_2}{\ln \dfrac{\Delta Y_1}{\Delta Y_2}} = \frac{0.0116 - 0.00203}{\ln \dfrac{0.0116}{0.00203}} = 0.00549$$

$$N_{OG} = \frac{Y_1 - Y_2}{\Delta Y_m} = \frac{0.0406 - 0.00203}{0.00549} = 7.03$$

填料层高度　$Z = H_{OG} N_{OG} = 0.375 \times 7.03 = 2.64 \text{(m)}$

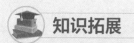 **知识拓展**

解吸

解吸又称脱吸，是脱除吸收剂中已被吸收的溶质，而使溶质从液相释放到气相的过程。在生产中解吸过程有两个目的：获得所需较纯的气体溶质；使溶剂得以再生，返回吸收塔循环使用，这样经济上更合理。

解吸是溶质从液相转入气相的过程，因此，解吸的必要条件是气相溶质的实际分压 p 必须小于液相中溶质的平衡分压 p^*，其差值即为解吸过程的推动力。工业上常采用的解吸方法有以下几种。

1．加热解吸

加热溶液升温可增大溶液中溶质的平衡分压，减小溶质的溶解度，则必有部分溶质从液相中释放出来，从而有利于溶质与溶剂的分离。如采用热力脱氧法处理锅炉用水，就是通过加热使溶解氧从水中逸出。

2．减压解吸

若将原来处于较高压力的溶液进行减压，则因总压降低后气相中溶质的分压也相应降低，溶质从吸收液中释放出来。溶质被解吸的程度取决于解吸操作的最终压力和温度。

3．气提解吸

将溶液加热后送至解吸塔顶使与塔底部通入的惰性气体（或水蒸气）进行逆流接触，由于入塔惰性气体中溶质的分压 $p = 0$，有利于解吸过程进行。

气提解吸法类似于逆流吸收，只是解吸时溶质由液相传到气相。吸收液从解吸塔顶喷淋而下，载气从解吸塔底通入自下而上流动，气液两相在逆流接触的过程中，溶质将不断地由液相转移到气相。与逆流吸收塔相比，解吸塔的塔顶为浓端，而塔底为稀端。气提解吸所用的载气一般为不含（或含极少）溶质的惰性气体或溶剂蒸气，其作用在于提供与吸收液不相平衡的气相。根据分离工艺的特性和具体要求，可选用不同的载气。

（1）空气、氮气、二氧化碳　该法适用于脱除少量溶质以净化液体或使吸收剂再生。有时也用于溶质为可凝性气体的情况，通过冷凝分离可得到较为纯净的溶质组分。

（2）水蒸气　水蒸气是加热热源，若溶质为不凝性气体，或溶质冷凝液不溶于水，则可通过蒸汽冷凝的方法获得纯度较高的溶质组分；若溶质冷凝液与水发生互溶，要想得到较为纯净的溶质组分，还应采用其他的分离方法，如精馏等。

（3）吸收剂蒸气　这种方法通过精馏的方法将溶质与溶剂分开，达到回收溶质、又将新鲜的吸收剂循环使用的目的。解吸后的贫液被解吸塔底部的再沸器加热产生溶剂蒸气，其在上升的过程中与沿塔而下的吸收液逆流接触，液相中的溶质将不断地被解吸出来。该法多用于以水为溶剂的解吸。

4．加热 - 减压解吸

将吸收液加热升温之后再减压，加热和减压的结合，能显著提高解吸推动力和溶质被解吸的程度。

应予指出，在工程上很少采用单一的解吸方法，往往是先升温再减压至常压，最后再采用气提法解吸。

 考核评价

吸收过程的工艺计算		
工作任务	**考核内容**	**考核要点**
确定吸收塔底排出液浓度	基础知识	全塔物料衡算；回收率
	能力训练	应用全塔物料衡算进行吸收塔底排出液浓度计算
确定吸收剂用量	基础知识	吸收操作线方程；吸收液气比；适宜吸收剂用量确定
	能力训练	吸收剂用量计算
确定填料层高度	基础知识	填料层高度计算公式、传质单元数、传质单元高度
	能力训练	填料层高度计算
职业素养		经济意识，工程观念

 自测练习

一、选择题

1．低浓度逆流吸收塔设计中，若气体流量、进出口组成及液体进口组成一定，减小吸收剂用量，传质推动力将（　　）。

A．变大　　　　　　B．不变　　　　　　C．变小　　　　　　D．不确定

2．最大吸收率 η 与（　　）无关。

A．液气比　　　　　　　　　　　B．液体入塔浓度

C．相平衡常数　　　　　　　　　D．吸收塔形式

3．通常所讨论的吸收操作中，当吸收剂用量趋于最小用量时，完成一定的任务（　　）。

A．回收率趋向最高　　　　　　　B．吸收推动力趋向最大

C．固定资产投资费用最高　　　　D．操作费用最低

4．对于吸收来说，当其他条件一定时，溶液出口浓度越低，则下列说法正确的是（　　）。

A．吸收剂用量越小，吸收推动力将减小

B．吸收剂用量越小，吸收推动力增加

C．吸收剂用量越大，吸收推动力将减小

D. 吸收剂用量越大，吸收推动力增加

5. 最小液气比（　　）。

A. 在生产中可以达到　　　　　　　　　B. 是操作线斜率

C. 可用公式进行计算　　　　　　　　　D. 可作为选择适宜液气比的依据

6. 从节能观点出发，适宜的吸收剂用量 L 应取（　　）倍最小用量 L_{min}。

A. 2.0　　　　　　B. 1.5　　　　　　C. 1.3　　　　　　D. 1.1

7. 在填料塔中，低浓度难溶气体逆流吸收时，若其他条件不变，入口气量增加，则出口气体组成将（　　）。

A. 增加　　　　　　B. 减少　　　　　　C. 不变　　　　　　D. 不定

8. 低浓度的气膜控制系统，在逆流吸收操作中，若其他条件不变，入口液体组成增高，则气相出口组成将（　　）。

A. 增加　　　　　　B. 减少　　　　　　C. 不变　　　　　　D. 不定

9. 完成指定的生产任务，采取的措施能使填料层高度降低的是（　　）。

A. 减少吸收剂中溶质的含量　　　　　　B. 用并流代替逆流操作

C. 减少吸收剂用量　　　　　　　　　　D. 吸收剂循环使用

10. 下列哪一项不是工业上常用的解吸方法？（　　）

A. 加压解吸　　　　　　　　　　　　　B. 加热解吸

C. 在惰性气体中解吸　　　　　　　　　D. 精馏

11. 在吸收操作中，其他条件不变，只增加操作温度，则吸收率将（　　）。

A. 增加　　　　　　B. 减小　　　　　　C. 不变　　　　　　D. 不能判断

12. 填料塔内用清水吸收混合气中氯化氢，当用水量增加时，气相总传质单元数 N_{OG} 将（　　）。

A. 增大　　　　　　B. 减小　　　　　　C. 不变　　　　　　D. 不确定

13. 吸收塔内，不同截面处吸收速率（　　）。

A. 各不相同　　　　B. 基本相同　　　　C. 完全相同　　　　D. 均为 0

14. 填料塔以清水逆流吸收空气、氨混合气体中的氨。当操作条件一定时（Y_1、L、V 都一定时），若塔内填料层高度 Z 增加，而其他操作条件不变，出口气体的浓度 Y_2 将（　　）。

A. 上升　　　　　　B. 下降　　　　　　C. 不变　　　　　　D. 无法判断

15. 当 V、Y_1、Y_2 及 X_2 一定时，减少吸收剂用量，则所需填料层高度 Z 与液相出口浓度 X_1 的变化为（　　）。

A. Z、X_1 均增加　　B. Z、X_1 均减小　　C. Z 减小、X_1 增加　　D. Z 增加、X_1 减小

二、判断题

（　　）1. 当吸收剂需循环使用时，吸收塔的吸收剂入口条件将受到解吸操作条件的制约。

（　　）2. 对一定操作条件下的填料吸收塔，如将塔填料层增高一些，则塔的 H_{OG} 将增大，N_{OG} 将不变。

（　　）3. 吸收操作中，增大液气比有利于增加传质推动力，提高吸收速率。

（　　）4. 吸收操作时，增大吸收剂的用量总是有利于吸收操作的。

（　　）5. 在吸收操作中，吸收剂用量趋于最小值时，吸收推动力趋于最大。

（　　）6. 在吸收操作中，改变传质单元数的大小对吸收系数无影响。

（　　）7. 吸收操作线方程是由物料衡算得出的，因而它与吸收相平衡、吸收温度、两相接触状况、塔的结构等都没有关系。

三、计算题

1. 某逆流吸收塔用纯溶剂吸收混合气体中的可溶组分，气体入塔组成为0.06（摩尔比），要求吸收率为90%，操作液气比为2，求出塔溶液的组成。

2. 在吸收塔中用清水吸收空气中含氨的混合气体，逆流操作，气体流量为5000m^3/h（标准状态），其中氨含量10%（体积分数）。吸收率95%，操作温度293K，压力101.3kPa。已知操作液气比为最小液气比的1.5倍，操作范围内$Y^* = 26.7$，求用水量为多少。

3. 用清水逆流吸收混合气体中的溶质A。混合气体的处理量为60kmol/h，其中A的摩尔分数为0.03，要求A的吸收率为95%。操作条件下的平衡关系为$Y^* = 0.65X$。若取溶剂用量为最小用量的1.5倍，求每小时送入吸收塔顶的清水量及吸收液浓度X_1。

4. 流率为1.26kg/s的空气中含氨0.02（摩尔比，下同），拟用塔径1m的吸收塔回收其中90%的氨。塔顶淋入摩尔比为4×10^{-4}的稀氨水。已知操作液气比为最小液气比的1.6倍，操作范围内$Y^* = 1.2X$，$K_Y \alpha = 0.052$kmol/($m^3 \cdot$ s)。求所需的填料层高度。

5. 在压力为101.3kPa、温度为30℃的操作条件下，在某填料吸收塔中用清水逆流吸收混合气中的NH_3。已知入塔混合气体的流量为220kmol/h，其中含NH_3为1.2%（摩尔分数）。操作条件下的平衡关系为$Y^* = 1.2X$（X、Y均为摩尔比），填料塔的直径为1.2m，气相体积吸收总系数为0.06kmol/（$m^3 \cdot$ s）；水的用量为最小用量的1.5倍；要求NH_3的收率为95%。求水的用量和填料层高度。

任务5 吸收塔的操作及故障处理

 教学目标

知识目标：

1. 熟悉吸收塔的开、停车操作及简单的故障处理；
2. 理解影响吸收操作的因素。

能力目标：

1. 能识读化学品安全技术说明书；
2. 能正确佩戴和使用劳动防护用品；
3. 能识记操作现场的安全警示标志；
4. 能看懂工艺流程图（PID图），能绘制工艺流程图；
5. 能识读工艺技术规程、安全技术规程和操作规程；
6. 能正确进行吸收塔开、停车操作；
7. 能通过集散控制系统调节工艺参数；
8. 能进行简单的故障判断及处理。

素质目标：

具有安全意识、质量意识、节能意识，具有团队协作精神和社会责任感。

思政育人要素：

1. 介绍行业技术能手事迹，培育工匠精神；

2. 通过学习吸收操作，结合化工生产事故案例，养成学生规范操作习惯，树立安全意识、责任意识。

 **相关知识**

一、吸收塔的开、停车操作

1. 开车

开车分为短期停车后的开车和长期停车后的开车。

（1）短期停车后的开车　可分为充压、启动运转设备和导气三个步骤。其具体操作步骤如下。

① 开动风机，用原料气向填料塔内充压至操作压力。

② 启动吸收剂循环泵，使循环液按生产流程运转。

③ 调节塔顶各喷头的喷淋量至生产要求。

④ 启动填料塔的液面调节器，使塔釜液面保持规定的高度。

⑤ 系统运转稳定后，即可连续导入原料混合气，并用放空阀调节系统压力。

⑥ 当塔内的原料气成分符合生产要求时，即可投入正常生产。

（2）长期停车后的开车　一般指检修后的开车。首先检查各设备、管道、阀门、分析取样点、电气及仪表等是否正常完好，然后对系统进行吹净、清洗、气密试验和置换，合格后按短期停车后的开车步骤进行。

2. 停车

停车包括短期停车、紧急停车和长期停车。

（1）短期停车（临时停车）　临时停车后系统仍处于正压状态。其操作步骤如下。

① 通告系统前后工序或岗位。

② 停止向系统送气，同时关闭系统的出口阀。

③ 停止向系统送循环液，关闭泵的出口阀，停泵后，关闭其进口阀。

④ 关闭其他设备的进、出口阀门。

（2）紧急停车　如遇停电或发生重大设备事故等情况时，需紧急停车。其操作步骤如下。

① 迅速关闭导入原料混合气的阀门。

② 迅速关闭系统的出口阀。

③ 按短期停车方法处理。

（3）长期停车　当系统需要检修或长期停止使用时，需长期停车。其操作步骤如下。

① 按短期停车操作停车，然后开启系统放空阀，卸掉系统压力。

② 将系统中的溶液排放到溶液贮槽或地沟，然后用清水洗净。

③ 若原料气中含有易燃易爆物，则应用惰性气体对系统进行置换，当置换气中易燃物含量小于5%、含氧量小于0.5%时为合格。

④ 用鼓风机向系统送入空气，进行空气置换，当置换气中含氧量大于20%时为合格。

二、正常操作要点及原则

吸收系统主要由风机、泵和填料塔组成，要使这些设备发挥最大的效能和延长使用寿命，应做到以下几方面。

1. 正常操作要点

① 进塔气体的压力和流速不宜过大，否则会影响气、液两相的接触效率，甚至使操

作不稳定。

② 进塔吸收剂不能含有杂质，避免杂物堵塞填料缝隙。在保证吸收率的前提下，尽量减少吸收剂的用量。

③ 控制进气温度，将吸收温度控制在规定范围。

④ 控制塔底与塔顶压力，防止塔内压差过大。压差过大，说明塔内阻力大，气、液接触不良，将使吸收操作过程恶化。

⑤ 经常调节排放阀，保持吸收塔液面稳定。

⑥ 经常检查风机、水泵的运转情况，以保证原料气和吸收剂流量的稳定。

⑦ 按时巡回检查各控制点的变化情况及系统设备与管道的泄漏情况，并根据记录表要求做好记录。

2. 平稳调控原则

正常操作中要注意避免液泛的出现。当操作负荷（特别是气体负荷）大幅度波动或溶液起泡后，气体夹带雾沫过多，严重的就会造成液泛。操作中判断液泛的方法通常是观察塔体的液位，操作中溶液量正常而塔体液位下降，或者气体流量没变而塔的压差升高，都可能是液泛发生的前兆。防止液泛发生的措施是严格控制工艺参数；保持系统操作平衡，尽量减轻负荷波动，使工艺变化在装置许可的范围内；及时发现、正确判断、及时解决生产中出现的问题。

三、影响吸收操作的因素与控制调节

吸收的好坏，不仅与吸收塔的结构、尺寸有关，还与吸收时的操作条件有关。**影响吸收操作的因素有温度、压力、气液相的流量及组成等。**

1. 温度

吸收操作温度对吸收速率有很大影响。温度越低，气体溶解度越大，传质推动力越大，吸收速率越高，吸收率越高；反之，温度越高，吸收率下降，将不利于吸收操作。

吸收操作温度主要由吸收剂的入塔温度来调节控制，吸收剂的入塔温度对吸收过程影响甚大，是控制和调节吸收操作的一个重要因素。由于气体吸收大多数是放热过程，当热效应较大时，吸收剂在塔内由塔顶流到塔底的过程中，温度会有较大的升高。所以必须控制吸收剂的入塔温度，尤其当吸收剂循环使用时，再次进入吸收塔之前，必须经过冷却器用冷却剂（如冷却水或冷冻盐水等）将其冷却，吸收剂的温度可通过调节冷却剂的流量来调节。

虽然降低吸收剂温度，有利于提高吸收率，但是吸收剂的温度也不能过低，因为温度过低就要过多地消耗冷却剂用量，使操作费用增加。此外，液体温度过低，会使黏度增大，造成阻力损失增大，并且液体在塔内流动不畅，会影响传质。所以吸收剂温度的调节要综合考虑。

2. 压力

对于比较难溶的气体（如 CO_2），提高操作压力有利于吸收的进行。加压一方面可以增加吸收推动力，提高气体吸收率；另一方面能增加溶液的吸收能力，减少吸收剂的用量。但加压吸收需要配置压缩机和耐压设备，设备费和操作费都比较高。所以对于一般的吸收系统，是否采用加压，要全面考虑。多数情况下，塔的压力很少是可调的，一般在操作中主要是维持塔压，使之不要降低。

3．塔内气体流速

气体流速会直接影响吸收过程，气体流速很低时，会使填料层持液量太少，两相传质主要靠分子扩散传质，吸收速率很低，分离效果差。气体流速大，增大了气液两相的湍动程度，使气、液膜变薄，减少了气体向液体扩散的阻力，有利于气体的吸收，也提高了吸收塔的生产能力。但气体流速过大时，液体不能顺畅向下流动，造成气液接触不良、雾沫夹带，甚至造成液泛现象，分离效果下降。**因此，要选择一个最佳的气体流速，保证吸收操作高效、稳定地进行。稳定操作流速，是吸收高效、平稳操作的可靠保证。**

4．吸收剂流量

吸收剂流量对吸收率的影响很大，改变吸收剂流量是吸收过程进行调节的最常用方法。如果吸收剂流量过小，填料表面润湿不充分，造成气液两相接触不良，尾气浓度会明显增大，吸收率下降。增大吸收剂流量，吸收速率增大，溶质吸收量增加，气体的出口浓度减小，吸收率增大，即增大吸收剂流量对吸收分离是有利的。当在操作中发现吸收塔中尾气的浓度增大，或进气量增大，应增大吸收剂流量，但绝不能误认为吸收剂流量越大越好，因为增大吸收剂流量就增大了操作费用，并且当塔底液体作为产品时还会影响产品浓度，而且吸收剂用量的增大有时要受到吸收塔内流体力学性能的制约（如流量过大会引起压降增大，甚至造成液泛等）。因此需要全面地权衡相应的指标。

5．吸收剂进口浓度

吸收剂进口浓度是控制和调节吸收操作的又一个重要因素。降低吸收剂进口浓度，液相进口处的推动力增大，全塔平均推动力也随之增大，而有利于气体出口浓度的降低和吸收率的提高。采用纯吸收剂，溶质浓度为0，有利于吸收操作。但若是解吸后贫液，则会增加解吸操作费用。

6．液位

液位是吸收系统重要的控制因素，无论是吸收塔还是解吸塔都必须保持液位稳定。液位过低，会造成气体窜到后面低压设备引起超压，或发生溶液泵抽空现象；液位过高，则会造成出口气体带液，影响后续工序安全运行。

总之，在吸收操作中，根据组成的变化和生产负荷的波动，及时进行工艺调整，发现问题及时解决，是吸收操作中不可缺少的工作。

四、操作异常的分析与处理方法

1．吸收塔尾气溶质含量升高

造成吸收塔出口气体溶质含量升高的原因主要有入口混合气中溶质含量的增加、混合气流量增大、吸收剂流量减小、吸收贫液中溶质含量增加和塔性能的变化（填料堵塞、气液分布不均等）。

处理的措施依次有：

① 检查混合气中溶质含量的流量，如发生变化，调回原值；
② 检查入吸收塔的进气量，如发生变化，调回原值；
③ 检查入吸收塔的吸收剂流量，如发生变化，调回原值；
④ 取样分析吸收贫液中溶质含量，如含量升高，增加解吸塔汽提气流量；
⑤ 如上述过程未发现异常，在不发生液泛的前提下，加大吸收剂流量，增加解吸塔汽

提气流量，使吸收塔出口气体中溶质含量回到原值，同时，注意观测吸收塔内的气液流动情况，查找塔性能恶化的原因。

2. 解吸塔出口吸收贫液中溶质含量升高

造成吸收贫液中溶质含量升高的原因主要有解吸汽提气流量不够、塔性能的变化（填料堵塞、气液分布不均等）。处理的措施有：

① 检查入解吸塔的汽提气流量，如发生变化，调回原值；

② 检查解吸塔塔底的液封，如液封被破坏，则要恢复或增加液封高度，防止解吸气体泄漏；

③ 如上述过程未发现异常，在不发生液泛的前提下，应加大汽提气流量，使吸收贫液中溶质含量回到原值，同时，注意观测塔内气液两相的流动状况，查找塔性能恶化的原因。

 技能训练

吸收仿真工艺　　吸收仿真操作

一、吸收塔的仿真操作

1. 训练要求

① 掌握吸收操作的基本原理。

② 学会吸收塔的开停车方法及简单的事故处理方法。

2. 工艺流程

本仿真操作工艺流程图见图 2-27～图 2-30。

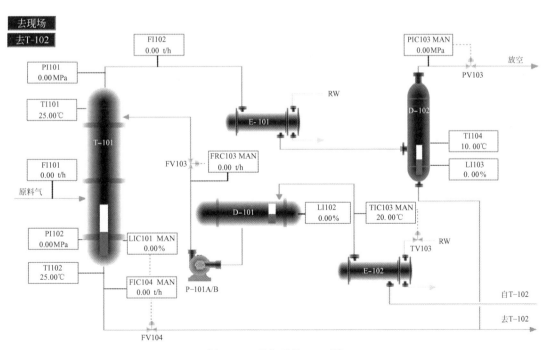

图 2-27　吸收系统 DCS 图

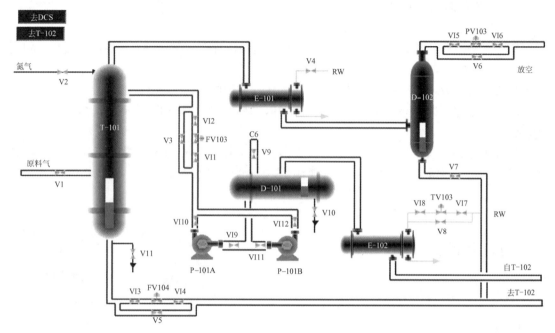

图 2-28　吸收系统现场图

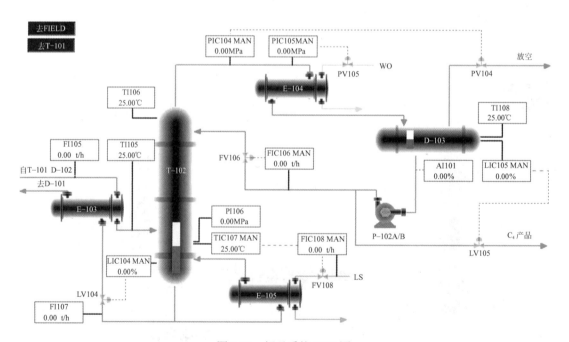

图 2-29　解吸系统 DCS 图

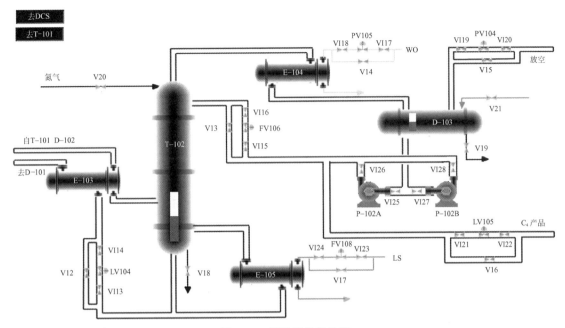

图 2-30 解吸系统现场图

以 C_6 油为吸收剂，分离气体混合物（其中 C_4 占 25.13%，CO 和 CO_2 占 6.26%，N_2 占 64.58%，H_2 占 3.5%，O_2 占 0.53%）中的 C_4 组分（溶质）。

从界区外来的富气从底部进入吸收塔 T-101。界区外来的纯 C_6 油吸收剂贮存于 C_6 油贮罐 D-101 中，由 C_6 油泵 P-101A/B 送入吸收塔 T-101 的顶部，C_6 流量由 FRC103 控制。吸收剂 C_6 油在吸收塔 T-101 中自上而下与富气逆向接触，富气中 C_4 组分被溶解在 C_6 油中。不溶解的贫气自 T-101 顶部排出，经盐水冷却器 E-101 被 -4℃ 的盐水冷却至 2℃ 进入尾气分离罐 D-102。吸收了 C_4 组分的富油（C_4 占 8.2%，C_6 占 91.8%）从吸收塔底部排出，经贫富油换热器 E-103 预热至 80℃ 进入解吸塔 T-102。吸收塔塔釜液位由 LIC101 和 FIC104 通过调节塔釜富油采出量串级控制。

来自吸收塔顶部的贫气在尾气分离罐 D-102 中回收冷凝的 C_4、C_6 后，不凝气在 D-102 压力控制器 PIC103（1.2MPa）控制下排入放空总管进入大气。回收的冷凝液（C_4、C_6）与吸收塔釜排出的富油一起进入解吸塔 T-102。

预热后的富油进入解吸塔 T-102 进行解吸分离。塔顶气相出料（C_4 占 95%）经全冷器 E-104 换热降温至 40℃ 全部冷凝进入塔顶回流罐 D-103，其中一部分冷凝液由 P-102A/B 泵打回流至解吸塔顶部，回流量 8.0t/h，由 FIC106 控制；其他部分作为 C_4 产品在 LIC105 液位控制下由 P-102A/B 泵抽出。塔釜 C_6 油在液位控制 LIC104 下，经贫富油换热器 E-103 和盐水冷却器 E-102 降温至 5℃ 返回至 C_6 油贮罐 D-101 再利用，返回温度由温度控制器 TIC103 通过调节 E-102 循环冷却水流量控制。

T-102 塔釜温度由 TIC104 和 FIC108 通过调节塔釜再沸器 E-105 的蒸汽流量串级控制，控制温度 102℃。塔顶压力由 PIC105 通过调节塔顶冷凝器 E-104 的冷却水流量控制，另有一塔顶压力保护控制器 PIC104，在塔顶凝气压力高时通过调节 D-103 放空量降压。

因为塔顶 C_4 产品中含有部分 C_6 油及其他 C_6 油损失，所以随着生产的进行，要定期观察 C_6 油贮罐 D-101 的液位，补充新鲜 C_6 油。

3．复杂控制方案说明

吸收解吸单元复杂控制回路主要是串级回路的使用，在吸收塔、解吸塔和产品罐中都使用了液位与流量串级回路。

串级回路是在简单调节系统基础上发展起来的。在结构上，串级回路调节系统有两个闭合回路。主、副调节器串联，主调节器的输出为副调节器的给定值，系统通过副调节器的输出操纵调节阀动作，实现对主参数的定值调节。所以在串级回路调节系统中，主回路是定值调节系统，副回路是随动系统。

举例：在吸收塔 T-101 中，为了保证液位的稳定，有一塔釜液位与塔釜出料组成的串级回路。液位调节器的输出同时是流量调节器的给定值，即流量调节器 FIC104 的 SP 值由液位调节器 LIC101 的输出 OP 值控制，LIC101.OP 的变化使 FIC104.SP 产生相应的变化。

4．冷态开车过程

装置的开工状态为吸收塔、解吸塔系统均处于常温常压下，各调节阀处于手动关闭状态，各手操阀处于关闭状态，氮气置换已完毕，公用工程已具备条件，可以直接进行氮气充压。

（1）氮气充压

① 确认。确认所有手阀处于关状态。

② 氮气充压。打开氮气充压阀，给吸收塔系统充压；当吸收塔系统压力升至 1.0MPa 左右时，关闭氮气充压阀；打开氮气充压阀，给解吸塔系统充压；当解吸塔系统压力升至 0.5MPa 左右时，关闭氮气充压阀。

（2）进吸收油

① 确认。确认系统充压已结束；所有手阀处于关状态。

② 吸收塔系统进吸收油。打开引油阀 V9 至开度 50% 左右，给 C_6 油贮罐 D-101 充 C_6 油至液位 70%；打开 C_6 油泵 P-101A（或 B）的入口阀，启动 P-101A（或 B）；打开 P-101A（或 B）出口阀，手动打开 FV103 阀至 30% 左右给吸收塔 T-101 充液至 50%。充油过程中注意观察 D-101 液位，必要时给 D-101 补充新油。

③ 解吸塔系统进吸收油。手动打开调节阀 FV104 开度至 50% 左右，给解吸塔 T-102 进吸收油至液位 50%；给 T-102 进油时注意给 T-101 和 D-101 补充新油，以保证 D-101 和 T-101 的液位均不低于 50%。

（3）C_6 油冷循环

① 确认。确认贮罐、吸收塔、解吸塔液位 50% 左右；吸收塔系统与解吸塔系统保持合适压差。

② 建立冷循环。手动逐渐打开调节阀 LV104，向 D-101 倒油；当向 D-101 倒油时，同时逐渐调整 FV104，以保持 T-102 液位在 50% 左右，将 LIC104 设定在 50%，投自动；由 T-101 至 T-102 油循环时，手动调节 FV103 以保持 T-101 液位在 50% 左右，将 LIC101 设定在 50%，投自动；手动调节 FV103，使 FRC103 保持在 13.50t/h，投自动。冷循环 10min。

（4）进 C_4 液体　打开 V21 向解吸塔 T-102 的回流罐 D-103 中进 C_4 液体至液位为 20%。

（5）C_6 油热循环

① 确认。确认冷循环过程已经结束；D-103 液位已建立。

② T-102 再沸器投用。设定 TIC103 于 5℃，投自动；手动打开 PV105 至 70%；手动控制 PIC105 于 0.5MPa，待回流稳定后再投自动；手动打开 FV108 至 50%，开始给 T-102 加热。

③ 建立 T-102 回流。随着 T-102 塔釜温度 TIC107 逐渐升高，C_6 油开始汽化，并在 E-104

中冷凝至回流罐 D-103；当塔顶温度高于 50℃时，打开 P-102A/B 泵的入出口阀 VI25/27、VI26/28，打开 FV106 的前后阀，手动打开 FV106 至合适开度，维持塔顶温度高于 51℃；当 TIC107 温度指示达到 102℃时，将 TIC107 设定在 102℃，投自动，TIC107 和 FIC108 投串级；热循环 10min。

（6）进富气

① 确认。确认 C_6 油热循环已经建立。

② 进富气。逐渐打开富气进料阀 V1，开始富气进料；随着 T-101 富气进料，塔压升高，手动调节 PIC103 使压力恒定在 1.2MPa（表）；当富气进料达到正常值后，设定 PIC103 于 1.2MPa（表），投自动；当吸收了 C_4 的富油进入解吸塔后，塔压将逐渐升高，手动调节 PIC105，维持 PIC105 在 0.5MPa（表），稳定后投自动；当 T-102 温度、压力控制稳定后，手动调节 FIC106 使回流量达到正常值 8.0t/h，投自动；观察 D-103 液位，液位高于 50% 时，打开 LIC105 的前后阀，手动调节 LIC105 维持液位在 50%，投自动。将所有操作指标逐渐调整到正常状态。

5. 正常运行过程

（1）正常工况操作参数　正常工况操作参数见表 2-3。

表 2-3　正常工况操作参数

项目	操作参数
吸收塔顶压力控制 PIC103	1.20MPa（表）
吸收油温度控制 TIC103	5.0℃
解吸塔顶压力控制 PIC105	50MPa（表）
解吸塔顶温度	51.0℃
解吸塔釜温度控制 TIC107	102.0℃

（2）补充新油　因为塔顶 C_4 产品中含有部分 C_6 油及其他 C_6 油损失，所以随着生产的进行，要定期观察 C_6 油贮罐 D-101 的液位，当液位低于 30% 时，打开阀 V9 补充新鲜的 C_6 油。

（3）D-102 排液　生产过程中贫气中的少量 C_4 和 C_6 组分积累于尾气分离罐 D-102 中，定期观察 D-102 的液位，当液位高于 70% 时，打开阀 V7 将凝液排放至解吸塔 T-102 中。

（4）T-102 塔压控制　正常情况下 T-102 的压力由 PIC105 通过调节 E-104 的冷却水流量控制。生产过程中会有少量不凝气积累于回流罐 D-103 中使解吸塔系统压力升高，这时 T-102 顶部压力超高，保护控制器 PIC104 会自动控制排放不凝气，维持压力不会超高。必要时可手动打开 PV104 至开度 1% ~ 3% 来调节压力。

6. 正常停车过程

（1）停富气进料

① 关富气进料阀 V1，停富气进料；

② 富气进料中断后，T-101 塔压会降低，手动调节 PIC103，维持 T-101 压力 > 1.0MPa（表）；

③ 手动调节 PIC105 维持 T-102 塔压力在 0.20MPa（表）左右；

④ 维持 T-101 → T-102 → D-101 的 C_6 油循环。

（2）停吸收塔系统

① 停 C_6 油进料。停 C_6 油泵 P-101A/B；关闭 P-101A/B 入出口阀；FRC103 置手动，关 FV103 前后阀；手动关 FV103 阀，停 T-101 油进料。此时应注意保持 T-101 的压力，压力低

时可用 N_2 充压，否则 T-101 塔釜 C_6 油无法排出。

② 吸收塔系统泄油。LIC101 和 FIC104 置手动，FV104 开度保持 50%，向 T-102 泄油。当 LIC101 液位降至 0% 时关闭 FV108；打开 V7 阀，将 D-102 中的凝液排至 T-102 中；当 D-102 液位指示降至 0% 时，关 V7 阀；关 V4 阀，中断盐水停 E-101；手动打开 PV103，吸收塔系统泄压至常压，关闭 PV103。

（3）停解吸塔系统

① 停 C_4 产品出料。富气进料中断后，将 LIC105 置手动，关阀 LV105 及其前后阀。

② T-102 塔降温。TIC107 和 FIC108 置手动，关闭 E-105 蒸汽阀 FV108，停再沸器 E-105；停止 T-102 加热的同时，手动关闭 PIC105 和 PIC104，保持解吸系统的压力。

③ 停 T-102 回流。再沸器停用，温度下降至泡点以下后，油不再汽化，当 D-103 液位 LIC105 指示小于 10% 时，停回流泵 P-102A/B，关 P-102A/B 的入出口阀；手动关闭 FV106 及其前后阀，停 T-102 回流；打开 D-103 泄液阀 V19；当 D-103 液位指示下降至 0% 时，关 V19 阀。

④ T-102 泄油。手动置 LV104 于 50%，将 T-102 中的油倒入 D-101；当 T-102 液位 LIC104 指示下降至 10% 时，关 LV104；手动关闭 TV103，停 E-102。打开 T-102 泄油阀 V18，T-102 液位 LIC104 下降至 0% 时，关 V18。

⑤ T-102 泄压。手动打开 PV104 至开度 50%，开始 T-102 系统泄压；当 T-102 系统压力降至常压时，关闭 PV104。

（4）吸收油贮罐 D-101 排油 当停 T-101 吸收油进料后，D-101 液位必然上升，此时打开 D-101 排油阀 V10 排污油；直至 T-102 中油倒空，D-101 液位下降至 0%，关 V10。

7. 事故处理

常见故障的处理方法见表 2-4。

表 2-4 常见故障的处理方法

故障	主要现象	处理方法
冷却水中断	（1）冷却水流量为 0。 （2）出入口管路各阀常开状态	（1）停止进料，关 V1 阀。 （2）手动关 PV103 保压。 （3）手动关 FV104，停 T-102 进料。 （4）手动关 LV105，停出产品。 （5）手动关 FV103，停 T-101 回流。 （6）手动关 FV106，停 T-102 回流。 （7）关 LIC104 前后阀，保持液位
加热蒸汽中断	（1）加热蒸汽管路各阀开度正常。 （2）加热蒸汽入口流量为 0。 （3）塔釜温度急剧下降	（1）停止进料，关 V1 阀。 （2）停 T-102 回流。 （3）停 D-103 产品出料。 （4）停 T-102 进料。 （5）关 PV103 保压。 （6）关 LIC104 前后阀，保持液位

续表

故障	主要现象	处理方法
仪表风中断	各调节阀全开或全关	（1）打开 FRC103 旁路阀 V3。 （2）打开 FIC104 旁路阀 V5。 （3）打开 PIC103 旁路阀 V6。 （4）打开 TIC103 旁路阀 V8。 （5）打开 LIC104 旁路阀 V12。 （6）打开 FIC106 旁路阀 V13。 （7）打开 PIC105 旁路阀 V14。 （8）打开 PIC104 旁路阀 V15。 （9）打开 LIC105 旁路阀 V16。 （10）打开 FIC108 旁路阀 V17
停电	（1）泵 P-101A/B 停。 （2）泵 P-102A/B 停	（1）打开泄液阀 V10，保持 LI102 液位在 50%。 （2）打开泄液阀 V19，保持 LI105 液位在 50%。 （3）关小加热油流量，防止塔温上升过高。 （4）停止进料，关 V1 阀
P-101A 泵坏	（1）FRC103 流量降为 0。 （2）塔顶 C_4 上升，温度上升，塔顶压上升。 （3）釜液位下降	（1）停 P-101A，注：先关泵后阀，再关泵前阀。 （2）开启 P-101B，先开泵前阀，再开泵后阀。 （3）由 FRC103 调至正常值，并投自动
LIC104 调节阀卡	（1）FI107 降至 0。 （2）塔釜液位上升，并可能报警	（1）关 LIC104 前后阀 VI13、VI14。 （2）开 LIC104 旁路阀 V12 至 60% 左右。 （3）调整旁路阀 V12 开度，使液位保持 50%
换热器 E-105 结垢严重	（1）调节阀 FIC108 开度增大。 （2）加热蒸汽入口流量增大。 （3）塔釜温度下降，塔顶温度也下降，塔釜 C_4 组成上升	（1）关闭富气进料阀 V1。 （2）手动关闭产品出料阀 LIC102。 （3）手动关闭再沸器后，清洗换热器 E-105

二、吸收塔的实际操作

1．训练要求

① 认识装置设备、仪表及调节控制装置。

吸收装置
开车前准备

吸收装置
开车操作

吸收装置
停车操作

② 识读空气 -CO_2 吸收系统的工艺流程图，标出物料的流向，查摸现场装置流程。

③ 学会吸收的开停车操作。

2．实训装置

空气 -CO_2 吸收装置的工艺流程图及工艺流程说明详见本项目任务 1 的图 2-6。

3．生产控制指标

（1）操作压力　二氧化碳钢瓶压力 ≥ 0.5MPa；吸收塔压差 0 ～ 1.0kPa；解吸塔压差 0 ～ 1.0kPa。

（2）流量控制　吸收剂流量：200～400L/h；解吸剂流量：200～400L/h；解吸气泵流量：4.0～10.0m³/h；CO_2气体流量：4.0～10.0L/min；空气流量：15～40L/min。

（3）温度控制　吸收塔进、出口温度：室温；解吸塔进、出口温度：室温；各电机温升≤65℃。

（4）液位控制　吸收液储槽液位：200～300mm；解吸液储槽液位1/3～3/4。

4．安全生产技术

进入装置必须穿戴劳动防护用品，在指定区域正确戴上安全帽，穿上安全鞋，无关人员未得允许不得进入。

（1）用电安全

① 进行实训之前必须了解室内总电源开关与分电源开关的位置，以便出现用电事故时及时切断电源；

② 在启动仪表柜电源前，必须弄清楚每个开关的作用；

③ 启动电机，上电前先用手转动一下电机的轴，通电后，立即查看电机是否已转动，若不转动，应立即断电，否则电机很容易烧毁；

④ 在实训过程中，如果发生停电现象，必须切断电闸，以防操作人员离开现场后，因突然供电而导致电器设备在无人看管下运行；

⑤ 不要打开仪表控制柜的后盖和强电桥架盖，电器发生故障时应请专业人员进行电器的维修。

（2）高压钢瓶的安全知识

① 使用高压钢瓶的主要危险是钢瓶可能爆炸和漏气。若钢瓶受日光直晒或靠近热源，瓶内气体受热膨胀，以致压力超过钢瓶的耐压强度时，容易引起钢瓶爆炸；

② 搬运钢瓶时，钢瓶上要有钢瓶帽和橡胶安全圈，并严防钢瓶摔倒或受到撞击，以免发生意外爆炸事故。使用钢瓶时，必须将其牢靠地固定在架子上、墙上或实训台旁；

③ 绝不可把油或其他易燃性有机物黏附在钢瓶上（特别是出口和气压表处）；也不可用麻、棉等物堵漏，以防燃烧引起事故；

④ 使用钢瓶时，一定要用气压表，而且各种气压表一般不能混用。一般可燃性气体的钢瓶气门螺纹是反扣的（如H_2，C_2H_2），不燃性或助燃性气体的钢瓶气门螺纹是正扣的（如N_2，O_2）；

⑤ 使用钢瓶时必须连接减压阀或高压调节阀，不经这些部件让系统直接与钢瓶连接是十分危险的；

⑥ 开启钢瓶阀门及调压时，人不要站在气体出口的前方，头不要在瓶口之上，而应在钢瓶侧面，以防钢瓶的总阀门或气压表冲出气体时伤人。

5．实训操作步骤

（1）开车前的检查　组长作好分工，组员相互配合，熟悉工艺流程、工艺指标、操作方案、岗位安全防护等后，按方案操作。

① 检查公用工程（水、电）是否处于正常供应状态。

② 设备上电，检查流程中各设备、仪表是否处于正常开车状态，动设备试车。

③ 检查吸收液储槽，是否有足够空间贮存实训过程的吸收液。

④ 检查解吸液储槽，是否有足够解吸液供实训使用。

⑤ 检查二氧化碳钢瓶储量，是否有足够二氧化碳供实训使用。

⑥ 检查流程中各阀门是否处于正常开车状态。

关闭阀门：VA001、VA002、VA102、VA104、VA106、VA107、VA108、VA111、VA112、VA113、VA115、VA116、VA118、VA119。

打开阀门：VA101、VA103、VA109、VA110、VA114、VA117。

⑦ 按照要求制定操作方案。

（2）正常开车

① 确认阀门 VA111 处于关闭状态，启动解吸液泵 P201，逐渐打开阀门 VA111，吸收剂（解吸液）通过涡轮流量计 FIC03 从顶部进入吸收塔。

② 将吸收剂流量设定为规定值（200～400L/h），观测涡轮流量计 FIC03 显示和解吸液入口压力 PI03 显示。

③ 当吸收塔底的液位 LI01 达到溢流值时，启动旋涡气泵 P102，将空气流量调节到规定值（1.4～1.8m³/h），使转子流量计显示空气流量达到此值。

④ 观测吸收液储槽的液位 LIC03，待其大于规定液位高度（200～300mm）后，启动旋涡气泵 P202，将空气流量设定为规定值（4.0～18m³/h），调节空气流量 FIC01 到此规定值（若长时间无法达到规定值，可适当减小阀门 VA118 的开度）（注：新装置首次开车时，解吸塔要先通入液体润湿填料，再通入惰性气体）。

⑤ 确认阀门 VA112 处于关闭状态，启动吸收液泵 P101，观测泵出口压力 PI02（如 PI02 没有示值，关泵，必须及时报告指导教师进行处理），打开阀门 VA112，解吸液通过涡轮流量计 FI04 从顶部进入解吸塔，通过解吸液泵变频器调节解吸液流量，直至 LIC03 保持稳定，观测涡轮流量计 FI04 显示。

⑥ 观测空气由底部进入解吸塔和解吸塔内气液接触情况，空气入口温度由 TI05 显示。

⑦ 将阀门 VA118 逐渐关小至半开，观察空气流量 FIC01 的示值。气液两相被引入吸收塔后，开始正常操作。

（3）正常平稳调控

① 打开二氧化碳钢瓶阀门，调节二氧化碳流量到规定值，打开二氧化碳减压阀保温电源。

② 二氧化碳和空气混合后制成实训用混合气从塔底进入吸收塔。

③ 注意观察二氧化碳流量变化情况，及时调整到规定值。

④ 操作稳定 20min 后，分析吸收塔顶放空气体（AI03）、解吸塔顶放空气体（AI04）。

⑤ 气体在线分析方法：二氧化碳传感器检测吸收塔顶放空气体（AI03）、解吸塔顶放空气体（AI04）中的二氧化碳体积浓度，传感器将采集到的信号传输到显示仪表中，在显示仪表 AI03 和 AI04 上读取数据。

（4）正常停车

① 关闭二氧化碳钢瓶总阀门，关闭二氧化碳减压阀保温电源；

② 10min 后，关闭吸收液泵 P101 电源，关闭旋涡气泵 P102 电源；

③ 吸收液流量变为零后，关闭解吸液泵 P201 电源；

④ 5min 后，关闭旋涡气泵 P202 电源；

⑤ 关闭总电源。

6. 操作记录

操作过程要如实、按要求做好记录，填写记录表。对产品取样分析结果做好记录，如实填写分析报告单。

操作记录要求

1. 从投料开始，每5分钟记录一次操作条件。
2. 书写规范、清晰，不得涂改。确有需要改的，按照要求在错误记录上画一斜杠，在其旁边写上正确数字，再签字，说明对记录的真实性负责。

日期：　年　月　日（星期　）　时　分至　时　分

实训项目：吸收-解吸装置正常运行操作　　装置编号：　　　操作人员名单：　　　组长：　　　记录员：

吸收操作记录

时间	吸收剂流量控制/(L/h)		吸收尾气 CO_2 浓度/%	解吸尾气 CO_2 浓度/$\times 10^{-6}$	吸收液流量/(L/h)	解吸惰气流量控制/(m³/h)		吸收塔压降/kPa	解吸塔压降/kPa	吸收液位罐液位控制/mm		吸收混合气 CO_2 浓度/%	吸收剂温度/℃	吸收液温度/℃	混合气进口温度/℃	混合气出口温度/℃	解吸液温度/℃	解吸惰气进口温度/℃	解吸惰气出口温度/℃	溶质 CO_2 流量控制/(L/min)		解吸液泵出口压力/MPa	吸收液泵出口压力/MPa	吸收空气流量/(m³/h)
	实际 pv	给定 sv				实际 pv	给定 sv			实际 pv	给定 sv									实际 pv	给定 sv			

吸收装置操作评分表

组别：_____　装置号：_____　日期：_____　操作时间起于_____　止于_____　用时_____　总评成绩_____

操作阶段（规定时间）	考核内容	操作内容	分数	得分
准备工作（10min）	设备检查，流程叙述	旋涡气泵及各泵出口阀门应完好并处于关闭状态，检查操作设施是否完好，流程叙述及查摆正确	5	
开车操作（15min）	干塔操作	全开旋涡气泵出口旁路阀，启动旋涡气泵	3	
		调节旋涡气泵出口旁路阀以控制进塔空气流量	3	
		按塔内空气流量由小到大的顺序依次读取转子流量计的数据	5	
		数据采集，记录准确	3	
	湿塔操作	每调节一次流量均应稳定一段时间	3	
		正确操作吸收剂泵（离心泵）	6	
		调节吸收剂流量为某一固定值	3	
		调节进塔空气流量使塔内空气流量由小到大，依次读取转子流量计的数据	6	
		观察塔内操作现象，会判断液泛现象	6	
		记录液泛出现时空气流量	4	
正常运行（50min）	正确操作；测定、记录符合要求；清晰、准确	调节水流量为一定值	4	
		选择适宜的空气流量	4	
		打开二氧化碳气体减压阀操作正确	4	
		调节混合气体中二氧化碳流量为一定值	4	
		在空气、二氧化碳，水流量不变的情况下稳定一段时间	4	
		数据采集，二氧化碳，记录准确	6	
停车操作（10min）	按步骤停车	关闭二氧化碳（离心泵）出口阀门	4	
		关闭吸收剂泵（离心泵）出口阀后关，停泵	4	
		间隔一段时间后关闭旋涡气泵及其出口旁路阀，切断电源	4	
数据处理（15min）	计算吸收率	依据相关理论计算 CO_2 吸收率	5	
安全文明操作	安全、文明、礼貌	着装符合职业要求；正确操作设备、使用工具；操作环境整洁、有序；听从指挥	10	

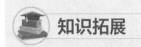

工业吸收操作温度控制方法

工业吸收多在常温下进行，当吸收过程有明显放热时，应该采取冷却措施，工业生产中常采用的措施如下。

1. 吸收塔内设置冷却元件

填料塔的内冷却器如图 2-31（a）所示，安装在两层填料之间，采用类似于管壳式换热器的装置，吸收液走管内，在壳方通入冷却剂以移出大量的溶解热，边吸收边冷却，例如氯化氢的吸收。板式塔内常用移动的 U 形管冷却器，如图 2-31（b）所示，它直接安装在塔板上并浸没于液层中，适用于热效应大且介质有腐蚀性的情况，如用氨水吸收 CO_2 生产 NH_4HCO_3 等。

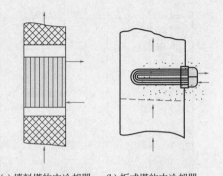

(a) 填料塔的内冷却器　(b) 板式塔的内冷却器

图 2-31　塔内增加冷却器示意图

2. 外循环冷却移走热量

对于填料塔不方便在塔内设置冷却元件的情况，一般将温度升高的液相在中途引出塔外，冷却后再送入塔内继续进行吸收。如图 2-32（a）所示，塔底流出的部分吸收液经外冷却器冷却再返回塔顶；如图 2-32（b）所示，吸收液由塔中间抽出经外冷却器冷却后返回塔内。

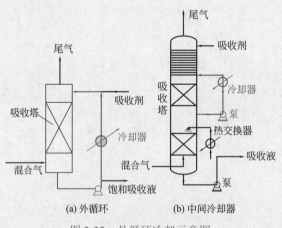

(a) 外循环　(b) 中间冷却器

图 2-32　外循环冷却示意图

3. 加大液相的喷淋密度

吸收时采用大的喷淋密度操作，可使吸收过程释放的热量以显热的形式被大量的吸收剂带走。

实际生产中，吸收操作温度控制的实质就是正确操作和使用各种冷却装置，以确保吸收过程在工艺要求的温度条件下进行。

 **考核评价**

吸收塔的操作及故障处理		
工作任务	**考核内容**	**考核要点**
吸收塔的操作	基础知识	开停车操作、影响因素、故障处理，CO_2 化学品安全技术说明书，吸收操作规程，危险化学品标志，DCS 控制调节方法
	现场考核	吸收开停车操作，考核要点见吸收操作评分表
职业素养		安全意识，规范操作意识，团队协作精神

 自测练习

一、选择题

1. 在吸收操作中，保持吸收剂用量 L 不变，随着气体速率的增加，塔压的变化趋势为（　　）。

A. 变大　　　　　　　B. 变小　　　　　　　C. 不变　　　　　　　D. 不确定

2. 正常操作下的逆流吸收塔，因某种原因使液体量减少以至液气比小于原定的最小液气比时，下列哪些情况将发生？（　　　　）

A. 出塔液体浓度增加，回收率增加

B. 出塔气体浓度增加，但出塔液体浓度不变

C. 出塔气体浓度与出塔液体浓度均增加

D. 在塔下部将发生解吸现象

3. 吸收塔尾气超标，可能引起的原因是（　　）。

A. 塔压增大　　　　　　　　　　　　B. 吸收剂降温

C. 吸收剂用量增大　　　　　　　　　D. 吸收剂纯度下降

4. 用纯溶剂吸收混合气中的溶质。逆流操作，平衡关系满足亨利定律。若入塔气体浓度 Y_1 上升，而其他入塔条件不变，则气体出塔浓度 Y_2 和吸收率 η 的变化为（　　　）。

A. Y_2 上升，η 下降　　　　　　　　B. Y_2 下降，η 上升

C. Y_2 上升，η 不变　　　　　　　　D. Y_2 上升，η 变化不确定

5. 在吸收塔操作过程中，当吸收剂用量增加时，出塔溶液浓度（　　　），尾气中溶质浓度（　　）。

A. 下降，下降　　　B. 增高，增高　　　C. 下降，增高　　　D. 增高，下降

6. 吸收操作过程中，在塔的负荷范围内，当混合气处理量增大时，为保持回收率不变，可采取的措施有（　　　）。

A. 减小吸收剂用量　　　　　　　　　B. 增大吸收剂用量

C. 增加操作温度　　　　　　　　　　D. 减小操作压力

7. 吸收塔开车操作时，应（　　　）。

A. 先通入气体后进入喷淋液体　　　　B. 增大喷淋量总是有利于吸收操作的

C. 先进入喷淋液体后通入气体　　　　D. 先进气体或液体都可以

8. 在吸收操作中，吸收剂（如水）用量突然下降，产生的原因可能是（　　　　）。

A．溶液槽液位低、泵抽空   B．水压低或停水

C．水泵坏   D．以上三种原因

9．在吸收操作中，塔内液面波动，产生的原因可能是（   ）。

A．原料气压力波动   B．吸收剂用量波动

C．液面调节器出故障   D．以上三种原因

10．对于吸收来说，当其他条件一定时，溶液出口浓度越低，则下列说法正确的是（   ）。

A．吸收剂用量减小，吸收推动力将减小   B．吸收剂用量减小，吸收推动力增加

C．吸收剂用量增大，吸收推动力将减小   D．吸收剂用量增大，吸收推动力增加

二、判断题

（   ）1．正常操作的逆流吸收塔，因故吸收剂入塔量减少，致使液气比小于原定的最小液气比，则吸收过程无法进行。

（   ）2．吸收塔在停车时，先卸压至常压后方可停止吸收剂。

（   ）3．填料塔开车时，总是先用较大的吸收剂流量来润湿填料表面，甚至淹塔，然后再调节到正常的吸收剂用量，这样吸收效果较好。

（   ）4．当吸收剂的喷淋密度过小时，可以适当增加填料层高度来补偿。

任务6 其他吸收操作

 教学目标

知识目标：

1．掌握非等温吸收、化学吸收原理、特点及应用场合；

2．了解多组分吸收。

能力目标：

能根据物系特点选择合适的分离方法。

素质目标：

具有质量意识，节能意识；树立工程观念。

> **思政育人要素：**
>
> 围绕实施"双碳"战略，介绍 CO_2 化学吸收系统污染物排放与控制研究进展，了解先进碳捕集工艺，树立绿色化工理念。

 相关知识

前面学习了低浓度单组分的等温物理吸收的过程与操作。在此基础上，这里再对其他吸收过程分别作概略的介绍。

一、非等温吸收

1．温度升高对吸收过程的影响

温度升高对吸收过程的影响主要有两个方面。

（1）改变气液平衡关系   当温度升高时，气体的溶解度降低，改变了气液平衡关系，对吸收过程不利，因此，对于溶解热很大的吸收过程，比如用水吸收氯化氢等，就必须采取措施移出热量，以控制系统温度。工业生产中常采用的措施前已述及，这里不再赘述。

（2）改变吸收速率 吸收系统温度的升高，对气膜吸收系数和液膜吸收系数影响的程度是不同的，因此，温度变化对不同吸收过程吸收速率的影响也是不同的。

一般而言，温度升高使气膜吸收系数下降，故某些由气膜控制的吸收过程，应尽可能在较低的温度下操作。

对于液膜控制的吸收过程，温度的升高将有利于吸收过程的进行。因为，温度升高，液体的黏度减小，扩散系数增大，因此液膜吸收系数增大。

一般情况下，温度对液膜吸收系数的影响程度要比气膜吸收系数大得多，而且对于化学吸收，温度升高还可加快反应速率，所以对于某些由液膜控制的吸收过程及化学吸收，适当提高吸收系统的温度，对吸收速率的提高是有利的。

2. 实际平衡线的确定

吸收塔内液体温度是在沿塔下流过程中逐渐上升的，特别流到近塔底处时，气体浓度大、吸收速率快，温度的上升也最明显，这使平衡曲线越来越陡。因此，在热效应较大时，吸收塔内的实际平衡曲线不应按塔顶、塔底的平均温度来计算，而应当从塔顶到塔底，逐步地由液体浓度变化的热效应算出其温度，再作出实际平衡线。

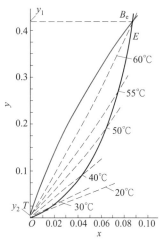

图 2-33 非等温吸收的平衡线及最小液气比时的操作线

如图 2-33 所示为用水绝热吸收氨气时由于系统温度升高而使平衡曲线位置逐渐变化的情况。水在进入塔顶时温度为 20℃，在沿填料表面下降的过程中不断吸收氨气，其组成和温度互相对应地逐渐升高。由氨在水中的溶解热数据便可确定某液相组成下的液相温度，进而可确定该条件下的平衡点，再将各点连接起来即可得到变温情况下的平衡曲线，如图 2-33 中曲线 OE 所示。

二、化学吸收

在实际生产中，多数吸收过程都伴有化学反应。伴有显著化学反应的吸收过程称为化学吸收。例如用 $NaOH$ 或 Na_2CO_3、NH_4OH 等水溶液吸收 CO_2 或 SO_2、H_2S 以及用硫酸吸收氨，等等，都属于化学吸收。

溶质首先由气相主体扩散至气液界面，随后在由界面向液相主体扩散的过程中，与吸收剂或液相中的其他某种活泼组分发生化学反应。因此，溶质的浓度沿扩散途径的变化情况不仅与其自身的扩散速率有关，而且与液相中活泼组分的反向扩散速率、化学反应速率以及反应产物的扩散速率等因素有关。这就使得化学吸收的速率关系十分复杂。总的来说，由于化学反应消耗了进入液相中的溶质，使溶质的有效溶解度增大而平衡分压降低，增大了吸收过程的推动力；同时，由于溶质在液膜内扩散中途即因化学反应而消耗，使传质阻力减小，吸收系数相应增大。所以，发生化学反应总会使吸收速率得到不同程度的提高。但是，提高的程度又依不同情况而有很大差异。

当液体中活泼组分的浓度足够大，而且发生的是快速不可逆反应时，溶质组分进入液相后立即反应而被消耗掉，则界面上的溶质分压为零，吸收过程速率为气膜中的扩散阻力所控制，可按气膜控制的物理吸收计算。例如硫酸吸收氨的过程即属此种情况。

当反应速率较低致使反应主要在液相主体中进行时，吸收过程中气液两膜的扩散阻力均未有所变化，仅在液相主体中因化学反应而使溶质浓度降低，过程的总推动力较单纯物理吸收的大。用碳酸钠水溶液吸收二氧化碳的过程即属此种情况。

情况介于上述二者之间时的吸收速率计算，目前仍无可靠的一般方法，设计时往往依靠实测数据。

综上所述，化学吸收与物理吸收相比具有以下特点。

① 吸收过程的推动力增大。

② 传质系数有所提高。以上特点使化学吸收特别适用于难溶气体的吸收（即液膜控制系统）。

③ 吸收剂用量较小。化学吸收中单位体积吸收剂往往能吸收大量的溶质，故能有效地减少吸收剂的用量或循环量，从而降低能耗及某些有价值的惰性气体的溶解损失。

但是，化学吸收的优点并非是绝对的，主要在于化学反应虽有利于吸收，但往往不利于解吸。如果反应不可逆，吸收剂就不能循环使用；此外，反应速率的快慢也会影响吸收的效果。所以，化学吸收剂的选择要注意有较快的反应速率和反应的可逆性。

知识拓展

多组分吸收

多组分吸收是实际生产中最常遇到的情况。

多组分吸收过程中，由于其他组分的存在使得溶质在气液两相中的平衡关系发生了变化，所以多组分吸收的计算较单组分吸收过程复杂。但是对于喷淋量很大的低浓度气体吸收，可以忽略溶质间的相互干扰，其平衡关系仍可认为服从亨利定律，因而可分别对各吸收质组分进行单独计算。不同吸收质组分的相平衡常数不相同，在进、出吸收设备的气体中各组分的含量也不相同，因此，每一吸收质组分都有平衡线和操作线。这样，按不同吸收质组分计算出的填料层高度是不相同的。为此，工程上提出了"关键组分"的概念。

关键组分是指在吸收操作中必须首先保证其吸收率达到预定指标的组分。如处理石油裂解气中的油吸收塔，其主要目的是回收裂解气中的乙烯，乙烯即为此过程的关键组分，生产上一般要求乙烯的回收率达 98% ～ 99%，这是必须保证达到的。因此，此过程虽属多组分吸收，但在计算时，则可视为用油吸收混合气中乙烯的单组分吸收过程。

在多组分吸收过程中，为了提高吸收液中溶质的含量，可以采用吸收蒸出流程，如图 2-34 所示为用油吸收分离裂解气，该塔的上部是吸收塔，下部是汽提塔，裂解气由塔的中部进入，用 C_4 馏分作吸收液，吸收裂解气中的 C_1 ～ C_3 馏分，吸收液通过下塔段蒸出甲烷、氢等气体，使塔釜得到纯度较高的 C_2 ～ C_3 馏分。塔釜抽出的吸收液进入 C_2、C_3 分离塔，使油分达到分离目的。

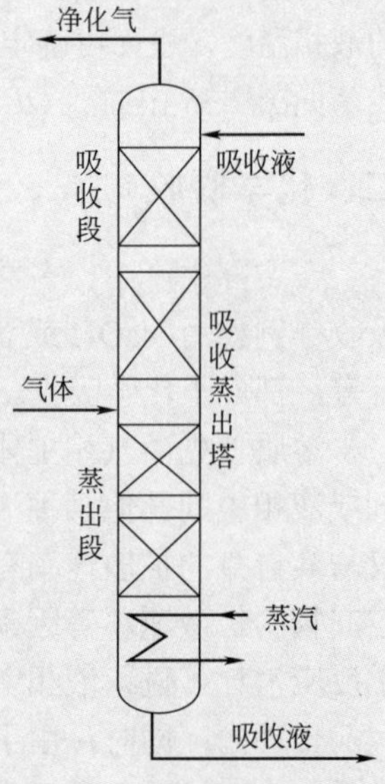

图 2-34 吸收蒸出流程

在单组分吸收过程中，若惰性气体稍有溶解，实际上也是多组分吸收过程。例如合成氨厂以加压吸收的方法从变换气中脱除 CO_2 时，N_2、H_2 等气体也稍有溶解，造成了 N_2、H_2 损失以及回收的 CO_2 纯度不高。这些问题有时可用多级减压解吸的方法解决。由于难溶气体的亨利系数大，在减压解吸时优先释放，故可设置中压解吸装置以回收 N_2、H_2 气体，然后在低压下解吸回收 CO_2 气体。

 考核评价

其他吸收操作		
工作任务	**考核内容**	**考核要点**
其他吸收操作	基础知识	非等温吸收、化学吸收特点、应用场合
	能力训练	学习生产案例和生活实例
职业素养		节能意识，经济意识

 自测练习

一、选择题

1. 在吸收过程中，若有明显的化学反应，则称此吸收过程为（   ）。

A. 物理吸收　　　　　　B. 化学吸收　　　　　　C. 恒温吸收　　　　　　D. 变温吸收

2. 用洗油分离焦炉气中的苯、甲苯、二甲苯等操作属于（   ）。

A. 单组分吸收　　　　　B. 多组分吸收　　　　　C. 两组分精馏　　　　　D. 多组分精馏

3. 多组分吸收操作中的关键组分有（   ）个。

A. 一个　　　　　　　　B. 两个　　　　　　　　C. 多个　　　　　　　　D. 不一定

4. 化学吸收与物理吸收相比吸收过程的推动力（   ）。

A. 减少　　　　　　　　B. 增大　　　　　　　　C. 不变　　　　　　　　D. 不一定

5. 高浓度气体吸收时，吸收系数沿塔高（   ）。

A. 减少　　　　　　　　B. 增大　　　　　　　　C. 不变　　　　　　　　D. 不一定

二、简答题

1. 什么是关键组分？其在多组分吸收操作中的意义是什么？

2. 与物理吸收比较，化学吸收的特点是什么？

项目 3
萃取技术

液–液萃取简称萃取，工业生产中又称为抽提，是用于均相液体混合物分离的一种单元操作。它是通过向混合液中加入溶剂来造成两相液体物系，利用混合液中各组分在所选定的溶剂中溶解度的差异而使各组分分离的操作。

例如向溴水中加入四氯化碳溶剂并充分搅拌或振荡，静置分层，四氯化碳层在下方，里面溶解了大量的溴，同时上面的水层颜色变得很浅，其中只有少量的溴。这是因为溴不易溶于水，而易溶于有机溶剂，所以用四氯化碳溶剂可以把溴从其水溶液中萃取出来。

通常将液体混合物称为原料液，所选用的溶剂称为萃取剂或溶剂，其中较易溶于萃取剂的组分称为溶质，较难溶的组分称为原溶剂或稀释剂，萃取操作中所得到的溶液称为萃取相，工业上又叫提取液，其成分主要是萃取剂和溶质，剩余的溶液称为萃余相，工业上又叫提余液，其成分主要是稀释剂，还含有残余的溶质等组分。

萃取在石油化工生产中应用较为广泛，例如用环丁砜萃取重整装置的芳香烃混合物，用糠醛作萃取剂精制润滑油等。在生化制药过程和精细化工生产中，生成的复杂有机混合液体大多为热敏性混合物，使用合适的萃取剂进行萃取，可以避免热敏性物料受热分解，提高了有效物质的利用率，萃取操作已在制药工业和精细化工中占有重要的地位，例如青霉素的生产，用玉米发酵得到的含青霉素的发酵液，经过多次萃取可得到青霉素的浓溶液。萃取在湿法冶金中也应用广泛，对于价格昂贵的有色金属，如钴、镍、锆等，都应优先考虑溶剂萃取法，有色金属已逐渐成为萃取应用的领域。

如果萃取过程中，萃取剂与溶质不发生化学反应而仅为物理传递过程，称为物理萃取，反之称为化学萃取。本项目主要讨论物理萃取。

任务 1　认识萃取装置

 教学目标

知识目标：
1. 掌握萃取基本概念；
2. 熟悉萃取分类；

3．了解萃取在化工生产中的应用；

4．掌握萃取设备种类、构造特点；

5．掌握萃取流程。

能力目标：

1．认识萃取主要设备及基本工艺流程；

2．能识读、绘制萃取工艺流程图；

3．能够正确使用和佩戴劳动防护用品；

4．能识记操作现场的安全警示标志。

素质目标：

具有安全意识，具有团结协作精神、具有严谨细致的工作作风。

> **思政育人要素：**
>
> 　　介绍萃取技术的广泛应用和发展及动态，培养行业自信心，培养爱国主义精神，达到价值引领的育人目标。

相关知识

一、萃取基本过程及生产案例

1．萃取基本过程

如图 3-1 所示的萃取操作中，将原料液和萃取剂 S 加入混合器中，则器内存在两个液相。然后进行搅拌，使一个液相以小液滴形式分散于另一液相中，造成很大的相际接触面积，使溶质 A 由原溶剂 B 中向萃取剂 S 中扩散。两相充分接触后，停止搅拌并送入澄清器，两液相因密度差自行沉降分层。萃取相 E 以萃取剂 S 为主，并溶有大量的溶质 A。萃余相 R 以原溶剂 B 为主，并含有未被萃取的溶

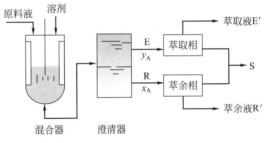

图 3-1　萃取操作示意图

质 A。若萃取剂 S 与原溶剂 B 部分互溶，则萃取相中还含有少量的 B，萃余相中还含有少量的 S。

由于萃取相和萃余相均是混合物，萃取操作并未最后完成分离任务。为了得到 A，并回收萃取剂以供循环使用，还需脱除萃取相和萃余相中的萃取剂 S，此过程称为溶剂回收（或再生），得到的两相分别称为萃取液 E′ 和萃余液 R′。

完整的液 – 液萃取过程应由以下三部分组成：

① 原料液与萃取剂充分混合，使溶质由原溶剂中转溶到萃取剂中；

② 萃取相和萃余相的分离；

③ 回收萃取相和萃余相中的萃取剂，使之循环使用，同时得到产品。

若萃取剂 S 与原溶剂 B 完全不互溶，则萃取过程与吸收过程十分类似，所不同的是吸收处理的是气 - 液两相而萃取则是液 - 液两相，这一差别使萃取设备的构型有别于吸收。

2．萃取生产案例

在重整装置生产芳烃时，为获得高纯度的单体芳烃，首先必须把重整生成油中的芳烃与非芳烃分离。前已述及，芳烃与非芳烃分离用精馏方法难以分离，应用最广泛的是将重整

生成油以溶剂进行萃取的方法提取出其中的芳烃。以二乙二醇醚类为溶剂的抽提工艺流程如图 3-2 所示。

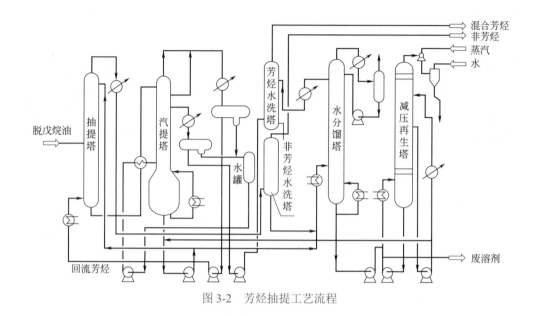

图 3-2　芳烃抽提工艺流程

　　来自重整部分的脱戊烷油经换热进入抽提塔中部，含水约 5% ～ 8%（质量分数）的二乙二醇醚溶剂（贫溶剂）从抽提塔顶部喷入，塔底打入回流芳烃（含芳烃 70% ～ 85%，其余为 C_6 的非芳烃）。经逆向流动抽提后，塔顶引出提余液（非芳烃），塔底引出提取液（富溶剂）。提取液借本身的压力经换热流入汽提塔顶部的闪蒸罐，由于压力突然降低，使得提取液中的轻质非芳烃、部分芳烃和水蒸发出去，没有被蒸发的液体流入汽提塔上部进行蒸馏。在塔顶部蒸出的芳烃因含有少量非芳烃，冷凝冷却后进入回流芳烃罐分出水后，打入抽提塔底部作回流芳烃。汽提塔底部的贫溶剂绝大部分送回抽提塔循环使用，小部分送到水分馏塔和减压再生塔进行溶剂再生。芳烃产品自塔上部侧线以气相引出（液相有可能带出过多的溶剂），经冷凝脱水后打入芳烃水洗塔，水洗除去残余溶剂。在水洗塔顶得到纯度合适的混合芳烃送至芳烃精馏部分进一步分离成单体芳烃。抽提塔顶的提余液送入非芳烃水洗塔洗去少量溶剂，在塔顶得到非芳烃。

　　芳烃水洗塔和非芳烃水洗塔均为筛板抽提塔。由于水能与二乙二醇醚无限互溶，从而用抽提方法从芳烃或非芳烃中提取溶剂。在水洗塔中，水是连续相，自上而下流动；芳烃（或非芳烃）是分散相，由下往上流动。

二、萃取流程

　　按原料液和萃取剂的接触方式可分为两类：即级式接触萃取和连续接触萃取。

　　1. 单级萃取操作

　　图 3-3 为单级混合澄清器。原料液和萃取剂加入混合器，在搅拌作用下两相发生密切接触进行相际传质，由混合器流出的两相在澄清器内分层，得到萃取相和萃余相并分别排出。

2. 多级萃取操作

若单级萃取得到的萃余相中还有部分溶质需进一步提取，可以采用多个混合澄清器实现多级接触萃取。**常见的多级萃取有三种。**

错流萃取是实验室常用的萃取流程。其流程示意图如图 3-4（a）所示，两液相在每一级上充分混合经一定时间达到平衡，然后将两相分离。操作时在每一级都加入溶剂，新鲜原料仅在第一级加入。萃取相从每一级引出，萃余相依次进入下一级，继续萃取过程。这种操作方式传质推动力大，只要级数足够多，最终可得到溶质组成很低的萃余相。错流萃取的缺点是需要使用大量溶剂，并且要想使萃取相中溶质浓度足够高，需要很多的级数，因此很少应用于工业生产。

逆流萃取是工业上广泛应用的流程，如图 3-4（b）所示。溶剂 S 从串级的一端加入，原料 F 从另一端加入，两相在各级内逆流接触，溶剂从原料中萃取一个或多个组分。如果萃取器由若干个独立的实际级组成，那么每一级都要分离萃取相和萃余相。如果萃取器是微分设备，则在整个设备中，一相是连续相，而另一相是分散相，分散相在流出设备前积累。

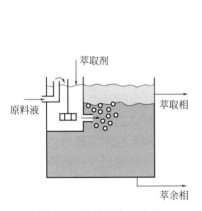

图 3-3　单级混合澄清器

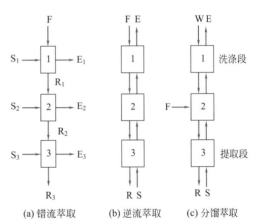

(a) 错流萃取　　(b) 逆流萃取　　(c) 分馏萃取

图 3-4　多级萃取过程

分馏萃取又叫双溶剂萃取，是两个不互溶的溶剂相在萃取器中逆流接触的过程，可以使原料混合物中至少有两个组分获得较完全的分离，如图 3-4（c）所示。分馏萃取需选择一种新溶剂 W，这种溶剂对溶质溶解度较小，对原溶剂溶解度较大，且和萃取溶剂 S 部分互溶或完全不溶。此溶剂作为洗涤溶剂，在逆流萃取塔顶加入。原料液 F 从塔中适宜位置引入，萃取溶剂 S 从塔底加入。进料级将塔分为两段。进料级以下包括进料级在内的塔段称为提取段（又叫萃取段），进料级以上称为洗涤段。萃取段就是常规的多级逆流萃取，从萃取段流出的萃取相在洗涤段逐渐上升，和流下的洗涤溶剂多次逆向接触时，萃取相中原溶剂组分 B 则向"萃余相"——洗涤溶剂转移，从而使萃取相在洗涤段上升过程中经多次洗涤，原溶剂组分 B 含量不断下降，因此混合物得到进一步分离。当洗涤溶剂降到萃取段时，由于其对萃余相中原溶剂组分具有较强的溶解能力，从而抑制了萃余相中原溶剂向萃取相的转移，促进了溶质和原溶剂在萃取段的分离。

三、萃取操作的特点

① 萃取分离液体混合物的依据是利用混合物中各组分在萃取剂中的溶解度的差异。故希

望萃取剂对溶质应有较大的溶解度，而与原溶剂的互溶度越小越好。**因此萃取剂选择是否适宜，是萃取过程能否进行的关键之一。**

若原料液由 A、B 两组分组成，欲将其分离，选用萃取剂 S。萃取剂必须满足以下两点：萃取剂对原料液中各组分具有不同的溶解能力；萃取剂不能与原料液完全互溶，只能部分互溶。也就是说，萃取剂 S 对溶质 A 有较大的溶解度，而对原溶剂 B 应是完全不互溶或部分互溶。

② **萃取过程本身并未直接完成分离任务，而是将较难分离的液体混合物，借助萃取剂的作用，转化为较易分离的液体混合物。**而萃取剂一般用量较大，所以萃取剂应是廉价易得，易回收（再生）循环使用的。萃取剂的回收往往是萃取操作不可缺少的部分，通常采用蒸馏或蒸发的方法进行萃取剂的回收。这两个单元操作耗能都很大，所以尽可能选择回收方便且回收费用较低的萃取剂，以降低萃取过程的成本。

对于不同情况下的液体混合物进行分离，是采用蒸馏还是萃取操作，往往要进行详细的技术经济比较。

③ **萃取过程是溶质从一个液相转移到另一个液相的相际传质过程**，原料液与萃取剂必须充分混合、密切接触。为利于相对流动与分层，要求两相必须具有一定的密度差。由于液 - 液两相密度差远不及气 - 液两相那样悬殊，故两相接触及分离不如吸收过程容易。在萃取过程中，除了借助重力外，常常还需借助外界输入机械能以促进两相的分散、凝聚及流动。

一般来说，在以下几种情况下采取萃取分离方法较为有利。

① 溶液中各组分的沸点非常接近，或者说组分之间的相对挥发度接近于 1。

② 混合液中的组成能形成恒沸物，用一般的蒸馏不能得到所需的纯度。

③ 混合液中要回收的组分是热敏性物质，受热易于分解、聚合或发生其他化学变化。

④ 需分离的组分浓度很低且沸点比稀释剂高，用蒸馏方法需蒸馏出大量稀释剂，耗能量很多。

四、萃取设备

液 - 液萃取操作是两液相间的传质过程。萃取操作的设备应满足以下两个基本要求：

① **必须使两相充分接触并伴有较高的湍动；**

② **传质后的两相快速、彻底地分离。**

对于液 - 液系统，为实现两相的密切接触和快速分离要比气 - 液系统困难多。通常萃取过程中一个液相为连续相，另一相为分散相，以液滴的形式分散于连续相中，液滴外表面即为两相接触的传质面积。显然液滴越小，两相接触面积越大，传质越快。但液滴越小，两相的相对流动越慢，有时甚至发生乳化，凝聚分层越困难。**在很多情况下，萃取后液 - 液两相能否顺利分层是制约萃取操作的一个重要因素。**

液 - 液传质设备的类型较多。按两相接触方式分，可分为分级接触式和连续接触式；按操作方式分，可分为间歇式和连续式；按萃取级数分，可分为单级和多级；按有无外加能量分，可分为有外加能量加入和无外加能量加入，等等。表 3-1 列出几种常用的萃取设备。目前，在工业生产中已有三十几种不同形式的萃取设备在运转，下面介绍几种常用的萃取设备。

表 3-1 萃取设备分类

液体分散的动力		逐级接触式	分散接触式
密度差		筛板塔	喷洒塔、填料塔
外加能量	脉冲	脉冲混合 - 澄清器	脉冲填料塔
			液体脉冲筛板塔
	旋转搅拌	混合澄清器 夏贝尔（Scheibel）塔	转盘塔（RDC）、偏心转盘塔（ARDC）、库尼塔（Kühni）
	往复搅拌	—	往复筛板塔
	离心力	卢威离心萃取器	POD 离心萃取器

（一）混合澄清器

混合澄清器是最早使用的，而且目前仍广泛应用的一种级式萃取设备，它由混合器与澄清器两部分组成，如图 3-5 所示。混合器中装有搅拌装置，使其中一相破碎成液滴而分散于另一相中，以加大相际接触面积并提高传质速率。两相在混合器内停留一定时间后，流入澄清器。在澄清器中，轻、重两相依靠密度差分离成萃取相和萃余相。混合澄清器可以单级使用，也可以多级联合使用。

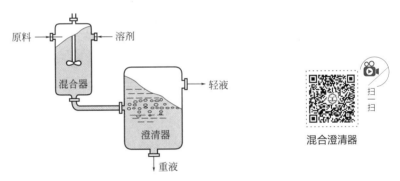

图 3-5 混合澄清设备

混合澄清器具有如下优点：处理量大，传质效率高，一般单级效率在 80% 以上；流量范围大，可适应各种生产规模；结构简单，易于放大，操作方便，运转稳定可靠，适应性强；可适用于多种物系，甚至是含少量悬浮固体物系的处理；易实现多级连续操作，便于调节级数。

混合澄清器的缺点是水平排列的设备占地面积大、萃取剂存留量大，每级内都设有搅拌装置，液体在级间流动需要用泵输送，设备费和操作费都较高。

（二）萃取塔

为了获得良好的传质效果，萃取塔应具有分散装置，以提供两相间较好的混合条件；同时塔顶、塔底均应有足够的分离空间，以使两相很好分层。由于使两相混合和分散所采取的措施不同，因此出现了不同结构形式的萃取塔。两相在塔内作逆流流动，除筛板塔外，萃取塔大都属于连续接触设备。下面介绍几种工业上常用的萃取塔。

1. 筛板萃取塔

筛板萃取塔是逐级接触式萃取设备，两相依靠密度差，在重力的作用下，进行分散和逆向流动。若以轻相为分散相，则其通过塔板上的筛孔而被分散成细小的液滴，与塔板上的连续相充分接触进行传质。穿过连续相的轻相液滴逐渐凝聚，并聚集于上层筛板的下侧，待两相分层后，轻相借助压力差的推动，再经筛孔分散，液滴表面得到更新，直至塔顶分层后排出。而连续相则横向流过塔板，在筛板上与分散相液滴接触传质后，由降液管流至下一层塔板，见图3-6（a）。若以重相为分散相，则重相穿过板上的筛孔，分散成液滴落入连续的轻相中进行传质，穿过轻液层的重相液滴逐渐凝聚，并聚集于下层筛板的上侧，轻相则连续地从筛板下侧横向流过，从升液管进入上层塔板，如图3-6（b）所示。可见，每一块筛板及板上空间的作用相当于一级混合澄清器。

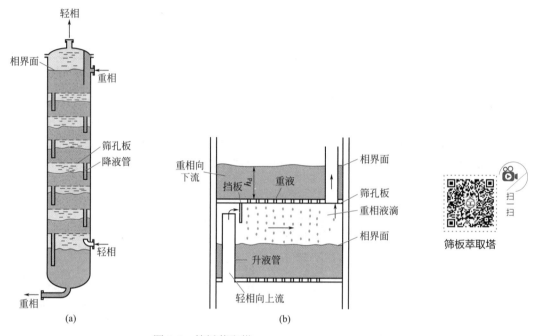

图 3-6 筛板萃取塔

筛板萃取塔由于塔板的存在，减小了轴向返混，同时由于分散相的多次分散和聚集，使液滴表面不断更新、传质效率比填料塔有所提高，而且筛板塔结构简单、造价低、生产能力大，因而应用较广。

2. 喷洒塔

喷洒塔又称喷淋塔，是最简单的萃取塔，如图3-7所示。轻、重两相分别从塔的底部和顶部进入。图3-7（a）是以重相为分散相，则重相经塔顶的分布装置分散为液滴进入连续相，在下流过程中与轻相接触进行传质，降至塔底分离段处凝聚形成重液层排出装置。连续相即轻相，由下部进入，上升到塔顶，与重相分离后由塔顶排出。图3-7（b）是以轻相为分散相，则轻相经塔底的分布装置分散为液滴进入连续相，在上升中与重相接触进行传质，轻相升至塔顶分离段处凝聚形成轻液层排出装置。而连续相即重相，由上部进入，沿轴向下流与轻相液滴接触，至塔底与轻相分离后排出。

喷洒塔结构简单，塔体内除液体分散装置外，无其他内部构件。缺点是轴向返混严重、传质效率极低，因而适用于仅需 1 ～ 2 个理论级、容易萃取的物系和分离要求不高的场合。

3. 填料萃取塔

填料萃取塔的结构与气液传质所用的填料塔基本相同，如图3-8所示。塔内装有适宜

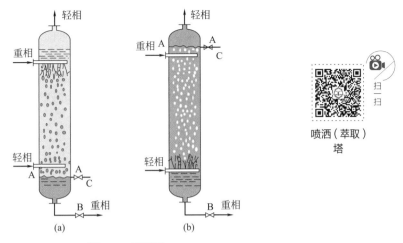

图 3-7　喷洒塔

的填料，轻相由底部进入，顶部排出，重相由顶部进入，底部排出。萃取操作时，连续相充满整个塔中，分散相由分布器分散成液滴进入填料层，在与连续相逆流接触中进行传质。

填料层的作用除可以使液滴不断发生凝聚与再分散，以促进液滴的表面更新外，还可以减少轴向返混。常用的填料有拉西环和弧鞍填料。

填料萃取塔结构简单、操作方便，适合于处理腐蚀性料液，缺点是传质效率低、不适合处理有固体悬浮物的料液，一般用于所需理论级数较少（如 3 个萃取理论级）的场合。

4. 脉冲筛板塔

脉冲筛板塔亦称液体脉动筛板塔，是指由于外力作用使液体在塔内产生脉冲运动的筛板塔，其结构与气液传质过程中无降液管的筛板塔类似，如图 3-9 所示。塔两端直径较大部分分别为上澄清段和下澄清段，中间为两相传质段，装有若干层具有小孔的筛板，板间距较小，一般为 50mm。在塔的下澄清段装有脉冲管，萃取操作时，由脉冲发生器提供的脉冲使塔内液体做上下往复运动，迫使液体经过筛板上的小孔，使分散相破碎成较小的液滴分散在连续相中，并形成强烈的湍动，使两相充分接触、混合，有利于传质过程的进行。输入脉冲的方式有活塞型、膜片型、风箱型、空气脉冲波型等。

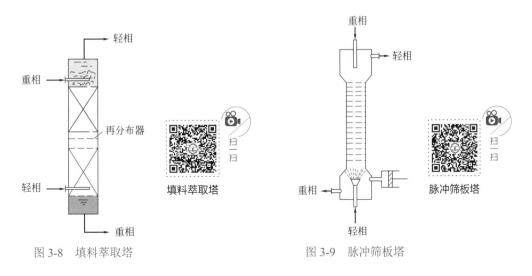

图 3-8　填料萃取塔　　　　　　　　　图 3-9　脉冲筛板塔

实践表明，萃取效率受脉冲频率影响较大，受振幅影响较小。一般认为频率较高、振幅较小的萃取效果较好。如脉冲过于激烈，将导致严重的轴向返混，传质效率反而下降。在脉冲萃取塔内，一般脉冲振幅的范围为 9 ~ 50mm，频率为 30 ~ 200min^{-1}。

脉冲筛板塔的优点是结构简单，而且液体的脉动提高了传质效率。缺点是塔的生产能力一般有所下降。因为在有液体脉动的塔中，液体的流速要比无脉动塔降低些，否则一相可能被另一相夹带出去。

5. 往复筛板塔

其结构如图 3-10 所示，将多层筛板按一定间距固定在中心轴上，筛板上不设溢流管，不与塔体相连。中心轴由塔顶的传动机构驱动而做往复运动，产生机械搅拌作用。筛板的孔径比筛板萃取塔的孔径大些，一般为 7 ~ 16mm。当筛板向上运动时，筛板上侧的液体经筛孔向下喷射；反之，当筛板向下运动时，筛板下侧的液体向上喷射。为防止液体沿筛板与塔壁间的缝隙走短路，应每隔若干块筛板，在塔内壁设置一块环形挡板。

往复筛板萃取塔可较大幅度地增加相际接触面积和提高液体的湍动程度、传质效率高、流体阻力小、操作方便、生产能力大，是一种性能较好的萃取设备，在生产中应用日益广泛。由于机械方面的原因，这种塔的直径受到一定限制，目前还不适应大型化生产的需要。

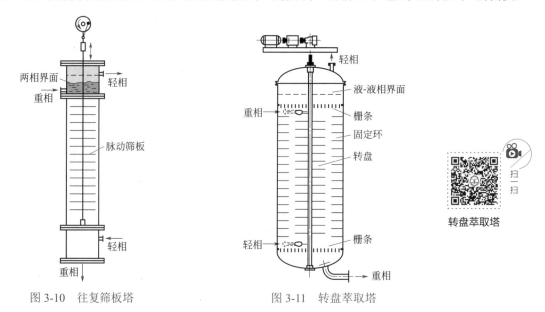

图 3-10　往复筛板塔　　　　图 3-11　转盘萃取塔

6. 转盘萃取塔

转盘萃取塔的基本结构如图 3-11 所示，在塔体内壁上按一定间距装有若干个环形挡板，称为固定环，固定环将塔内分割成若干个小空间。两固定环之间均装一转盘。转盘固定在中心轴上，转轴由塔顶的电机驱动。转盘的直径小于固定环的内径，以便于装卸。

萃取操作时，转盘随中心轴高速旋转，其在液体中产生的剪应力将分散相破碎成许多细小的液滴，在液相中产生强烈的涡旋运动，从而增大了相际接触面积和传质系数。同时固定环的存在在一定程度上抑制了轴向返混，因而转盘萃取塔的传质效率较高。转盘萃取塔结构简单、传质效率高、生产能力大。

（三）离心萃取器

离心萃取器是利用离心力的作用使两相快速混合、快速分离的萃取装置。离心萃取器的类型较多，按两相接触方式可分为分级接触式和连续接触式两类。

分级接触式的离心萃取器相当于在离心分离器内加上搅拌装置，形成单级或多级的离心萃取系统，两相的作用过程和混合澄清器类似。而在连续接触式离心萃取器中，两相接触方式则与连续逆流萃取塔类似。如波德式离心萃取器是一种连续接触式的萃取设备，简称 POD 离心萃取器，其结构如图 3-12 所示。它由一水平转轴和随其高速旋转的圆柱形转鼓以及固定的外壳组成。转鼓由一多孔的长带卷绕而成，其转速很高，一般为 2000 ～ 5000r/min，操作时轻、重液体分别由转鼓外缘和转鼓中心引入。由于转鼓旋转时产生的离心力作用，重液从中心向外流动，轻液则从外缘向中心流动，通过螺旋带上的各层筛孔被分散，两相逆流流动密切接触进行传质。最后重液和轻液分别由位于转鼓外缘和转鼓中心的出口通道流出。它适合于处理两相密度差很小或易乳化的物系。波德式离心萃取器的传质效率很高，其理论级数可达 3 ～ 12。

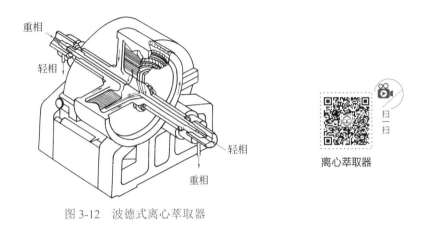

图 3-12 波德式离心萃取器

离心萃取器的优点是结构紧凑、体积小、生产强度高、物料停留时间短、分离效果好，特别适用于两相密度差小、易乳化、难分离及要求接触时间短、处理量小的场合。缺点是结构复杂、制造困难、操作费高。

技能训练

查摸萃取流程

1. 训练要求

① 观察萃取装置的构成，了解各设备作用。

② 查摸并叙述萃取流程。

2. 实训装置

图 3-13 为煤油 - 苯甲酸溶液萃取装置工艺流程图。重相储槽（V205）有液位为 1/2 ～ 2/3 的清水，经重相泵（萃取剂泵）（P202）由上部加入萃取塔内，形成并维持萃取剂循环状态，轻相储槽（V203）内有液位为 1/2 ～ 2/3 的约 1% 苯甲酸 - 煤油溶液，经轻相泵（原料泵）（P201）由下部加入萃取塔，通过控制合适的塔底重相（萃取相）采出流量（24 ～ 40L/h），维持塔顶轻相液位在视盅低端 1/3 处左右，高压气泵向萃取塔内加入空气，增大轻 - 重两相接触面积，加快轻 - 重相传质速率，系统稳定后，在轻相出口和重相出口处，取样分析苯甲酸含量，经过萃余分相罐（V206）分离后，轻相采出至萃余相储槽（V202），重相采出至萃取相储槽（V204）。

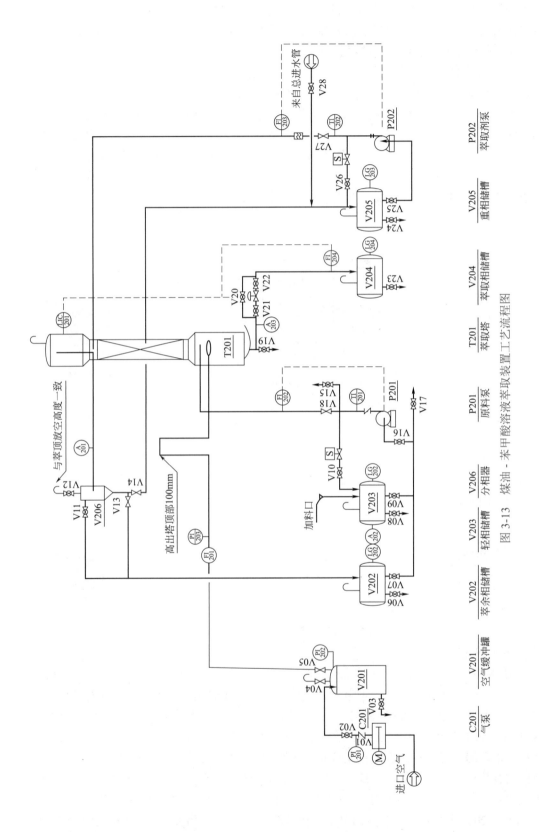

图 3-13　煤油 - 苯甲酸溶裕液萃取装置工艺流程图

该装置核心设备为萃取塔，在塔内进行煤油 - 苯甲酸溶液萃取分离，塔内装有不锈钢规整填料。其他为附属设备，详见表 3-2。

表 3-2 设备明细表

项目	名称	规格型号
工艺设备系统	空气缓冲罐	不锈钢，ϕ300mm×200mm
	萃取相储槽	不锈钢，ϕ400mm×600mm
	轻相储槽	不锈钢，ϕ400mm×600mm
	萃余相储槽	不锈钢，ϕ400mm×600mm
	重相储槽	不锈钢，ϕ400mm×600mm
	萃余分相罐	玻璃，ϕ125mm×320mm
	重相泵	计量泵，60L/h
	轻相泵	计量泵，60L/h
	萃取塔	玻璃主体，硬质玻璃ϕ125mm×1200mm；上、下扩大段不锈钢ϕ200mm×200mm；填料为不锈钢规整填料
	气泵	小型压缩机

3．安全生产技术

进入装置必须穿戴劳动防护用品，在指定区域正确戴上安全帽。在装置实训时不能动电源开关，不能动仪表柜各个开关。登梯前必须确保梯子支撑稳固，面向梯子上下并双手扶梯。

4．实训操作步骤

① 通过观察与之对应的实际装置，认识萃取塔、重相泵、轻相泵、气泵、储槽、罐及管路阀门、仪表等主要设备及器件，了解各设备作用。

② 查摸并叙述煤油 - 苯甲酸溶液萃取装置的流程。

③ 提炼并绘制萃取基本工艺流程。对萃取过程有了深入了解后，简化实际萃取装置工艺，提炼、绘制并叙述萃取基本工艺流程，强化对萃取工艺过程的理解。

④ 阐述填料萃取塔基本构造及特点。

 知识拓展

回流萃取

回流萃取在常规逆流塔的一端或两端设置回流装置。如图 3-14 所示，在塔上增加一个塔段，并在塔顶引入部分含溶质组成更高，且和萃取相不完全互溶的萃取液作为回流，此过程使萃取相进一步增浓。原料液从塔中适宜位置加入，溶剂从塔底加入。进料级以上称为洗涤段或增浓段；进料级及其以下塔段称为萃取段或提浓段。

在提浓段，萃取相组成逐渐上升，萃余相组成逐渐下降，两相在各级接触中实现萃取。萃取相进入增浓段后，在上升过程中，和流下的含溶质组成更高的回流液接触，进一步萃取，使萃取相中溶质组成继续增加，从塔顶引出萃取相后进行脱溶剂操作，获得的萃取液一部分返回塔顶作为回流，其余作为产品排出，溶剂返回塔底循环使用。增浓段的回流液进入

提浓段成为萃余相，在逐级下降过程中，和上升的萃取相逐级萃取，其溶质组成不断减少，当流到塔底时，组成降到最低。最后进行脱溶剂操作，溶剂返回系统循环使用。

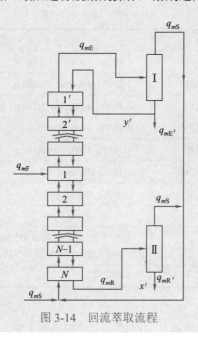

图 3-14　回流萃取流程

 考核评价

认识萃取装置			
工作任务	**考核内容**		**考核要点**
认识萃取装置	基础知识		萃取基本概念及在化工生产中的应用；萃取分类及特点；萃取设备种类、构造特点；萃取流程
	能力训练	准备工作	正确穿戴劳动防护用品
		现场考核	认识萃取流程中的主要设备，说明其作用； 查摸萃取基本流程； 正确绘制和叙述萃取流程；正确识读 PID 图
	职业素养		安全意识；严谨细致、遵规守纪、着装规范、团结协作

 自测练习

一、选择题

1. 与精馏操作相比，萃取操作不利的是（　　　）。

A．不能分离组分相对挥发度接近于 1 的混合液

B．分离低浓度组分消耗能量多

C．不易分离热敏性物质

D．流程比较复杂

2. 萃取操作包括若干步骤，除了（　　　）。

A. 原料预热 　　　　　　　　　　　B. 原料与萃取剂混合

C. 澄清分离 　　　　　　　　　　　D. 萃取剂回收

3. 利用液体混合物各组分在液体中溶解度的差异而使不同组分分离的操作称为（　　　）。

A. 蒸馏 　　　　B. 萃取 　　　　C. 吸收 　　　　D. 解吸

4. 萃取操作也称为（　　　），是（　　　）相间的传质过程。

A. 萃取精馏，气 - 液 　　　　　　　B. 抽提，液 - 液

C. 汽提，气 - 固 　　　　　　　　　D. 解吸，液 - 固

5. 在萃取过程中，所用的溶剂称为（　　　）。

A. 萃取剂 　　　　B. 稀释剂 　　　　C. 溶质 　　　　D. 萃取液

6. 下列不属于多级逆流接触萃取的特点是（　　　）。

A. 连续操作 　　　B. 平均推动力大 　　　C. 分离效率高 　　　D. 溶剂用量大

7. 能获得含溶质浓度很少的萃余相但得不到含溶质浓度很高的萃取相的是（　　　）。

A. 单级萃取流程 　　　　　　　　　B. 多级错流萃取流程

C. 多级逆流萃取流程 　　　　　　　D. 多级错流或逆流萃取流程

8. 多级逆流萃取与单级萃取比较，如果溶剂比、萃取相浓度一样，则多级逆流萃取可使萃余相浓度（　　　）。

A. 变大 　　　　B. 变小 　　　　C. 基本不变 　　　　D. 不确定

二、判断题

（　　　）1. 萃取剂对原料液中的溶质组分要有显著的溶解能力，对稀释剂必须不溶。

（　　　）2. 分离过程可以分为机械分离和传质分离过程两大类，萃取是机械分离过程。

（　　　）3. 萃取操作设备不仅需要混合能力，而且还应具有分离能力。

（　　　）4. 均相混合液中有热敏性组分，采用萃取方法可避免物料受热破坏。

（　　　）5. 在萃取操作中无相变过程。

任务2　萃取过程的基本原理

 教学目标

知识目标：

1. 理解萃取平衡理论，掌握萃取的液 - 液相平衡关系；

2. 掌握三角形相图结构及应用；

3. 掌握溶解度曲线、联结线、分配系数及分配曲线；

4. 掌握单级萃取基本计算；

5. 掌握萃取剂的选择性系数及萃取剂的选择原则；

6. 了解超临界流体萃取技术。

能力目标：

能应用液 - 液相平衡知识对萃取过程进行分析计算。

素质目标：

具有安全、环保、节能意识，具有社会责任感。

> **思政育人要素：**
>
> 1. 学习萃取剂的选择，树立环保、可持续发展、操作安全、低毒理念，体现人文关怀与社会责任担当，树立化工职业底线意识。
>
> 2. 了解超临界萃取在国民生产中的应用，建立行业自信心和职业自信。

相关知识

一、液－液萃取相平衡

萃取过程至少涉及三个组分，即溶质 A、原溶剂 B 和萃取剂 S。常见的情况是 S 与 B 部分互溶，于是萃取相 E 和萃余相 R 都含有三个组分，其平衡关系通常用三角形相图表示。常用的是等边三角形或直角三角形相图，其中以直角三角形最为简便。

1. 三角形相图

在三角形坐标图中常用质量百分数或质量分数表示混合物的组成。在直角三角形相图中，如图 3-15 所示，三个顶点分别表示三种纯组分，如图中 A 代表溶质 A 的组成为 100%，其他两组分的组成为零。B 点和 S 点分别代表纯的稀释剂和萃取剂。三角形三条边上的任一点表示一个二元混合物，如图中 AB 边上的 E 点，代表 A、B 二元混合物，其中 A 的组成为 30%，B 的组成为 70%，S 的组成为零。三角形内任一点表示一个三元混合物，如图中 M 代表由 A、B、S 三个组分组成的混合物。可先在两直角边上分别读出 A 的组成（过 M 点作水平线与 AB 边交于 E 点，可确定 A 的组成）和 S 的组成（过 M 点作垂线与 BS 边交于 F 点，可确定 S 的组成）。而 B 的组成可用 $x_A + x_B + x_S = 1$ 关系式求得（其中 x_A、x_B、x_S 分别代表三个组分的质量分数）。

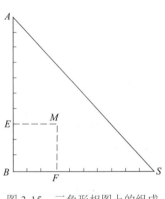

图 3-15　三角形相图上的组成表示

2. 相平衡关系在相图上的表示

（1）平衡类型　萃取处理三元混合液，按其组分之间互溶度的不同，可以分为三种类型。

① 溶质 A 可完全溶解于 B 和 S 中，而 B 和 S 不互溶。

② 溶质 A 可完全溶解于 B 和 S 中，但 B 和 S 只能部分互溶。

③ 溶质 A 与 B 完全互溶，B 和 S 部分互溶，A 和 S 部分互溶，形成一对以上的液相。

第一种情况较少见，属于理想的情况。生产实际中广泛遇到的是第二种情况。第三种情况会给萃取操作带来诸多不便，是应该避免的。

（2）溶解度曲线、联结线和临界混溶点　设原溶剂 B 与萃取剂 S 为部分互溶，在一定温度下，将 B 和 S 以适当比例混合，由 M 点表示。经过充分的接触和静置后，便得到两个互为平衡的液相，其组成如图 3-16 中的 E_0 点和 R_0 点所示。这两个互为平衡的液相称为共轭相，其相应的组成称为共轭组成。向此混合液中加入少量 A 并充分混合，使之达到新的平衡，静置后分层得到一对共轭相，其组成点为 E_1 和 R_1。然后继续加入溶质 A，重复上述操作，即可得到若干对共轭相的组成点 E_i 和 R_i，直至加入 A 的量使混合液恰好由两相变为一相，其组成点由 P 表示。再加入 A，混合液保持单一液相状态。P 点称为临界混溶点。将代表各平衡液相组成的点连接起来，便得到实验温度下该三元物系的溶解度曲线。

溶解度曲线将三角形分为两个区域。曲线以内的区域为两相区，只要三元物系的组成点落在此区域内，混合液分成两个液相。曲线以外的区域为单相区。显然，萃取操作只能在两相区内进行。

连接两共轭相组成点的直线称为联结线。同一物系的联结线的倾斜方向一般相同，但随溶质组成的变化，联结线的斜率各不相同，因而各联结线互不平行。也有少数物系联结线的倾斜方向不同。

临界混溶点 P 所代表的平衡液相无共轭相，相当于这一系统的临界状态。临界混溶点一般不在溶解度曲线的顶点，**它将溶解度曲线分为左右两部分。左侧是萃余相，右侧是萃取相。**

溶解度曲线、联结线和临界混溶点均由实验测得，常见物系的共轭组成实验数据可在有关书籍及手册中查得。

（3）辅助曲线　用实验方法获得的共轭相组成及绘制的联结线数目是有限的。在计算中，**当需要确定任一已知平衡液相的共轭相的数据时，常借助辅助曲线。** 辅助曲线的作法如图 3-17 所示，通过已知点 R_1、R_2 等分别作 BS 边的平行线，再通过相应联结线的另一端点 E_1、E_2 等分别作 AB 边的平行线，各线分别相交于 F、G 等，连接这些交点得到的曲线即为辅助曲线。辅助曲线与溶解度曲线的交点 P 为用作图法获得的临界混溶点。前已述及，临界混溶点由实验测得，只有当已知的联结线很短即共轭相接近临界混溶点时，才可用外延辅助线的方法确定临界混溶点。

利用辅助曲线可求任一已知平衡液相的共轭相，设 R 为已知平衡液相，用图解内插法可求出其共轭相 E 的液相组成。具体方法如下：过点 R 作 BS 边的平行线交辅助曲线于点 J，再过点 J 作 AB 边的平行线交溶解度曲线于点 E，则点 E 即为 R 的共轭相组成点。

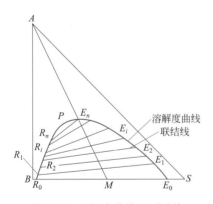

图 3-16　溶解度曲线和联结线

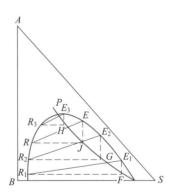

图 3-17　辅助曲线的作法

3．分配系数

在一定温度下，当三元混合液的两个液相达平衡时，溶质在 E 相与 R 相中的组成之比称为分配系数，以 k_A 表示，即：

$$k_A = y_A / x_A \tag{3-1}$$

同样，对于组分 B 也可写出相应的表达式，即：

$$k_B = y_B / x_B \tag{3-2}$$

式中　y_A，y_B——组分 A、B 在萃取相 E 中的质量分数；

x_A，x_B——组分 A、B 在萃余相 R 中的质量分数。

分配系数表达了某一组分在两个平衡液相中的分配关系。k_A 值愈大，萃取分离的效果愈好。 k_A 值与联结线的斜率有关，不同物系具有不同的分配系数值。同一物系，k_A 值随温度而变，在恒定温度下的 k_A 值随溶质 A 的组成而变，只有在温度变化不大或恒温条件下的 k_A 值才可近似视为常数。

4. 分配曲线

在萃取操作中，我们关心的是溶质 A 在液 - 液两相中的分配关系。如图 3-18 所示，若以 x_A 表示萃余相中溶质的组成，以 y_A 表示萃取相中溶质的组成，则在 x-y 直角坐标图上可得到表示一对共轭相组成的点（如图中 N 点），将若干个表示共轭相组成的点相连接即可得到一条曲线（ ONP 曲线），称为分配曲线。临界混溶点 P 的位置位于 $y=x$ 直线上。分配曲线反映了溶质 A 在平衡两相中的组成关系，即相平衡关系。

若物系的分配系数 $k_A > 1$，则在两相区内 y 均大于 x，分配曲线位于 $y=x$ 线上方，反之则位于 $y=x$ 线下方。若随溶质组成的变化，联结线倾斜方向发生改变，则分配曲线将与对角线出现交点。

分配曲线表达了溶质 A 在互为平衡的两共轭相中的分配关系。若已知某液相组成，则可根据分配曲线求出其共轭相的组成。

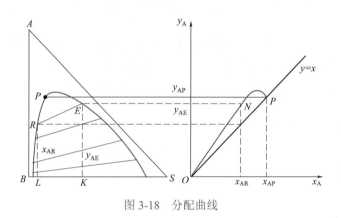

图 3-18　分配曲线

二、萃取物料平衡

萃取物料平衡遵循杠杆规则。

共轭相 E 和 R 的量，可以从相图中求取。如图 3-19 所示，设三角形相图内任一点 M 表示 E 相和 R 相混合后混合液的总组成，M 点称为和点，而 E 点和 R 点则称为差点。且 E、M、R 三点在一条直线上，各液相的质量间的关系可用杠杆规则来描述，即：

① 代表混合液总组成的 M 点及 E、R 点，应处于同一直线上。

② E 相与 R 相的量和线段 MR 与 ME 成比例。

E 相和 R 相的质量比为：

$$\frac{E}{R} = \frac{\overline{MR}}{\overline{ME}} \qquad\qquad (3\text{-}3)$$

式中　E, R——E相和R相的质量，kg；

$\overline{MR}$, $\overline{ME}$——线段 MR 与 ME 的长度。

图 3-19 中点 E、R 代表相应液相组成的坐标，而式（3-3）中的 R 及 E 代表相应液相的质量或质量流量，以后的内容均以此表示。

同理，若上述三元混合物（M 点）是由一双组分（A 和 B）混合物（F 点）与组分 S 混合而成的，则混合液总组成的坐标 M 点沿 SF 线而变，具体位置由杠杆规则确定，即：

$$\frac{\overline{MF}}{\overline{MS}} = \frac{S}{F} \qquad\qquad (3\text{-}4)$$

式中　S，F——S相和F相的质量，kg；

$\overline{MF}$，$\overline{MS}$——线段 MF 与 MS 的长度。

【例 3-1】 某三角形相图如本题附图所示，试求：（1）K，N，M 点的组成；（2）若组成为 C 和 D 的三元混合液的和点为 M，质量为 180kg，求 C 与 D 的质量各为多少？

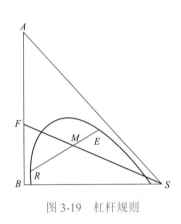

图 3-19　杠杆规则

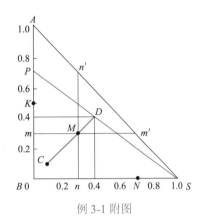

例 3-1 附图

解　（1）K 点在 AB 边上，故由 A、B 两组分组成，其中 $x_A = 0.5$，$x_B = 0.5$。

N 点在 BS 边上，故由 B、S 两组分组成，其中 $x_B = 0.3$，$x_S = 0.7$。

M 点在三角形内，故由 A、B、S 三组分组成，过 M 点作 BS 边平行线 mm'，作 AB 边平行线 nn'，则：

$$x_A = 0.3, \quad x_S = 0.3$$

$$x_B = 1 - x_A - x_S = 1 - 0.3 - 0.3 = 0.4$$

（2）由 CM、MD 两线段在 AB 边上的投影坐标可以得出，CM 长度是 MD 的两倍，根据杠杆规则：

$$\frac{C}{D} = \frac{\overline{MD}}{\overline{CM}} = \frac{1}{2}$$

而　　　　　　　　　　　$C + D = M = 180\text{kg}$

解得　　　　　　　　　　$C = 60\text{kg}$

$$D = 120\text{kg}$$

三、萃取剂的选择原则

选择适宜的萃取剂，是萃取操作能否顺利进行而且经济合理的关键。性能良好的萃取剂不仅可大大减少分离难度，而且可降低分离成本。选择适宜的萃取剂需要从以下方面考虑。

1. 萃取剂的选择性

萃取剂的选择性是指萃取剂 S 应对原料液中溶质 A 具有良好的溶解能力，同时又是原溶剂 B 的不良溶剂，也就是说萃取剂 S 对溶质 A 的溶解能力比对稀释剂 B 的溶解能力大得多，即萃取相中 y_A 比 y_B 大得多，萃余相中 x_B 比 x_A 大得多，这种对萃取剂选择性的要求可以用选择性系数 β 表示，即

$$\beta = \frac{A在萃取相中的质量分数}{B在萃取相中的质量分数} \bigg/ \frac{A在萃余相中的质量分数}{B在萃余相中的质量分数} = \frac{y_A}{y_B} \bigg/ \frac{x_A}{x_B} \tag{3-5}$$

式中　x_A，x_B——组分在萃余相R中的质量分数；

　　　y_A，y_B——组分在萃取相 E 中的质量分数；

　　　y_A/y_B——萃取相中 A、B 的组成之比；

　　　x_A/x_B——萃余相中 A、B 的组成之比。

将式（3-1）、式（3-2）代入式（3-5）中，得：

$$\beta = \frac{k_A}{k_B} \tag{3-6}$$

显然，$\beta > 1$，说明所获得的萃取相中溶质浓度较萃余相中的高，即组分 A、B 得到了一定程度的分离；若 $\beta = 1$，说明经萃取后，溶质 A 与原溶剂 B 两组成之比未发生变化，故达不到分离的目的，所选择的萃取剂是不适宜的。选择性系数 β 为组分 A、B 的分配系数之比，k_A 值越大，k_B 值越小，选择性系数 β 就越大，组分 A、B 的分离也就愈容易，相应的萃取剂的选择性也就愈好。此外，β 值愈大时将愈有利于萃取分离。萃取剂的选择性高，对溶质的溶解能力大，对于一定的分离任务，可减少萃取剂用量，降低回收溶剂操作的能量消耗，并且可获得高纯度的产品 A。

2. 密度

为使萃取相与萃余相能较快地分层，要求萃取剂与原溶剂有较大的密度差。对于依靠密度差使两相发生分散、混合和相对运动的萃取设备（如填料塔和筛板塔），密度差的增大也有利于传质，故在选择萃取剂时，应考虑其密度的相对大小，以保证两液相迅速分层。

3. 界面张力

萃取剂与原溶液、原溶剂之间的界面张力也对萃取操作有重要的影响。两液层间的界面张力同时取决于两种液体的物性，若物系的界面张力过小，则分散相的液滴很细，不易合并、集聚，严重时会产生乳化现象，因而难以分层；但如界面张力很大，液体又不易分散，单位体积液体内相际传质面积减小，不利于传质。因此，界面张力引起的影响在工程上是相互矛盾的。实际生产中，从提高设备的生产能力考虑，首先要满足易于分层的要求，一般不宜选择与原料液间界面张力过小的萃取剂。

4. 萃取剂回收的难易

萃取剂通常需回收循环使用，萃取剂回收的难易直接影响萃取的操作费用。分层后的萃取相及萃余相，通常以蒸馏法分别进行分离，故要求萃取剂与其他被分离组分间的相对挥发度大，特别是不应有恒沸物形成。若被萃取的溶质是不挥发的或挥发度很低的物质，可采用蒸发或闪蒸方法回收萃取剂。此时，希望萃取剂的汽化潜热要小，以减少热量消耗。

5. 其他

所选用的萃取剂还应满足稳定性好、腐蚀性小、无毒、不易着火、不易爆炸、来源容易、价格较低等要求。此外，还希望它的黏度小，以利于输送及传质；蒸气压低，以减少汽化损失。

一般来说，很难找到满足上述所有要求的萃取剂，而选择萃取剂又是萃取过程的首要问题，故应当充分了解可供选择的萃取剂的主要性质，再根据实际情况加以权衡、合理选择。

 技能训练

单级萃取工艺计算

【**例 3-2**】　如本题附图所示，在混合澄清器内萃取原料液 A、B 中的溶质 A，用 S 为萃取剂。已知原料液中 A 的质量分数为 0.4，原料液量与萃取剂量均为 150kg，操作条件下物系平衡关系如图所示。试求萃取相及萃余相的量及组成。

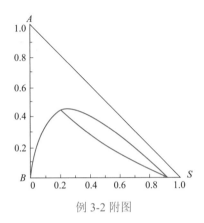

例 3-2 附图

解　由 $x_F = 0.4$，定出 F 点，联 FS 线，由于 $\dfrac{S}{F} = \dfrac{\overline{MF}}{\overline{MS}} = \dfrac{150}{150} = 1$，根据杠杆规则可定出 M 点位于 FS 线中间。

借助辅助曲线图解，求得过 M 点的联结线 ER，可得：

萃取相 E 组成　　$y_A = 0.25$

萃余相 R 组成　　$x_A = 0.13$

根据杠杆规则

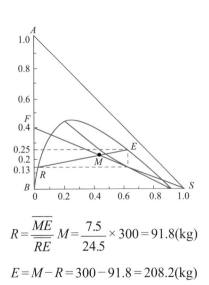

$$R = \frac{\overline{ME}}{\overline{RE}} M = \frac{7.5}{24.5} \times 300 = 91.8 (\text{kg})$$

$$E = M - R = 300 - 91.8 = 208.2 (\text{kg})$$

 知识拓展

超临界流体萃取技术

超临界流体萃取是以高压、高密度的超临界流体作为萃取剂，从液体或固体中萃取所需的组分，然后采用等温变压、等压变温或吸附等方法，将萃取剂与溶质分离的单元操作。

1. 基本原理

超临界流体是指温度及压力处于临界温度及临界压力以上的流体，它兼有液体和气体的优点，超临界流体的黏度小、扩散系数大、密度大，具有良好的溶解性和传质特性。

稳定的纯物质及由其组成的定组成混合物具有固有的临界状态点，临界状态点是气液不分的状态，混合物既有气体的性质，又有液体的性质。此状态点的温度 t_c、压力 p_c、密度 ρ 称为临界参数。在纯物质中，当操作温度超过它的临界温度，无论施加多大的压力，也不可能使其液化。所以 t_c 温度是气体可以液化的最高温度，临界温度下气体液化所需的最小压力 p_c 就是临界压力。

当物质温度较其临界值高出 $10 \sim 100℃$，压力为 $5 \sim 30MPa$ 时物质进入超临界状态。此时，压力稍有变化，就会引起密度的很大变化。超临界流体的密度接近于液体的密度，而黏度却接近于普通气体，自扩散能力比液体大 100 倍，渗透性更好。超临界流体对液体、固体的溶解度与液体溶剂的溶解度接近。

一般流体在超临界状态下，增加压力，溶解度都能大幅度增加，具有良好的溶解能力和选择性。如 CO_2 在 $45℃$、$7.6MPa$ 时不能溶解萘，当压力达到 $15.2MPa$，每升可溶解萘 50g。因此，可在高密度（低温、高压）条件下，萃取分离物质，然后只要降低超临界相的密度，如稍微提高温度或降低压力，即可将萃取剂与待分离物质分离。

超临界流体萃取剂，一般选用化学性质稳定、无腐蚀性、其临界温度不过高或过低的流体。超临界流体与被萃取物质的化学性质越相似，对它的溶解能力就越大。常见的超临界流体有 CO_2、NH_3、C_2H_4、C_3H_8、H_2O 等，目前国内外普遍采用的是超临界 CO_2 萃取技术。因为 CO_2 的临界温度为 304K，临界压力为 7.4MPa，萃取条件较为温和，其化学性质稳定，无毒，萃取后可以回收，不会造成溶剂残留，被称为"绿色溶剂"，适用于提取或精制热敏性、易氧化的物质，成为目前使用得最广泛的超临界流体，用于生物、医药、食品等工业的超临界萃取。

2. 超临界流体萃取的流程

超临界流体萃取的过程是由萃取阶段和分离阶段组合而成的。在萃取阶段，超临界流体将所需组分从原料中提取出来。在分离阶段，通过变化温度或压力等参数，或其他方法，使萃取组分从超临界流体中分离出来，并使萃取剂循环使用。根据分离方法不同，可以把超临界萃取流程分为：等温法、等压法和吸附法，如图 3-20 所示。

（1）等温法　等温法通过变化压力使萃取组分从超临界流体中分离出来。如图 3-20（a）所示，含有溶质的超临界流体经过膨胀阀后压力下降，其溶质的溶解度下降，溶质析出，由分离槽底部取出，充当萃取剂的气体则经压缩机送回萃取器循环使用。

（2）等压法　等压法利用温度的变化来实现溶质与萃取剂的分离。如图 3-20（b）所示，含溶质的超临界流体经加热升温使萃取剂与溶质分离，由分离槽下方取出溶质，作为萃取剂的气体经降温后送回萃取器使用。

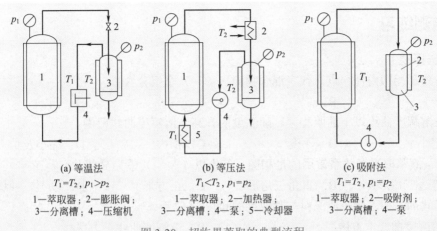

图 3-20 超临界萃取的典型流程

（3）吸附法 吸附法采用可吸附溶质而不吸附超临界流体的吸附剂使萃取物分离。萃取剂气体经压缩后循环使用，如图 3-20（c）所示。

3. 超临界流体萃取技术的特点

① 超临界萃取的操作温度不过高或过低，适用于提取或精制热敏性、易氧化的物质。

② 工艺流程简单，萃取剂和溶质分离简单，不需要溶剂回收设备，而且节省能耗。

③ 萃取效率高，过程易于调节。由于超临界流体兼有液体和气体的特性，具有良好的溶解能力和传质特性，在临界点附近，温度和压力的少量变化，就可以改变流体的溶解能力，将其溶解的溶质分离出来。

④ 超临界萃取过程具有萃取和精馏的双重特性，有可能分离一些难分离的物质。

⑤ 高压操作，对设备及工艺技术要求高，投资比较大。

4. 超临界流体萃取的应用

超临界流体萃取的分离速率远比液体萃取剂萃取快，可以实现高效的分离过程。超临界流体萃取作为一种新型的萃取分离技术，已广泛应用于生物、医药、食品、绿色化工、环保、能源等诸多领域，尤其在生物资源有效成分无污染提取方面，更是具有其他工艺无法实现的功能。如石油残渣中油品的回收，从发酵液中萃取乙醇、乙酸，从工业废水中萃取其他有机物，从木浆氧化废液中萃取香兰素，从柠檬皮油、大豆油中萃取有效成分，从咖啡豆中脱除咖啡因等。

 考核评价

萃取过程的基本原理		
工作任务	考核内容	考核要点
萃取过程的基本原理	基础知识	萃取的液 - 液相平衡；三角形相图结构及应用；溶解度曲线、联结线、分配系数及分配曲线；萃取基本计算；萃取剂的选择原则
	能力训练	1. 应用液 - 液相平衡知识对萃取过程进行分析； 2. 单级萃取工艺计算
	职业素养	经济意识，创新意识，建立科学方法论

自测练习

一、选择题

1. 三角形相图内任一点，代表混合物的（　　）个组分含量。

A. 一 　　　　　B. 二 　　　　　C. 三 　　　　　D. 四

2. 在溶解度曲线以下的两相区，随温度的升高，溶解度曲线范围会（　　）。

A. 缩小 　　　　B. 不变 　　　　C. 扩大 　　　　D. 缩小及扩大

3. 液-液萃取平衡关系常用的是相图，其中以（　　）最为简便。

A. 等边三角形 　　B. 直角三角形 　　C. 正方形 　　D. 以上三种均可以

4. 萃取剂的加入量应使原料与萃取剂的和点 M 位于（　　）。

A. 溶解度曲线上方区 　　　　　　　B. 溶解度曲线下方区

C. 任何位置均可 　　　　　　　　　D. 溶解度曲线上

5. 萃取中当出现（　　）时，说明萃取剂选择得不适宜。

A. $k_A > 1$ 　　　B. $k_A = 1$ 　　　C. $\beta > 1$ 　　　D. $y_A > x_A$

6. 单级萃取中，在维持料液组成 x_F、萃取相组成 y_A 不变条件下，若用含有一定溶质 A 的萃取剂代替纯溶剂，所得萃余相组成 x_R 将（　　）。

A. 增高 　　　　B. 减小 　　　　C. 不变 　　　　D. 不确定

7. 进行萃取操作时，应使溶质的分配系数（　　）1。

A. 等于 　　　　B. 大于 　　　　C. 小于 　　　　D. 无法判断

8. 分配曲线能表示（　　）。

A. 萃取剂和原溶剂两相的相对数量关系 　　B. 两相互溶情况

C. 被萃取组分在两相间的平衡分配关系 　　D. 都不是

9. 萃取剂的选择性（　　）。

A. 是液-液萃取分离能力的表征 　　　　B. 是液-固萃取分离能力的表征

C. 是吸收过程分离能力的表征 　　　　　D. 是吸附过程分离能力的表征

10. 有四种萃取剂，对溶质 A 和稀释剂 B 表现出下列特征，则最合适的萃取剂应选择（　　）。

A. 同时大量溶解 A 和 B 　　　　　　B. 对 A 和 B 的溶解都很少

C. 大量溶解 A，少量溶解 B 　　　　　D. 大量溶解 B，少量溶解 A

11. 对于同样的萃取回收率，单级萃取所需的溶剂量相比多级萃取（　　）。

A. 较小 　　　　B. 较大 　　　　C. 不确定 　　　　D. 相等

二、判断题

（　　）1. 萃取过程三元物系的溶解度曲线和联结线是根据实验数据来标绘的。

（　　）2. 单级萃取中，在维持料液组成、萃取相组成不变条件下，若用含有一定溶质 A 的萃取剂代替纯溶剂，所得萃余相组成将提高。

（　　）3. 含 A、B 两种成分的混合液，只有当分配系数大于 1 时，才能用萃取操作进行分离。

（　　）4. 萃取操作在溶解度曲线以外的单相区进行。

（　　）5. 液-液萃取中，萃取剂的用量无论如何，均能使混合物出现两相而达到分离的目的。

（　　）6. 溶质 A 在萃取相中和萃余相中的分配系数 $k_A > 1$，是选择萃取剂的必备条件之一。

（　　）7. 萃取操作中，萃取剂的加入量应使和点的位置位于两相区。

（　　）8. 萃取操作中，各液相的质量关系可用杠杆规则来描述。

三、计算题

在一单级混合澄清器中，用三氯乙烷为萃取剂，萃取丙酮（A）- 水（B）溶液中的丙酮。已知原料液量为 4200kg，其中丙酮的质量分数为 0.4，萃取后所得的萃余相中丙酮的质量分数为 0.2。试求：（1）萃取剂用量；（2）萃取相量及组成；（3）萃余液量及组成；（4）在原料液中加入多少三氯乙烷（质量）才能使混合液开始分层？已知丙酮 - 水 - 三氯乙烷平衡数据如下。

计算题附表　溶解度数据（均为质量分数）

三氯乙烷（S）	水（B）	丙酮（A）	三氯乙烷（S）	水（B）	丙酮（A）
99.89	0.11	0	38.31	6.84	54.85
94.73	0.26	5.01	31.67	9.78	58.55
90.11	0.36	9.53	24.04	15.37	60.59
79.58	0.76	19.66	15.89	26.28	58.33
70.36	1.43	28.21	9.63	35.38	54.99
64.17	1.87	33.96	4.35	48.47	47.18
60.06	2.11	37.83	2.18	55.97	41.85
54.88	2.98	42.14	1.02	71.80	27.18
48.78	4.01	47.21	0.44	99.56	0

计算题附表　联结线数据（均为质量分数）

水相中丙酮 x_A	5.96	10.0	14.0	19.1	21.0	27.0	35.0
三氯乙烷相中丙酮 y_A	8.75	15.0	21.0	27.7	32	40.5	48.0

任务 3　萃取塔的操作及故障处理

教学目标

知识目标：

1. 熟悉萃取的开、停车操作及简单的故障处理；

2. 理解影响萃取操作的因素。

能力目标：

1. 能识读化学品安全技术说明书；

2. 能正确佩戴和使用劳动防护用品；

思政育人要素：

1. 介绍石化行业"三老三严"优良传统，培育工匠精神。

2. 结合萃取事故案例，培养规范操作习惯，树立安全意识、责任意识。

3．能识记操作现场的安全警示标志；

4．能看懂工艺流程图（PID 图），能绘制工艺流程图；

5．能识读工艺技术规程、安全技术规程和操作规程；

6．能进行萃取开、停车操作；

7．能通过集散控制系统调节工艺参数；

8．能进行简单的故障判断及处理。

素质目标：

具有安全意识、质量意识、节能意识，具有团队协作精神和社会责任感。

 相关知识

一、萃取塔的开车、停车操作原则

在萃取塔开车时，先将连续相注满塔中，若连续相为重相（即相对密度较大的一相），液面应在重相入口高度处为宜，关闭重相进口阀，然后开启分散相进口阀，使分散相不断在塔顶分层段凝聚。随着分散相不断进入塔内，在重相的液面上形成两液相界面并不断升高。当两相界面升高到重相入口与轻相出口处之间时，再开启分散相出口阀和重相的进出口阀，调节流量或重相升降管的高度使两相界面维持在原高度。当重相作为分散相时，则分散相不断在塔底的分层段凝聚，两相界面应维持在塔底分层段的某一位置上，一般在轻相入口处附近。

萃取塔在维修、清洗时或工艺要求下需要停车。对连续相为重相的停车，首先应关闭连续相的进出口阀，再关闭轻相的进口阀，让轻重两相在塔内静置分层。分层后慢慢打开连续相的进口阀，让轻相流出塔外，并注意两相的界面，当两相界面上升至轻相全部从塔顶排出时，关闭重相进口阀，让重相全部从塔底排出。

对于连续相为轻相的情况，相界面在塔底，停车时首先应关闭重相进出口阀，然后再关闭轻相进出口阀，让轻重两相在塔中静置分层。分层后打开塔顶旁路阀，塔内接通大气，然后慢慢打开重相出口阀，让重相排出塔外。当相界面下移至塔底旁路阀的高度处关闭重相出口阀，打开旁路阀，让轻相流出塔外。

二、影响萃取操作的主要因素

1．萃取剂

萃取剂的性质、用量、纯度对萃取分离效果都有影响。 对于已选定的萃取剂，在一定操作条件下，其用量基本稳定，过多操作费用会显著增加，过少达不到分离要求。贫液中萃取剂纯度越高，萃取推动力越大，萃取能力越强，但再生费用越高，因此萃取剂与原料液要有适宜的比例。

2．萃取温度

对同一物系，三角形相图中的两相区大小，随着温度的升高而减小，即说明萃取操作范围随着温度的升高而减小，所以操作温度低对萃取过程有利。另一方面，随着温度的降低，液体的黏度增大，从而导致传质速率降低，对萃取过程不利。故综合考虑，应选择一个适宜的操作温度。

温度对溶剂的溶解度和选择性影响很大。温度升高时，溶质在溶剂中的溶解度将会增大，有利于溶质回收。但是随着温度升高，稀释剂在溶剂中的溶解度也会增大，而且可能比溶质增加得更多，因而使溶剂的选择性变差，使产品的溶质纯度下降。**通常采用调整贫溶剂入塔温度来控制塔的操作温度。**

3. 萃取压力

抽提塔操作压力对溶质纯度和回收率影响不大。但是，抽提塔操作压力适宜，保证了原料处于泡点下液相状态，否则汽化会降低抽提效率，并限制塔内流速。压力本身不能影响抽提塔的溶解度和选择性，但是抽提塔操作压力与界面控制有着密切关系。为防止可能压力骤增，应避免进出抽提塔的流量的突然变化。

 技能训练

一、萃取塔的仿真操作

（一）训练要求

① 掌握萃取操作的基本原理。

② 熟悉工艺过程。

③ 学会萃取塔的开停车方法及简单的事故处理。

（二）工艺流程

本仿真操作工艺流程图见图 3-21。

扫一扫 萃取仿真工艺

扫一扫 萃取仿真操作

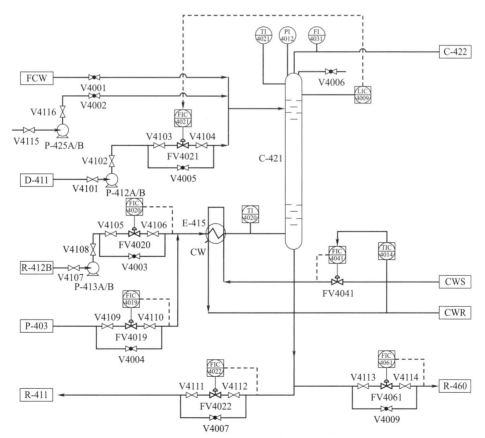

图 3-21 萃取塔单元带控制点流程图

该工艺流程是用萃取剂（水）来萃取丙烯酸丁酯生产过程中的催化剂（对甲苯磺酸）。具体工艺如下：将自来水（FCW）通过阀 V4001 或者通过泵 P-425 及阀 V4002 送进催化剂萃取塔 C-421，当液位调节器 LIC4009 为 50% 时，关闭阀 V4001 或者泵 P-425 及阀 V4002；开启泵 P-413，将含有产品和催化剂的 R-412B 的流出物在被 E-415 冷却后进入催化剂萃取塔 C-421 的塔底；开启泵 P-412A，将来自 D-411 作为溶剂的水从顶部加入。泵 P-413 的流量由 FIC4020 控制在 21126.6kg/h；P-412 的流量由 FIC4021 控制在 2112.7kg/h；萃取后的丙烯酸丁酯主物流从塔顶排出，进入塔 C-422；塔底排出的水相中含有大部分的催化剂及未反应的丙烯酸，一路返回反应器 R-411A 循环使用，一路去重组分分解器 R-460 作为分解用的催化剂。

主要设备如表 3-3 所示。

表 3-3　主要设备一览表

设备位号	设备名称
P-425	进水泵
P-412A/B	溶剂进料泵
P-413	主物流进料泵
E-415	冷却器
C-421	萃取塔

（三）操作规程

1. 冷态开车

进料前确认所有调节器为手动状态，调节阀和现场阀均处于关闭状态，机泵处于关停状态。

（1）灌水

① 全开泵 P-425 的前阀 V4115，启动泵 P-425，全开后阀 V4116。

② 打开手阀 V4002，使其开度为 50%，对萃取塔 C-421 进行灌水。

③ 当 C-421 界面液位 LIC4009 的显示值接近 50% 时，关闭阀门 V4002。

④ 依次关闭泵 P-425 的后阀 V4116，前阀 V4115，停泵 P-425。

（2）启动换热器　开启调节阀 FV4041，使其开度为 50%，对冷却器 E-415 通冷物料。

（3）引反应液

① 依次开启泵 P-413 的前阀 V4107，启动泵 P-413，开启后阀 V4108。

② 全开调节器 FIC4020 的前后阀 V4105 和 V4106，开启调节阀 FV4020，使其开度为 50%，将 R-412B 出口液体经冷却器 E-415，送至 C-421。

③ 将 TIC4014 投自动，设为 30℃；并将 FIC4041 投串级。

（4）引溶剂

① 打开泵 P-412 的前阀 V4101，启动泵 P-412，开启后阀 V4102。

② 全开调节器 FIC4021 的前后阀 V4103 和 V4104，开启调节阀 FV4021，使其开度为 50%，将 D-411 出口液体送至 C-421。

（5）引 C-421 萃取液

① 全开调节器 FIC4022 的前后阀 V4111 和 V4112，开启调节阀 FV4022，使其开度为 50%，将 C-421 塔底的部分液体返回 R-411A 中。

② 全开调节器 FIC4061 的前后阀 V4113 和 V4114，开启调节阀 FV4061，使其开度为 50%，将 C-421 塔底的另外部分液体送至重组分分解器 R-460 中。

（6）调至平衡

① 界面液位 LIC4009 达到 50% 时，投自动；

② FIC4021 的流量达到 2112.7kg/h 时，投串级；

③ FIC4020 的流量达到 21126.6kg/h 时，投自动；

④ FIC4022 的流量达到 1868.4kg/h 时，投自动；

⑤ FIC4061 的流量达到 77.1kg/h 时，投自动。

2．正常运行

熟悉工艺流程，维持各工艺参数稳定；密切注意各工艺参数的变化情况，发现突发事故时，应先分析事故原因，并作正确处理。

3．正常停车

（1）停主物料进料

① 关闭调节阀 FV4020 的前后阀 V4105 和 V4106，将 FV4020 的开度调为 0。

② 关闭泵 P-413 的后阀 V4108，停泵 P-413，关闭前阀 V4107。

（2）灌自来水

① 打开进自来水阀 V4001，使其开度为 50%。

② 当罐内物料相中的苯甲酸的含量小于 0.9% 时，关闭 V4001。

（3）停萃取剂

① 将控制阀 FV4021 的开度调为 0，关闭前后阀 V4103 和 V4104。

② 关闭泵 P-412A 的后阀 V4102，停泵 P-412A，关闭前阀 V4101。

（4）萃取塔 C-421 泄液

① 打开阀 V4107，使其开度为 50%，同时将 FV4022 的开度调为 100%。

② 打开阀 V4109，使其开度为 50%，同时将 FV4061 的开度调为 100%。

③ 当 FIC4022 的值小于 0.5kg/h 时，关闭 V4107，将 FV4022 的开度置 0，关闭其前后阀 V4111 和 V4112；同时关闭 V4109，将 FV4061 的开度置 0，关闭其前后阀 V4113 和 V4114。

（四）事故处理

常见故障处理方法见表 3-4。

表 3-4 常见故障处理方法

故障名称	主要现象	处理方法
P-412A 泵坏	1. P-412A 泵的出口压力急剧下降； 2. FIC4021 的流量急剧减小	1. 停泵 P-412A； 2. 换用泵 P-412B
调节阀 FV4020 阀卡	FIC4020 的流量不可调节	1. 打开旁通阀 V4003； 2. 关闭 FV4020 的前后阀 V4105、V4106

二、萃取塔的实际操作

1．训练要求

① 认识装置设备、仪表及调节控制装置。

② 识读煤油-苯甲酸溶液萃取系统的工艺流程图，标出物料的流向，查走现场装置流程。

萃取实际
操作

③ 学会萃取的开停车操作。

2．实训装置

萃取装置工艺流程图及工艺流程说明详见本项目任务 1 的图 3-13，煤油 - 苯甲酸溶液的混合物分离萃取装置。

3．生产控制指标

煤油 - 苯甲酸溶液分离萃取装置重要工艺操作指标见表 3-5。

表 3-5　重要工艺操作指标

项目		操作指标
温度控制	轻相泵出口温度	室温
	重相泵出口温度	室温
流量控制	萃取塔进口空气流量	10 ～ 50L/h
	轻相泵出口流量	7 ～ 20L/h
	重相泵出口流量	7 ～ 20L/h
液位控制	水位	达萃取塔塔顶（玻璃视镜段）1/3 位置
压力控制	气泵出口压力	0.01 ～ 0.02MPa
	空气缓冲罐压力	0 ～ 0.02MPa
	空气管道压力	0.01 ～ 0.03MPa

4．安全生产技术

① 煤油属易燃易爆易挥发低毒类化学品，操作过程须密闭，室内须全面通风。灌装时应注意流速（不超过 3m/s），且有接地装置，防止静电积聚。

② 苯甲酸属有毒、有害、刺激性化学品。遇高热、明火或与氧化剂接触，有引起燃烧的危险。

③ 注意动设备（隔膜泵、压缩机）的规范操作。

5．实训操作步骤

（1）开车前的检查　组长作好分工，组员相互配合，熟悉工艺流程、工艺指标、操作方案、岗位安全防护等之后，按方案操作。

① 检查所有仪表是否处于正常状态。

② 检查所有设备是否处于正常状态。

③ 试电。

④ 检查外部供电系统，确保控制柜上所有开关均处于关闭状态。

⑤ 开启外部供电系统总电源开关。

⑥ 打开控制柜上空气开关 33（QF1）。

⑦ 打开 24V 电源开关以及空气开关 10（QF2），打开仪表电源开关。查看所有仪表是否上电，指示是否正常。

⑧ 将各阀门顺时针旋转操作到关的状态。

（2）原料准备

① 取苯甲酸一瓶（0.5kg）、煤油 50kg，在敞口容器内配制成苯甲酸 - 煤油饱和溶液，并滤去溶液中未溶解的苯甲酸。

② 将苯甲酸 - 煤油饱和溶液加入轻相储槽，到其容积的 1/2 ～ 2/3。

③ 在重相储槽内加入自来水，控制水位在 1/2 ～ 2/3。

（3）开车

① 关闭萃取塔排污阀（V19）、萃取相储槽排污阀（V23）、萃取塔液相出口阀（及其旁路阀）（V20、V21、V22）。

② 开启重相泵进口阀（V25），启动重相泵（P202），打开重相泵出口阀（V27），以重相泵的较大流量（40L/h）从萃取塔顶向系统加入清水，当水位达到萃取塔塔顶（玻璃视镜段）1/3 位置时，打开萃取塔重相出口阀（V21、V22），调节重相出口调节阀（V33），控制萃取塔顶液位稳定。

③ 在萃取塔液位稳定基础上，将重相泵出口流量降至 10L/h，萃取塔重相出口流量控制在 10L/h。

④ 打开缓冲罐入口阀（V02），启动气泵，关闭空气缓冲罐放空阀（V04），打开缓冲罐气体出口阀（V05），调节适当的空气流量，保证一定的鼓泡数量。

⑤ 观察萃取塔内气液运行情况，调节萃取塔出口流量，维持萃取塔塔顶液位在玻璃视镜段 1/3 处位置。

⑥ 打开轻相泵进口阀（V16）及出口阀（V18），启动轻相泵，将轻相泵出口流量调节至 10L/h，向系统内加入苯甲酸 - 煤油饱和溶液，观察塔内油 - 水接触情况，控制油 - 水界面稳定在玻璃视镜段 1/3 处位置。

⑦ 轻相逐渐上升，由塔顶出液管溢出至萃余分相罐，在萃余分相罐内油 - 水再次分层，轻相层经萃余分相罐轻相出口管道流出至萃余相储槽，重相经萃余分相罐底部出口阀后进入萃取相储槽，萃余分相罐内油 - 水界面控制以重相高度不得高于萃余分相罐底封头 5cm 为准。

⑧ 当萃取系统稳定运行 20min 后，在萃取塔出口处取样口（A201、A203）采样分析。

⑨ 改变鼓泡空气、轻相、重相流量，获得 3 ～ 4 组实验数据，作好操作记录。

（4）平稳运行

① 按照要求巡查各界面、温度、压力、流量、液位值并作好记录。

② 分析萃取、萃余相的浓度并作好记录，能及时判断各指标是否正常，能及时排污。

③ 控制进、出塔重相流量相等，控制油 - 水界面稳定在玻璃视镜段 1/3 处位置。

④ 控制好进塔空气流量，防止引起液泛，又保证良好的传质效果。

⑤ 当停车操作时，要注意及时开启分凝器的排水阀，防止重相进入轻相储槽。

⑥ 用酸碱滴定法分析苯甲酸浓度。

（5）停车

① 停止轻相泵，关闭轻相泵进出口阀门。

② 将重相泵流量调整至最大，使萃取塔及分相器内轻相全部排入萃余相储槽。

③ 当萃取塔内、萃余分相罐内轻相均排入萃余相储槽后，停止重相泵，关闭重相泵出口阀（V27），将萃余分相罐内重相、萃取塔内重相排空。

④ 进行现场清理，保持各设备、管路的洁净。

⑤ 作好操作记录。

⑥ 切断控制台、仪表盘电源。

6. 设备维护及检修

① 隔膜泵的开、停、正常操作及日常维护。

② 气泵的开、停、正常操作及日常维护。

③ 填料萃取塔的正常操作及维护。

④ 主要阀门（萃取塔顶界面调节；重相、轻相流量调节）的位置、类型、构造、工作原理、正常操作及维护。

⑤ 温度、压力显示仪表及流量控制仪表的正常使用。

7. 操作记录

操作过程要如实、按要求作好记录，填写记录表。记录要求如下。

① 从投料开始，每 5min 记录一次操作条件。

② 书写规范，清晰，不得涂改。确有需更改的，按照要求在错误记录上画一斜杠，在其旁边写上正确数字，再签字，说明对记录的真实性负责。

萃取操作记录

日期：　　年　月　日　装置编号：　　　组长：

操作人员：

时间 /min	缓冲罐压力 /MPa	分相器液位 /mm	空气流量 /(m³/h)	萃取相流量 /(L/h)	萃余相流量 /(L/h)	萃余相进口浓度 /(kg 苯甲酸 /kg 煤油)	萃余相出口浓度 /(kg 苯甲酸 /kg 煤油)	萃取相出口浓度 /(kg 苯甲酸 /kg 水)	萃取效率 /%	操作记事
										异常情况记录

8. 萃取操作评分表

萃取装置操作评分表

组别：　　　装置号：　　　日期：　　　操作时间起于　　止于　　用时　　总评成绩

操作阶段 （规定时间）	考核内容	操作内容	分数	得分
准备工作 （10min）	设备检查,流程叙述,配备原料	泵及各阀门均应完好并处于关闭状态，检查操作设施是否完好，流程叙述及查摆正确。 配制成苯甲酸 - 煤油饱和溶液，加入轻相储槽，到其容积的 1/2 ～ 2/3。在重相储槽内加入自来水，控制水位在 1/2 ～ 2/3	6	
开车操作 （20min）	重相投料	关闭萃取塔排污阀、萃取相储槽排污阀、萃取塔液相出口阀	3	
		开启重相泵进口阀，启动重相泵，打开重相泵出口阀，从萃取塔顶向系统加入清水，当水位达到 1/3 位置时，打开萃取塔重相出口阀，调节重相出口调节阀，控制萃取塔顶液位稳定	5	

续表

操作阶段（规定时间）	考核内容	操作内容	分数	得分
开车操作（20min）	重相投料	在萃取塔液位稳定基础上，将重相泵出口流量降至10L/h，萃取塔重相出口流量控制在10L/h	5	
		打开缓冲罐入口阀，启动气泵，关闭空气缓冲罐放空阀，打开缓冲罐气体出口阀，调节适当的空气流量，保证一定的鼓泡数量	3	
		观察萃取塔内气液运行情况，调节萃取塔出口流量，维持萃取塔塔顶液位在玻璃视镜段1/3处位置	4	
	轻相投料	打开轻相泵进口阀及出口阀，启动轻相泵，将轻相泵出口流量调节至10L/h，向系统内加入苯甲酸-煤油饱和溶液，观察塔内油-水接触情况，控制油-水界面稳定在玻璃视镜段1/3处位置	6	
		萃余分相罐内油-水再次分层，轻相层至萃余相储槽，重相进入萃取相储槽，萃余分相罐内油-水界面控制以重相高度不得高于萃余分相罐底头封头5cm为准	3	
		当萃取系统稳定运行20min后，在萃取塔出口处取样口（A201、A203）采样分析	6	
		改变鼓泡空气、轻相、重相流量，获得3～4组实验数据，作好操作记录	6	
正常运行（40min）	正确操作；测定、记录符合要求，清晰、准确	按照要求巡查各界面、温度、压力、流量、液位值并作好记录	4	
		分析萃取、萃余相的浓度并作好记录，能及时判断各指标是否正常，能及时排污	4	
		控制进、出塔重相流量相等，控制油-水界面稳定在玻璃视镜段1/3处位置	4	
		控制好进塔空气流量，防止引起液泛，又保证良好的传质效果	4	
		当停车操作时，要注意及时开启分凝器的排水阀，防止重相进入轻相储槽	4	
		用酸碱滴定法分析苯甲酸浓度	6	
停车操作（15min）	按步骤停车	停止轻相泵，关闭轻相泵进出口阀门。将重相泵流量调整至最大，使萃取塔及分离器内轻相全部排入萃余相储槽	4	
		当萃取塔内、萃余分相罐内轻相均排入萃余相储槽后，停止重相泵，关闭重相泵出口阀，将萃余分相罐内重相、萃取塔内重相排空	4	
		切断控制台、仪表盘电源。进行现场清理，保持各设备、管路的洁净	4	
数据处理（20min）	计算萃取率	依据相关理论计算萃取率	5	
安全文明操作	安全、文明、礼貌	着装符合职业要求；正确操作设备、使用工具；操作环境整洁、有序；听从指挥	10	

考核评价

萃取塔的操作及故障处理		
工作任务	**考核内容**	**考核要点**
萃取塔的操作	基础知识	萃取开停车操作、影响因素、故障处理；苯甲酸安全技术说明书；萃取操作规程；DCS 系统调节控制知识；危险化学品标志
	现场考核	萃取开停车操作；考核要点见萃取操作评分表
职业素养		安全意识，规范操作意识，团队协作精神

 自测练习

一、判断题

（　　）1. 操作压力对萃取的影响很小，可以不予考虑。

（　　）2. 萃取操作中，当两相流量比相差较大，选择流量小的作为分散相比较有利。

（　　）3. 萃取操作通常在常压下进行。

（　　）4. 萃取塔操作时，流速过大或振动频率过快易造成液泛。

（　　）5. 萃取塔开车时，应先注满连续相，后进分散相。

（　　）6. 在连续逆流萃取塔操作时，为增加相际接触面积，一般应选流量小的一相作为分散相。

二、简答题

1. 温度对萃取分离效果有何影响？如何选择萃取操作温度？

2. 何为液泛和轴向混合？它们对萃取操作有何影响？

3. 根据哪些因素决定采用错流还是逆流流程？

4. 对于一种液体混合物，根据哪些因素决定采用蒸馏方法还是萃取方法进行分离？

项目 4

吸附技术

吸附是用于均相混合物分离的一种单元操作，它利用某些多孔性固体具有能够从流体混合物中选择性地凝聚一定组分在其表面上的能力，使混合物中各组分分离。其中多孔性固体物质称为吸附剂，而被吸附的物质称为吸附质。

吸附是脱除液体或气体中少量或痕量杂质，制取高纯度物质常采用的方法，在石油炼制、化工、轻工、食品及环保等领域应用广泛。

任务 1 认识吸附装置

 教学目标

知识目标：

1. 掌握吸附基本概念；

2. 熟悉吸附分类；

3. 掌握常见吸附剂及选择方法；

4. 了解吸附在化工生产中的应用；

5. 掌握吸附设备构造特点；

6. 掌握吸附分离工艺；

7. 了解吸附技术的发展趋势。

能力目标：

1. 认识吸附主要设备及基本工艺流程；

2. 能识读、绘制吸附工艺流程图；

3. 能够正确使用和佩戴劳动防护用品；

4. 能识记操作现场的安全警示标志。

素质目标：

具有安全意识，具有团结协作精神，具有严谨细致的工作作风。

思政育人要素：

通过介绍变压吸附装置的发展，激发民族自豪感，进行社会主义核心价值观教育。

相关知识

一、吸附与解吸

1. 吸附

固体表面上的原子或分子的力场和液体的表面一样，处于不平衡状态，表面存在着剩余吸引力，具有过剩的能量即表面能（表面自由焓），因此，也有自发降低表面能的倾向，这是固体表面能产生吸附作用的根本原因。这种剩余的吸引力由于吸附质的吸附而得到一定程度的减少，从而降低了表面能，故固体表面可以自动地吸附那些能够降低其表面能的物质。

根据吸附剂表面与吸附质之间作用力的不同，吸附可分为物理吸附与化学吸附。

（1）物理吸附 物理吸附是指由于吸附剂与吸附质之间的分子间力的作用所产生的吸附，也称范德华吸附。物理吸附时表面能降低，所以是一种放热过程。此过程是可逆的，当吸附剂与吸附质之间的分子间力大于吸附质内部的分子间力时，吸附质吸着在吸附剂固体表面上。从分子运动论的观点来看，这些吸附于固体表面上的分子由于分子运动，也会从固体表面上脱离逸出，其本身并不发生任何化学变化。如当温度升高时，气体（或液体）分子的动能增加，吸附质分子将越来越多地从固体表面上逸出。物理吸附可以是单分子层吸附，也可以是多分子层吸附。物理吸附的特征可归纳为以下几点。

① 吸附质和吸附剂间不发生化学反应，低温就能进行。

② 吸附一般没有选择性，对于各物质来说，只不过是分子间力的大小有所不同，与吸附剂分子间力大的物质首先被吸附。

③ 吸附为放热反应，因此低温有利于吸附，吸附过程所放出的热量，称为该物质在此吸附剂表面上的吸附热。

④ 吸附剂与吸附质间的吸附力不强，当系统温度升高或流体中吸附质浓度（或分压）降低时，吸附质能很容易地从固体表面逸出，而不改变吸附质原来性状。

⑤ 吸附速率快，几乎不要活化能。

（2）化学吸附 化学吸附的实质是一种发生在固体颗粒表面的化学反应，故化学吸附的作用力是吸附质与吸附剂分子间的化学键力，这种化学键力比物理吸附的分子间力要大得多，其热效应亦远大于物理吸附热，吸附质与吸附剂结合比较牢固，一般是不可逆的，而且总是单分子层吸附。化学吸附的特征可归纳为以下几点。

① 吸附有很强的选择性，仅能吸附参与化学反应的某些物质。

② 吸附速率较慢，需要一定的活化能，达到吸附平衡需要的时间长。

③ 升高温度可以提高吸附速率，宜在较高温度下进行。

应当指出，实际应用中物理吸附与化学吸附之间不易严格区分。同一种物质在低温时可能进行物理吸附，温度升高到一定程度就发生化学吸附，如图4-1所示。有时两种吸附会同时发生。本项目主要讨论物理吸附过程。

2. 解吸与吸附剂的再生

前已述及，当系统温度升高或流体中吸附质浓度（或分压）降低时，被吸附物质将从固体表面逸出，这就是解吸

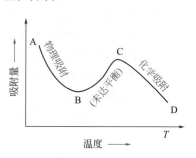

图 4-1 温度对吸附过程的影响

（或称脱附），是吸附的逆过程。这种吸附－解吸的可逆现象在物理吸附中均存在。工业上利用这种现象，在处理混合物时，在吸附剂将吸附质吸附之后，改变操作条件，使吸附质解吸，同时吸附剂再生并回收吸附质以达到分离混合物的目的。

当吸附剂达到饱和后需要再生。再生方法有加热解吸再生、降压或真空解吸再生、置换再生、溶剂萃取再生、化学氧化再生及生物再生等。

（1）加热解吸再生 这是比较常用的再生方法。通过升高吸附剂温度，使吸附质解吸，吸附剂得到再生。几乎各种吸附剂都可用加热再生法恢复吸附能力。不同的吸附过程需要不同的温度，吸附作用越强，解吸时需加热的温度越高。

用于加热再生的设备有立式多段炉、转炉、立式移动床炉、流化床炉及电加热再生炉等。

（2）降压或真空解吸再生 气体吸附过程与压力有关，压力升高时，有利于吸附；压力降低时，解吸占优势。因此，通过降低操作压力可使吸附剂得到再生。若吸附在较高压力下进行，则降低压力可使被吸附的物质脱离吸附剂进行解吸；若吸附在常压下进行，可采用抽真空方法进行解吸。工业上利用这一特点采用变压吸附工艺，达到分离混合物及吸附剂再生的目的。

（3）置换再生 在气体吸附过程中，某些热敏性物质，在较高温度下易聚合或分解，可以用一种吸附能力较强的气体（解吸剂）将吸附质从吸附剂中置换与吹脱出来。再生时解吸剂流动方向与吸附时流体流动方向相反，即采用逆流吹脱的方式。这种再生方法需加一道工序，即解吸剂的再解吸，一般可采用加热解吸再生的方法，使吸附剂恢复吸附能力。

（4）溶剂萃取再生 选择合适的溶剂，使吸附质在该溶剂中溶解性能远大于吸附剂对吸附质的吸附作用，从而将吸附质溶解下来。例如，活性炭吸附 SO_2 后，用水洗涤，再进行适当的干燥便可恢复吸附能力。

（5）化学氧化再生 化学氧化再生的具体方法很多，可分为湿式氧化法、电解氧化法及臭氧氧化法等几种。在此仅以湿式氧化再生法为例作简要介绍。例如，用于曝气池中的粉状活性炭用高压泵经换热器和水蒸气加热后送入氧化反应塔，在塔内被活性炭吸附的有机物与空气中的氧反应，进行氧化分解，使活性炭得到再生；再生后的炭经热交换器冷却后，送入再生炭贮槽；在反应器底部积集的灰分定期排出。

（6）生物再生 利用微生物将被吸附的有机物氧化分解。此法简单易行，基建投资少，成本低。

生产实际中，上述几种再生方法可以单独使用，也可几种方法同时使用。如活性炭吸附有机蒸气后，可用通入高温水蒸气再生，也可用加热和抽真空的方法再生；沸石分子筛吸附水分后，可用加热吹氮气的办法再生。

二、吸附剂的选择

1. 吸附剂的选择原则

吸附剂是流体吸附分离过程得以实现的基础。如何选择合适的吸附剂是吸附操作中必须解决的首要问题。一切固体物质的表面，对流体都具有吸附的作用，但合乎工业要求的吸附剂则应具备如下一些特征。

（1）大的比表面积 流体在固体颗粒上的吸附多为物理吸附，由于这种吸附通常只发生在固体表面几个分子直径的厚度区域，单位面积固体表面所吸附的流体量非常小，因此要求吸附剂必须有足够大的比表面积以弥补这一不足。吸附剂的有效表面积包括颗粒的外表面积和内表面积，而内表面积总是比外表面积大得多，只有具有高度疏松结构和巨大暴露表面的孔性物质，才能提供巨大的比表面积。图 4-2 是活性炭内部微孔分布图，微孔占的容积一般为 0.15～0.9mL/g，微孔表面积占总面积的 95% 以上。表 4-1 列举了常用吸附剂的比表面积。

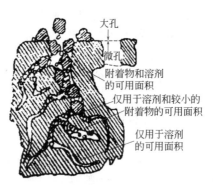

大孔

微孔

附着物和溶剂的可用面积

仅用于溶剂和较小的附着物的可用面积

仅用于溶剂的可用面积

图 4-2　活性炭内部微孔分布

表 4-1　常用吸附剂的比表面积

吸附剂种类	硅胶	活性氧化铝	活性炭	分子筛
比表面积/（m²/g）	300～800	100～400	500～1500	400～750

（2）良好的选择性　在吸附过程中，要求吸附剂对吸附质有较大的吸附能力，而对于混合物中其他组分的吸附能力较小。例如活性炭吸附二氧化硫（或氨）的能力，远大于吸附空气的能力，故活性炭能从空气与二氧化硫（或氨）的混合气体中优先吸附二氧化硫（或氨），达到分离、净化气体的目的。

（3）吸附容量大　吸附容量是指在一定温度、吸附质浓度下，单位质量（或单位体积）吸附剂所能吸附的最大值。吸附容量除与吸附剂表面积有关外，还与吸附剂的孔隙大小、孔径分布、分子极性及吸附剂分子上官能团性质等有关。吸附容量大，可降低处理单位质量流体所需的吸附剂用量。

（4）良好的机械强度和均匀的颗粒尺寸　吸附剂的外形通常为球形和短柱形，也有其他形式的，如无定形颗粒，其粒径通常为 0.1mm 到 15mm 之间，工业上用于固定床吸附的颗粒直径一般为 1～10mm 左右。如果颗粒太大或不均匀，会使流体通过床层时分布不均，易造成短路及流体返混现象，降低分离效率；如果颗粒小，则床层阻力大，过小时甚至会被流体带出器外，因此吸附剂颗粒的大小应根据工艺的具体条件适当选择。同时，吸附剂是在温度、湿度、压力等操作条件变化的情况下工作的，这就要求吸附剂有良好的机械强度和适应性，尤其是采用流化床吸附装置，吸附剂的磨损大，对机械强度的要求更高，否则将破坏吸附正常操作。

（5）有良好的热稳定性及化学稳定性　吸附剂应有良好的热稳定性及化学稳定性。

（6）有良好的再生性能　吸附剂在吸附后需再生使用，再生效果的好坏往往是吸附分离技术能否使用的关键，要求吸附剂再生方法简单、再生活性稳定。

此外，还要求吸附剂的来源广泛、价格低廉。实际吸附过程中，很难找到一种吸附剂能同时满足上述所有要求，因而在选择吸附剂时要权衡多方面的因素。

2．常用的吸附剂

化工生产中常用的吸附剂有活性炭、分子筛、硅胶和活性氧化铝等。现分别介绍如下。

（1）活性炭 活性炭是最常用的吸附剂，是由木炭、坚果壳、煤等含碳原料经碳化与活化制得的一种多孔性含碳物质，具有很强的吸附能力，其吸附性能取决于原始成碳物质以及碳化活化等的操作条件。活性炭表面具有氧化基团，为非极性或弱极性，活性炭有如下特点。

① 它是用于完成分离与净化过程中唯一不需要预先除去水蒸气的工业用吸附剂。

② 由于具有极大的内表面，活性炭比其他吸附剂能吸附更多的非极性、弱极性有机分子，例如在一个大气压和室温条件下被活性炭吸附的甲烷量几乎是同等质量 5A 分子筛吸附量的 2 倍。

③ 活性炭的吸附热及键的强度通常比其他吸附剂低，因而被吸附分子的解吸较为容易，吸附剂再生时的能耗也相对较低。

市售活性炭根据其用途可分为适用于气相和适用于液相两种。适用于气相的活性炭，大部分孔径在 1～2.5nm 之间，而适用于液相的活性炭，大部分孔径接近或大于 3nm。

活性炭用途很广，可用于有机溶剂蒸气的回收、空气或其他气体的脱臭、污水及废气（含有 SO_2、NO_2、H_2S、Cl_2、CS_2、CCl_2 等）的净化处理、各种气体物料的纯化等。其缺点是它的可燃性，因而使用温度不能超过 473K。

（2）硅胶 硅胶是另一种常用吸附剂，它是一种坚硬的由无定形的 SiO_2 构成的具有多孔结构的固体颗粒，其分子式为 $SiO_2·nH_2O$。制备方法是：用硫酸处理硅酸钠水溶液生成凝胶，所得凝胶再经老化、水洗去盐后，干燥即得。依制造过程条件的不同，可以控制微孔尺寸、空隙率和比表面积的大小。

硅胶主要用于气体干燥、烃类气体回收、废气净化（含有 SO_2、NO_x 等）、液体脱水等。它是一种较理想的干燥吸附剂，在温度 293K 和相对湿度 60% 的空气流中，微孔硅胶吸附水的吸湿量为硅胶质量的 24%。硅胶吸附水分时，放出大量吸附热。硅胶难于吸附非极性物质的蒸气，易于吸附极性物质，它的再生温度为 423K 左右，也常用作特殊吸附剂或催化剂载体。

（3）活性氧化铝 活性氧化铝又称活性矾土，为一种无定形的多孔结构物质，通常由含水氧化铝加热、脱水和活化而得。活性氧化铝对水有很强的吸附能力，主要用于液体与气体的干燥。在一定的操作条件下，它的干燥精度非常高。而它的再生温度又比分子筛低得多。可用活性氧化铝干燥的部分工业气体包括：Ar、He、H_2、氟利昂、氟氯烷等。它对有些无机物具有较好的吸附作用，故常用于碳氢化合物的脱硫，以及含氟废气的净化等。另外，活性氧化铝还可用作催化剂载体。

（4）分子筛 分子筛是近几十年发展起来的沸石吸附剂。其组成为 $Me_x/n[(Al_2O_3)_x·(SiO_2)_y]·mH_2O$（含水硅酸盐），$n$ 为金属离子的价数，Me 为金属阳离子，如 Na^+、K^+、Ca^{2+} 等。沸石有天然沸石和合成沸石两类。自 60 多年前发现天然沸石的分子筛作用和它在分离过程中的应用以来，人们已采用人工合成方法，仿制出上百种合成分子筛。

分子筛为结晶型且具有多孔结构，其晶格中有许多大小相同的空穴，可包藏被吸附的分子。空穴之间又有许多直径相同的孔道相连。因此，分子筛能使比其孔道直径小的分子通过孔道，吸到空穴内部，而比孔径大的物质分子则被排斥在外面，从而使分子大小不同的混合物分离，起了筛分分子的作用。常用分子筛孔径及组成见表 4-2。

表 4-2 常用分子筛孔径及组成

分子筛类型	主要阳离子	孔径 /nm	SiO$_2$/Al$_2$O$_3$（摩尔比）	典型化学组成
3A	K$^+$	0.3～0.33	2	K$_2$O・Na$_2$O・Al$_2$O$_3$・2SiO$_2$・4.5H$_2$O
4A	Na$^+$	0.42～0.47	2	Na$_2$O・Al$_2$O$_3$・2SiO$_2$・4.5H$_2$O
5A	Ca^{2+}	0.49～0.56	2	0.7CaO・0.3Na$_2$O・Al$_2$O$_3$・2SiO$_2$・4.5H$_2$O
10X	Ca^{2+}	0.8～0.99	2.3～3.3	0.8CaO・0.2Na$_2$O・Al$_2$O$_3$・2.5SiO$_2$・6H$_2$O
13X	Na$^+$	0.9～1	3.3～5	Na$_2$O・Al$_2$O$_3$・5SiO$_2$・6H$_2$O

与其他吸附剂相比，分子筛的优点有如下两点。

① 吸附选择性强。这是由于分子筛的孔径大小整齐均一，又是一种离子型吸附剂，因此它能根据分子的大小及极性的不同进行选择性吸附。

② 吸附能力强。即使气体的浓度很低和在较高的温度下仍然具有较强的吸附能力，在相同的温度条件下，分子筛的吸附容量较其他吸附剂大。

除了上述常用的四种吸附剂外，还有一些其他的吸附剂，如吸附树脂、活性黏土及碳分子筛等。吸附树脂是具有巨型网状结构的合成树脂，如苯乙烯和二乙烯苯的共聚物、聚苯乙烯、聚丙烯酸酯等。吸附树脂主要应用于处理水溶液，如污水处理、维生素分离等，吸附树脂的再生比较容易，但造价较高。

碳分子筛是一种兼具活性炭和分子筛某些特性的碳基吸附剂。碳分子筛具有很小的微孔组成，孔径分布在 0.3～1nm 之间。它的最大用途是空气分离制取纯氮。它吸附氧而得到纯氮，也就是可得到比原始空气压力稍低的氮气。假如用沸石分子筛分离空气制氮，因它吸附氮，释放出氧气，氮再从吸附剂上解吸，得到的纯氮基本无压力，因此需再加压才能在工业生产中应用。

三、吸附在化工生产中的应用及生产案例

在近代工业中，人们对吸附的知识还停留在直接开发使用，如防毒面具里活性炭吸附有毒气体，空气和工业废气的净化，吸附分离技术一直以辅助的作用出现在化工单元操作中。近 30 年来，新型吸附剂（分子筛）及变压吸附技术用于大规模气体分离场合的成功开发，为吸附分离技术的进一步应用打下了基础，使其在化工生产中的应用愈加广泛。

① 各种气体和液体的干燥。如脱除工业气体中的水分、航空煤油中的微量水分等。

② 工业气体的分离提纯。如脱除气体中对后序工段或最终产品中有害的组分，如合成氨变换气的脱碳、工业气体脱硫和 CO$_2$，天然气净化等。

③ 工业废气的净化。使用吸附技术可以从气体中选择性地除去 NO$_x$、H$_2$O、CO$_2$、CO、CS$_2$、H$_2$S、NH$_3$、烃类、CCl$_4$ 等物质。

④ 工业污水处理。吸附法是处理工业污水的一种重要方法。自 20 世纪 70 年代开发出大孔径离子交换树脂以来，树脂吸附法在工业污水处理中应用较多的是除去溶解性有机物质、微生物、病毒、痕量重金属。活性炭吸附法目前用得较多的是在给水处理中去除有害物质及臭味，已被广泛用于处理饮用水及各种工业污水，可达到除去有机物、脱色、脱臭、脱除重金属（如处理电镀污水）等目的。

图 4-3 所示为分子筛吸附器、图 4-4 为大型空分装置的分子筛纯化系统工艺流程，空气自下而上流过分子筛吸附器，空气中所含有的水分、CO_2 及乙炔等杂质被分子筛吸附剂吸附清除。吸附器一般有两台，一台吸附时，另一台再生，两台交替使用。再生时先用蒸汽将来自主换热器的污氮气加温，进入分子筛吸附器进行解吸，加温结束后，停止蒸汽加热，使用污氮气冷吹，解析后和冷吹后的氮气经消音器放空。

图 4-3 分子筛吸附器

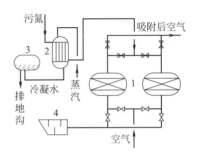

图 4-4 分子筛吸附工艺流程
1—分子筛吸附器；2—蒸汽加热器；
3—气液分离器；4—放空消音器

四、吸附分离工艺

工业吸附过程通常包括两个步骤：首先使流体与吸附剂接触，吸附质被吸附剂吸附后，与流体中不被吸附的组分分离，此过程为**吸附操作**；然后将吸附质从吸附剂中解吸，并使吸附剂重新获得吸附能力，这一过程称为**吸附剂的再生操作**。若吸附剂不需再生，这一过程改为吸附剂的更新。在多数工业吸附装置中，都要考虑吸附剂的多次使用问题。下面对工业上常用的吸附分离工艺及其特点进行简要介绍。

1. 固定床吸附

固定床吸附器中，吸附剂颗粒均匀地堆放在多孔撑板上，流体自下而上或自上而下地通过颗粒床层。固定床吸附器一般使用粒状吸附剂，床层的高度可取几十厘米到十几米。固定床吸附器结构简单、造价低、吸附剂磨损少、操作方便，可用于从气体中回收溶剂、气体净化、气体和液体的脱水以及难分离的有机液体混合物的分离，如图 4-5 所示。

就单个固定床吸附器而言，吸附过程是间歇操作，设备结构简单、操作易于掌握、有一定的可靠性，常被中、小型生产装置所采用。为使生产工艺连续，常采用多器串联或多器并联操作。但固定床切换频繁，是不稳定操作，产品质量会受到一定影响，而且生产能力小，吸附剂用量大。

（1）双器流程 为使吸附操作连续进行，吸附剂需要再生，因此至少需要两个吸附器循环使用。如图 4-6 所示，A、B 两个吸附器，A 正进行吸附，B 进行再生。当 A 达到破点时，B 再生完毕，进入下一个周期，即 B 进行吸附，A 进行再生，如此循环进行连续操作。

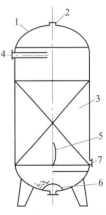

图 4-5 固定床吸附器
1—壳体；2—排气口；
3—吸附剂床层；4—加料；
5—视镜；6—进气口；
7—出料

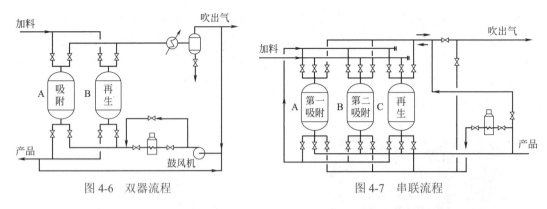

图 4-6　双器流程　　　　　　　　　　　图 4-7　串联流程

（2）串联流程　如果体系吸附速率较慢，采用上述的双器流程时，流体只在一个吸附器中进行吸附，达到破点时，很大一部分吸附剂未达到饱和，利用率较低。这种情况宜采用两个或两个以上吸附器串联使用，构成图 4-7 所示的串联流程。图 4-7 所示为两个吸附器串联使用的流程。流体先进入 A，再进入 B 进行吸附，C 进行再生。当从 B 流出的流体达到破点时，则 A 转入再生，C 转入吸附，此时流体先进入 B 再进入 C 进行吸附，如此循环往复。

（3）并联流程　当处理的流体量很大时，往往需要很大的吸附器，此时可以采用几个吸附器并联使用的流程。如图 4-8 所示，图中 A、B 并联吸附，C 进行再生，下一个阶段是 A 再生，B、C 并联吸附，再下一个阶段是 A、C 并联吸附，B 再生，依此类推。

固定床吸附操作再生时可用产品的一部分作为再生用气体，根据过程的具体情况，也可以用其他介质再生。例如用活性炭去除空气中的有机溶剂蒸气时，常用水蒸气再生。再生气冷凝成液体再分离。

固定床吸附器最大的优点是结构简单、造价低、吸附剂磨损少，应用广泛。缺点是间歇操作，操作必须周期性变换，因而操作复杂，设备庞大。适用于小型、分散、间歇性的生产过程。

2. 模拟移动床吸附

模拟移动床是目前液体吸附分离中广泛采用的工艺设备。模拟移动床吸附分离的基本原理与移动床相似。图 4-9 为液相移动床吸附塔的工作原理。设料液只含 A、B 两个组分，用固体吸附剂和液体解吸剂 D 来分离料液。固体吸附剂在塔内自上而下移动，至塔底出去后，经塔外提升器提升至塔顶循环入塔。液体用循环泵压送，自下而上流动，与固体吸附剂逆流接触。整个吸附塔按不同物料的进出口位置，分成四个作用不同的区域：ab 段——A 吸附区，bc 段——B 解吸区，cd 段——A 解吸区，da 段——D 的部分解吸区。被吸附剂所吸附的物料称为吸附相，塔内未被吸附的液体物料称为吸余相。

在 A 吸附区，向下移动的吸附剂把进料 A+B 液体中的 A 吸附，同时把吸附剂内已吸附的部分解吸剂 D 置换出来，在该区顶部将进料中的组分 B 和解吸剂 D 构成的吸余液 B+D 部分循环，部分排出。

在 B 解吸区，从此区顶部下降的含 A+B+D 的吸附剂，与从此区底部上升的含有 A+D 的液体物料接触，因 A 比 B 有更强的吸附力，故 B 被解吸出来，下降的吸附剂中只含有 A+D。

A 解吸区的作用是将 A 全部从吸附剂表面解吸出来。解吸剂 D 自此区底部进入塔内，与本区顶部下降的含 A+D 的吸附剂逆流接触，解吸剂 D 把 A 组分完全解吸出来，从该区顶部放出吸取液 A+D。

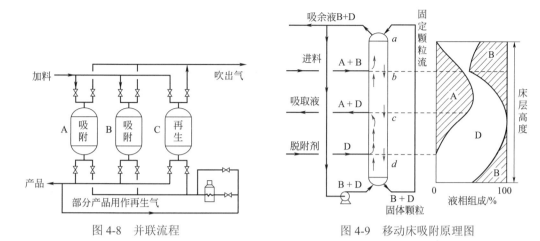

图 4-8　并联流程　　　　　　　　　图 4-9　移动床吸附原理图

D 部分解吸区的目的在于回收部分解吸剂 D，从而减少解吸剂的循环量。从本区顶下降的只含有 D 的吸附剂与从塔顶循环返回塔底的液体物料 B+D 逆流接触，按吸附平衡关系，B 组分被吸附剂吸附，而吸附相中的 D 被部分置换出来。此时吸附相只有 B+D，而从此区顶部出去的吸余相基本上是 D。

图 4-10 为用于吸附分离的模拟移动床操作示意图。固体吸附剂在床层内固定不动，而通过旋转阀的控制将各段相应的溶液进出口连续地向上移动，这种情况与进出口位置不动，保持固体吸附剂自上而下地移动的结果是一样的。在实际操作中，塔上一般开 24 个等距离的口，同接于一个 24 通旋转阀上，在同一时间旋转阀接通 4 个口，其余均封闭。如图中 3、9、15、23 四个口分别接通吸余液 B+D 出口、原料液 A+B 进口、吸取液 A+D 出口、解吸剂 D 进口，经一定时间后，旋转阀向前旋转，则出口又变为 2、8、14、22，依此类推，当进出口升到 1 后又转回到 24，循环操作。**模拟移动床的优点是处理量大、可连续操作、吸附剂用量少（仅为固定床的 4%）。但要选择合适的解吸剂，对转换物流方向的旋转阀要求高。**

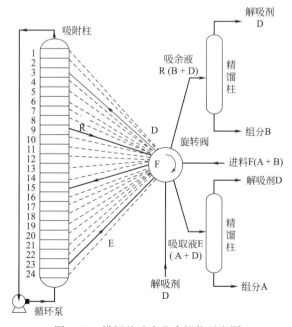

图 4-10　模拟移动床分离操作示意图

3．变压吸附

变压吸附是一种广泛应用混合气体分离精制的吸附分离工艺。在同一温度下，吸附质在吸附剂上的吸附量随吸附质的分压上升而增加；在同一吸附质分压下，吸附质在吸附剂上的吸附量随吸附温度上升而减小，也就是说，**加压降温有利于吸附质的吸附，降压升温有利于吸附质的解吸或吸附剂的再生。**于是按照吸附剂的再生方法将吸附分离循环过程分成两类。利用温度变化进行吸附和解吸的过程称为变温吸附；利用压力变化进行的分离操作称为变压吸附。变压吸附的工业流程如下。

（1）二塔流程（双塔流程）　以分离空气制取富氧为例，吸附剂采用 5A 分子筛，在室温下操作，如图 4-11 所示。吸附塔 1 在吸附，吸附塔 2 在清洗并减压解吸。部分的富氧以逆流方向通入吸附塔 2，以除去上一次循环已吸附的氮，这种简单流程可制得中等浓度的富氧。

该循环的缺点是解吸转入吸附阶段后产品流率波动，直到升压达到操作压力后才逐渐稳定。改善的办法是在产品出口加贮槽，使产物的纯度和流率平稳，减少波动。对低纯度气体产品也可加贮槽，并以此气体清洗床层或使床层升压。如图 4-12 所示，改进双塔变压吸附流程的操作方法是：当吸附塔渐渐为吸附质饱和，尚未达到透过点以前停止操作，用死空间内的气体逆向降压，把已吸附在床层内的组分解吸清洗出去，然后进一步抽真空至解吸的真空度，解吸完毕后再升压至操作压力，再进行下一循环操作。升压、吸附、降压、解吸构成一个操作循环。

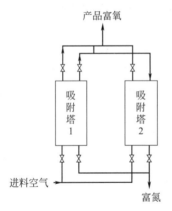

图 4-11　双塔变压吸附流程

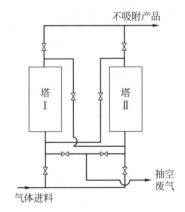

图 4-12　改进双塔变压吸附流程

（2）四塔流程　四塔变压吸附流程是工业上常用的流程。四塔变压吸附循环有多种，下面以七个循环阶段为例，即每个床层都要经过吸附、均压、并流降压、逆流降压、清洗、一段升压和二段升压七个阶段，介绍四塔流程。

① 吸附阶段。原料气在一定的压力下吸附，在床层出口浓度波的破点出现前，所得到的气体产品，一部分作为产品放出，一部分作为塔Ⅳ的二段升压。

② 均压阶段。塔Ⅱ解吸完毕后处于低压状态和塔Ⅰ相联作一段升压，塔Ⅱ则为均压，均压后床层内的压力约为原有压力的一半，床层内的浓度波前沿继续前进，但未达到床层末端的出口。

③ 并流降压阶段。塔Ⅰ继续降压，排出气体清洗已逆流降到最低压力的塔Ⅲ，塔Ⅰ并流

降压至浓度波前沿刚到达的床层出口端为止。

④ 逆流降压阶段。开启塔 I 进口阀，使残余气体降至最低的压力，使已吸附的杂质排除一部分。

⑤ 清洗阶段。用塔 IV 并流降压的气体清洗塔 I，将塔 I 内残余的杂质清洗干净，床层得到再生。

⑥ 一段升压阶段。用塔 II 的均压气体使塔 I 进行一段升压。

⑦ 二段升压阶段。用塔 III 的部分产品气体，使塔 I 达到产品的压力，准备下一循环。

以上各阶段的目的是利用吸附和解吸再生各阶段的部分气体，以回收能量，使气体产品的流量和纯度稳定。

除了四塔流程外，工业上根据装置规模增大和吸附压力上升还相应采用了 5 塔、6 塔、8 塔、10 塔、12 塔流程等。**变压吸附操作不需要加热和冷却设备，只需要改变压力即可进行吸附－解吸过程，循环周期短、吸附剂利用率高、设备体积小、操作范围广、气体处理量大、分离纯度高。**

4. 流化床吸附

在流化床吸附器内，含有吸附质的流体以较高的速率通过床层，使吸附剂呈流态化。流体由吸附段下端进入，由下而上流动，净化后的流体由上部排出；吸附剂由上端进入，逐层下降，吸附了吸附质的吸附剂由下部排出进入再生段；在再生段，用加热吸附剂或用其他方法使吸附质解吸；再生后的吸附剂返回到吸附段循环使用。

流化床吸附的优点是能连续操作、处理能力大、设备紧凑，缺点是构造复杂、能耗高、吸附剂和容器磨损严重。图 4-13 为连续流化床吸附工艺流程图。

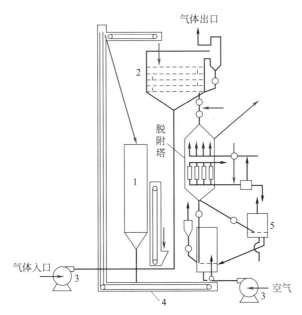

图 4-13　连续流化床吸附工艺流程图
1—料斗；2—多层流化床吸附器；3—风机；
4—皮带传送机；5—再生塔

图 4-14 所示为多层逆流接触的流化床吸附装置，它包括吸附剂的再生。图中所示的是以

硅胶作为吸附剂以除去空气中的水汽。全塔共分为两段，上段为吸附段，下段为再生段。两段中均设有一层层筛板，板上为吸附剂薄层。在吸附段湿空气与硅胶逆流接触，干燥后的空气从顶部流出，硅胶沿板上的逆流管逐板向下流，同时不断地吸附水分。吸足了水分的硅胶从吸附段下端进入再生段，与热空气逆流接触再生，再生后的硅胶用气流提升器送至吸附塔的上部重新使用。

流化床吸附分离常用于工业气体中水分脱除、排放废气（如 SO_2、NO_2 等）脱除、有毒物质脱除和回收溶剂。一般使用颗粒坚硬耐磨、物理化学性能良好的吸附剂，如活性氧化铝、活性炭等。

5. 搅拌槽接触吸附

如图 4-15 所示，将待处理的液体与吸附剂加入搅拌槽中，通过搅拌使固体吸附剂悬浮与液体均匀接触，液体中的吸附质即被吸附。为使液体与吸附剂充分接触、增大接触面积，要求使用细颗粒的吸附剂，通常粒径应小于 1mm，同时要有良好的搅拌。这种操作主要用于除去污水中的少量溶解性的大分子，如带色物质等。由于被吸附的吸附质多为大分子物质，解吸困难，故用过的吸附剂一般不再再生而是弃去。**搅拌槽接触吸附多为间歇操作，有时也可连续操作。**

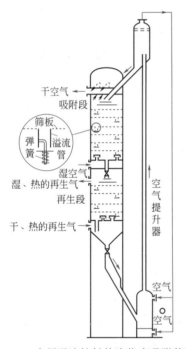

图 4-14 多层逆流接触的流化床吸附装置

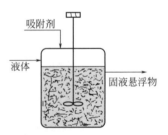

图 4-15 搅拌槽接触吸附操作

6. 移动床吸附

图 4-16 为移动床吸附装置，是用由椰壳或果核制成的致密坚硬的活性炭，进行轻烃气体分离而设计的，称为"超吸附器"。设备高约 $20 \sim 30m$，分为若干段，最上段为冷却器，是垂直的列管式热交换器，用于冷却吸附剂，往下是吸附段、增浓段（精馏段）、汽提段，它们彼此由分配板隔开。最下部是脱附器，它和冷却器一样也是列管式的热交换器。在塔的下部还装有吸附剂流控制器、固体颗粒层高度控制器以及固体颗粒流控制阀及其封闭装置。塔

的结构可以使固相连续、稳定地输入和输出、气固两相接触良好，不致发生沟流或局部不均匀现象。

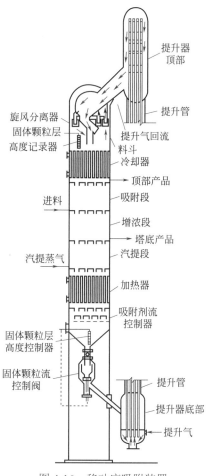

图 4-16 移动床吸附装置

超吸附器的工作原理如下：经脱附后的活性炭从设备顶部连续进入冷却器，使温度降低后，经分配板进入吸附段，再由重力作用不断下降通过整个吸附器。在吸附段与气体混合物逆流接触，气体中易被吸附的重组分优先被吸附，没有被吸附的气体便从吸附段的顶部引出，称为塔顶产品或轻馏分。吸附了吸附质的活性炭从吸附段进入增浓段，与自下而上的气流相遇，固体上较易挥发的组分被置换出去，置换出来的气体向上升。吸附剂离开增浓段时，就只剩下易被吸附的组分，这样在此段内就起到了"增浓"作用。吸附剂进入汽提段后，此时吸附剂富含易吸附的组分，被蒸气加热和吹扫使之脱附，部分上升到增浓段作为回流，部分作为塔底产品。固体吸附剂继续下降，经脱附器进一步把尚未脱附的吸附质全部脱附出来，然后吸附剂下降到下提升罐，再用气体提升至上提升罐，从顶部再进入冷却器，如此循环进行吸附分离过程。

在移动床吸附器中，固体吸附剂连续运动使流体及吸附剂两相均以恒定的速率通过设备，任一断面上的组成都不随时间而变，即操作是连续稳定状态，适用于要求吸附剂气体比率高的场合，较少用于控制污染。**移动床吸附优点是处理气体量大、吸附剂可循环使用，但吸附剂的磨损和消耗是一个很大的管理问题，要求有耐磨能力强的吸附剂。**

技能训练

查摸吸附流程

1. 训练要求

① 观察吸附装置的构成，了解各设备作用。

② 查走并叙述吸附流程。

2. 实训装置

图 4-17 为富氢气体中回收氢气变压吸附装置。

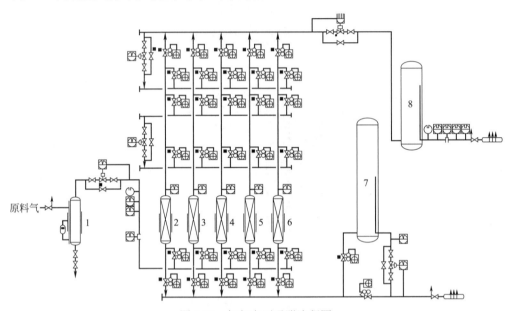

图 4-17　氢气变压吸附流程图

1—气液分离器；2～6—吸附塔；7—解吸气缓冲罐；8—产品气缓冲罐

本装置变压吸附（PSA）工序采用 5-1-3 PSA 工艺。装置由五个吸附塔组成，其中一个吸附塔始终处于进料吸附状态，其工艺过程由吸附、三次均压降压、顺放、逆放、冲洗、三次均压升压和产品最终升压等步骤组成，具体工艺过程如下。

经过预处理后的富氢气自塔底进入吸附塔中正处于吸附工况的吸附塔，在吸附剂选择吸附的条件下一次性除去氢以外的绝大部分杂质，获得纯度大于 99.9% 的氢气，从塔顶排出。当被吸附杂质的传质区前沿（称为吸附前沿）到达床层出口预留段某一位置时，停止吸附，转入再生过程。吸附剂的再生过程依次如下。

（1）均压降压过程　此过程是在吸附过程结束后，顺着吸附方向将塔内的较高压力的氢气放入其他已完成再生的较低压力吸附塔的过程，这一过程不仅是降压过程，更是回收床层死空间氢气的过程，本流程共包括了三次连续的均压降压过程，以保证氢气的充分回收。

（2）顺放过程　在均压回收氢气过程结束后，继续顺着吸附方向进行减压，顺放出来的氢气放入顺放气缓冲罐中混合并贮存起来，用作吸附塔冲洗的再生气源。

（3）逆放过程　在顺放结束、吸附前沿已达到床层出口后，逆着吸附方向将吸附塔压力降至接近常压，此时被吸附的杂质开始从吸附剂中大量解吸出来，解吸气送至解吸气缓冲罐用作预处理系统的再生气源。

（4）冲洗过程　逆放结束后，为使吸附剂得到彻底的再生，用顺放气缓冲罐中储存的氢气逆着吸附方向冲洗吸附床层，进一步降低杂质组分的分压，并将杂质冲洗出来。冲洗再生气也送至解吸气缓冲罐用作预处理系统的再生气源。

（5）均压升压过程　在冲洗再生过程完成后，用来自其他吸附塔的较高压力氢气依次对该吸附塔进行升压，这一过程与均压降压过程相对应。这一流程不仅是升压过程，而且也是回收其他塔的床层死空间氢气的过程。本流程共包括了连续三次均压升压过程。

（6）产品气升压过程　在三次均压升压过程完成后，为了使吸附塔可以平稳地切换至下一次吸附并保证产品纯度在这一过程中不发生波动，需要通过升压调节阀缓慢而平稳地用产品氢气将吸附塔压力升至吸附压力。

经这一过程后吸附塔便完成了一个完整的吸附 - 再生循环，又为下一次吸附作好了准备。五个吸附塔交替进行以上的吸附、再生操作（始终有一个吸附塔处于吸附状态），即可实现气体的连续分离与提纯。

3．认识吸附塔

变压吸附设备为固定床吸附塔（或称吸附器），结构见图 4-18。吸附塔通常可分单层床和双层床，床层的高度可取几十厘米到十几米。上下通气口皆设有过滤器、气体分布器。单层床结构在吸附剂上设有丝网孔板、气缸压紧装置。在吸附塔工作时，气缸活塞受压差产生一个下推力并通过丝网孔板把吸附剂压紧，避免了因气流过大而造成的吸附剂沸腾流化、过滤器丝网被冲击破损现象，从而延长吸附剂的寿命、保证吸附塔的正常运行。

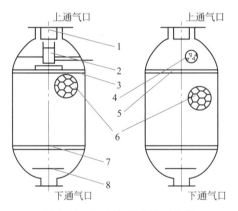

图 4-18　固定床吸附塔示意图

1—过滤器；2—压紧装置；3—丝网孔板；4—压紧填料；5—丝网；
6—分子筛；7—下过滤器；8—气体分布器

该结构简单可靠、造价低、吸附剂磨损少、操作方便。在气缸活塞允许的行程内，能很好地克服吸附剂沸腾粉尘现象。而双层床结构设置了双层填料，在吸附剂上部增添了压紧填料，两者之间通过丝网隔开，在吸附塔工作时，依靠压紧填料的重量压紧丝网吸附剂，同样起到单层床压紧装置的作用，并不受以上所说的行程限制，但该结构在设计或装配不当的情况下，运行中会发生中间丝网倾斜造成吸附剂和压紧填料相混合的现象，从而导致吸附剂的加剧磨损。

4．安全生产技术

进入装置必须穿戴劳动防护用品，在指定区域正确戴上安全帽。进入作业点参观实习时，严禁随意开启和动用各种机械设备，要当心触电，当心中毒，遵守各项警告标示及告示牌的注意事项,注意安全。进入现场要小心走路,随时观察地面、水沟、阀杆、装置有些部位及围堰或边沟,注意楼梯、平台扶手,防止摔倒和磕碰。

5. 实训操作步骤

① 以小组为单位,参观正常运行的氢气变压吸附装置。认识吸附塔、贮槽、罐及管路阀门、仪表等主要设备及器件,了解各设备作用。

② 查走并叙述氢气变压吸附装置的流程。

③ 提炼并绘制吸附基本工艺流程。对吸附过程有了深入了解后,简化实际吸附装置工艺,提炼、绘制并叙述吸附基本工艺流程,强化对吸附工艺过程的理解。

④ 阐述固定床吸附塔基本构造及特点。

 考核评价

认识吸附装置			
工作任务	**考核内容**		**考核要点**
认识吸附装置	基础知识		吸附基本概念;吸附分类;常见吸附剂及选择;吸附在化工生产中的应用;吸附设备;吸附分离工艺
	能力训练	准备工作	正确佩戴和使用劳动防护用品,认读现场操作的安全警示标志
		现场考核	认识变压吸附流程中的主要设备名称,说明其作用;查摸变压吸附基本流程;识读、绘制、叙述吸附流程
	职业素养		安全意识、严谨细致、遵规守纪、着装规范、团结协作

 自测练习

一、选择题

1. 具有吸附能力的( )物质称为吸附剂。

A. 多孔性材料　　　B. 多孔性胶体　　　C. 多孔性固体　　　D. 多孔性粉末

2. 吸附质与吸附剂之间由于分子间力而产生的吸附称为( )。

A. 树脂吸附　　　B. 物理吸附　　　C. 等温吸附　　　D. 化学吸附

3. 下列不属于在污水处理过程中常用的吸附设备的是( )。

A. 离子床　　　B. 移动床　　　C. 固定床　　　D. 流动床

4. 常用的吸附剂是( )。

A. 焦炭　　　B. 分子筛　　　C. 活性氧化镁　　　D. 硅藻土

5. 以下选项中( )不是活性炭吸附的影响因素。

A. 温度　　　B. 极性　　　C. 溶解度　　　D. 密度

二、简答题

1. 何谓吸附?

2. 简述物理吸附与化学吸附的区别。

3. 工业上对吸附剂有哪些要求?

4. 工业上怎样实现吸附剂的再生？有哪些方法？

5. 试述吸附分离在化工生产中的应用。

任务 2　吸附操作及故障处理

 教学目标

知识目标：

1. 掌握吸附原理，吸附相平衡及吸附速率；

2. 理解影响吸附操作的因素；

3. 熟悉吸附的开、停车操作规程及简单的故障处理方法。

能力目标：

1. 能正确进行吸附开、停车操作；

2. 能正确佩戴和使用劳动防护用品；

3. 能识记操作现场的安全警示标志；

4. 能看懂工艺流程图（PID 图），能绘制工艺流程图；

5. 能识读工艺技术规程、安全技术规程和操作规程。

素质目标：

具有安全意识、质量意识、节能意识，具有团队协作精神和社会责任感。

> **思政育人要素：**
>
> 通过吸附操作故障处理，引入安全操作意识，培养职业精神，养成规范操作习惯。

 相关知识

一、吸附原理

吸附过程是流体与固体颗粒之间的相际传质过程，气体吸附是气 - 固相间的传质过程，液体吸附是液 - 固相间的传质过程。吸附过程的极限是达到吸附平衡。因此，要研究吸附过程，首先要了解吸附的相平衡关系。

物理吸附过程是可逆的。在一定条件下，当流体与吸附剂接触时，流体中吸附质将被吸附剂吸附。随着吸附过程的进行，吸附质在吸附剂表面上的量逐渐增加，也出现了吸附质的解吸，且随时间的推移，解吸速率逐渐加快，当吸附速率和解吸速率相等时，吸附和解吸达到了动态平衡，称为吸附平衡。平衡时，吸附量不再增加，吸附质在流体中的浓度和在吸附剂表面的浓度都不再发生变化，从宏观上看，吸附过程停止。此时吸附剂对吸附质的吸附量称为平衡吸附量，流体中的吸附质的浓度（或分压）称为平衡浓度（或平衡分压）。

平衡吸附量与平衡浓度（或平衡分压）之间的关系即为吸附平衡关系。通常用吸附等温线或吸附等温式表示。

二、吸附的相平衡

1. 气体的吸附平衡

（1）吸附等温线　吸附等温线描述的是等温条件下，平衡时吸附剂中的吸附量与流体中吸附质浓度（或分压）之间的关系，由实验测得。

对于单组分气体吸附，其吸附等温线形式可分为五种基本类型，如图 4-19 所示。图中横坐标为单组分分压与该温度下饱和蒸气压的比值 $p/p°$，纵坐标为吸附量 q。

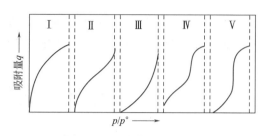

图 4-19 吸附等温线的分类

吸附等温线形状的差异是由于吸附剂和吸附质分子间的作用力不同造成的。Ⅰ型表示吸附剂毛细孔的孔径比吸附质分子尺寸略大时的单层分子吸附，如在 80K 下氮气在活性炭上的吸附；Ⅱ型表示完成单层吸附后再形成多分子层吸附，如在 78K 下氮气在硅胶上的吸附；Ⅲ型表示吸附气体量不断随组分分压的增加而增加直至相对饱和值趋于 1 为止，如在 351K 下溴在硅胶上的吸附；类型Ⅳ为类型Ⅱ的变形，能形成有限的多层吸附，如 323K 下苯在氧化铁胶上的吸附；类型Ⅴ偶然见于分子互相吸引效应很大的情况，如磷蒸气在 NaX 分子筛上的吸附。

（2）吸附等温方程式 对于等温条件下的吸附平衡，由于各学者对平衡现象的描述采用不同的假定和模型，因而推导出多种经验方程式，即为吸附等温方程式。在此仅举三例，其他的吸附等温方程式可参考有关的专著。

① 弗兰德里希（Freundlich）方程

$$q = kp^{1/n} \tag{4-1}$$

式中 q——在压力 p 下的吸附量，kg吸附质/kg吸附剂；

p——吸附质的平衡分压，kPa；

k, n——经验常数。

Freundlich 方程描述了在等温条件下，吸附量和压力的指数分数成正比。压力增大，吸附量也随之增大，但压力增加到一定程度以后，吸附量不再变化。

② 朗格缪尔（Langmuir）方程

$$q = \frac{Kq_m p}{1 + Kp} \tag{4-2}$$

式中 q_m——吸附剂表面单分子层盖满时的最大吸附量，kg吸附质/kg吸附剂；

K——吸附平衡常数。

Langmuir 方程符合Ⅰ型等温线和Ⅱ型等温线的低压部分。

③ BET 方程

$$q = \frac{q_m bp}{(p° - p)\left[1 + (b-1)\dfrac{p}{p°}\right]} \tag{4-3}$$

式中 $p°$——同温度下该气体的液相饱和蒸气压，Pa；

b——与吸附热有关的常数。

勃劳纳尔（Brunauer）、埃米特（Emmett）及泰勒（Teller）三人联合建立的 BET 方程更好地适应了吸附的实际情况，应用范围较宽，它可适用于Ⅰ型、Ⅱ型和Ⅲ型等温线。

工业上的吸附过程所涉及的都是气体混合物而非纯气体。如果在气体混合物中除 A 之外的所有其他组分的吸附均可忽略，则 A 的吸附量可按纯气体的吸附估算，但其中的压力应采用 A 的分压。而多组分气体吸附时，一个组分的存在对另一组分的吸附有很大影响，且影响十分复杂。一些实验数据表明，混合气体中的某一组分对另外组分吸附的影响可能是增加、减小或者没有影响，这取决于吸附分子间的相互作用。

2．液体的吸附平衡

液相吸附的机理远比气相吸附复杂，溶液中溶质为电解质与溶质为非电解质的吸附机理不同。影响吸附机理的因素除了温度、浓度和吸附剂的结构性能外，溶质和溶剂的性质对其吸附等温线的形状都有影响。一般来说，溶质的溶解度越小，吸附量越大；温度越高，吸附量越低。

当吸附剂与混合溶液接触时，溶质与溶剂都将被吸附。由于总吸附量无法测定，故通常以溶质的表观吸附量来表示。用吸附剂处理溶液时，若溶质优先被吸附，则可测出溶液中溶质含量的初始浓度 c_0 以及达到吸附平衡时的平衡浓度 c^*。如单位质量吸附剂所处理的溶液体积为 V，则吸附质的表观吸附量为 $V(c_0-c^*)$kg 吸附质 /kg 吸附剂。

对于稀溶液，吸附等温线可用 Freundlich 方程表示：

$$c^* = K[V(c_0 - c^*)]^m \tag{4-4}$$

式中　V——单位质量吸附剂处理的溶液体积，m^3溶液/kg吸附剂；

c_0——溶液中溶质的初始质量浓度，kg/m^3；

c^*——溶液中溶质的平衡质量浓度，kg/m^3；

K，m——体系的特性常数。

Freundlich 方程在通常浓度下污水处理的过程，因简单方便而获得普遍应用。

3．吸附平衡在吸附操作中的应用

（1）判断传质过程进行的方向　当流体与吸附剂接触时，若流体中吸附质的浓度（或分压）高于其平衡浓度（或平衡分压），则吸附质被吸附；反之，若流体中吸附质的浓度（或分压）低于其平衡浓度（或平衡分压），则已被吸附在吸附剂上的吸附质将被解吸。

（2）指明传质过程进行的极限　吸附达到平衡时，吸附量不再增加，吸附质在流体中的浓度和在吸附剂表面的浓度都不再发生变化，宏观上吸附过程停止。可见平衡是吸附过程的极限。

（3）计算过程的推动力　吸附过程的推动力常用吸附质的实际浓度与其平衡浓度的偏离程度表示。过程推动力越大，吸附速率也越大，完成一定的吸附任务所需的设备尺寸越小；对于固定的设备，完成一定的吸附任务所需的吸附时间短，生产能力增大。

三、吸附速率

吸附剂对吸附质的吸附效果，除了用吸附量表示外，还必须以吸附速率来衡量。吸附速率是指单位质量的吸附剂（或单位体积的吸附层）在单位时间内所吸附的吸附质量，它是吸附过程设计与操作的重要参数。通常吸附质被吸附剂吸附的过程分为三步（如图 4-20 所示）：①吸附质从流体主体通过吸附剂颗粒周围的滞流膜层以分子扩散与对流扩散的形式传递到吸附剂颗粒的外表面，称为外扩散过程；②吸附质从吸附剂颗粒的外表面通过颗粒上的微孔扩散进入颗粒内部，到达颗粒的内部表面，称为内扩散过程；③在吸附剂的内表面上吸附质被吸附剂吸附，称为表面吸附过程。解吸时则逆向进行，首先进行被吸附质的解吸，经内扩散传递至外表面，再从外表面扩散到流动相主体，完成解吸。

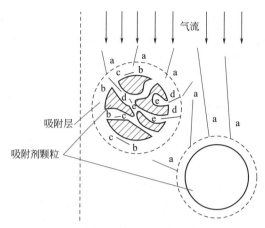

图 4-20 吸附质在吸附剂上的扩散示意图

a，b—外扩散；c，d—内扩散；e—表面吸附

对于物理吸附，吸附表面上的吸附过程往往进行得很快，所以，决定吸附过程总速率的是内扩散过程和外扩散过程。

由于吸附过程复杂、影响因素多，从理论上推导吸附速率方程很困难，因此速率方程一般是凭经验或根据模拟试验来确定。

1．外扩散速率方程

吸附质从流体主体到吸附剂表面的传质速率方程可表示为：

$$\frac{\mathrm{d}q}{\mathrm{d}\tau}=k_{f}\alpha_{p}(c-c_{i})\tag{4-5}$$

式中 q——单位质量吸附剂所吸附的吸附质的量，kg吸附质/kg吸附剂；

τ——时间，s；

$\dfrac{\mathrm{d}q}{\mathrm{d}\tau}$——吸附速率，kg 吸附质 /（kg 吸附剂·s）；

a_{p}——吸附剂的比表面积，m^2/kg；

c——吸附质在流体相中的平均质量浓度，kg/m^3；

c_{i}——吸附质在吸附剂外表面处的流体中的质量浓度，kg/m^3；

k_{f}——外扩散过程的传质系数，m/s。

k_{f} 与流体性质、颗粒的几何特性、两相接触的流动状况以及温度、压力等操作条件有关。其值可由经验公式求取。

2．内扩散速率方程

吸附质由吸附剂的外表面通过颗粒微孔向吸附剂内表面扩散的过程与吸附剂颗粒的微孔结构有关。内扩散机理非常复杂，吸附质在微孔中的扩散分为两种形式：①沿孔截面的孔扩散；②沿微孔表面的表面扩散。通常将内扩散过程简单地处理成从外表面向颗粒内的传质过程，其传质速率方程可表示为：

$$\frac{\mathrm{d}q}{\mathrm{d}\tau}=k_{s}\alpha_{p}(q_{i}-q)\tag{4-6}$$

式中 k_{s}——内扩散过程的传质系数，$kg/(m^2\cdot s)$；

q_{i}——吸附剂外表面处吸附质量，kg 吸附质 /kg 吸附剂，与 c_{i} 成平衡；

q——吸附剂上吸附质的平均质量，kg 吸附质 /kg 吸附剂。

k_s 与吸附剂微孔结构特性、吸附质的物性以及吸附过程的操作条件等各种因素有关，可由实验测定。

3．总吸附速率方程

由于吸附剂外表面处的浓度 c_i 和 q_i 无法测定，通常用总吸附速率方程表示吸附速率：

$$\frac{\mathrm{d}q}{\mathrm{d}\tau} = K_f \alpha_p (c - c^*) \tag{4-7}$$

$$\frac{\mathrm{d}q}{\mathrm{d}\tau} = K_s \alpha_p (q^* - q) \tag{4-8}$$

式中　c^*——与吸附质含量为 q 的吸附剂成平衡的流体中吸附质的质量浓度，kg/m³；

$\quad\quad q^*$——与吸附质质量浓度为 c 的流体成平衡的吸附剂上吸附质的含量，kg 吸附质 /kg 吸附剂；

$\quad\quad K_f$——以 $\Delta c = c - c^*$ 为推动力的总传质系数，m/s；

$\quad\quad K_s$——以 $\Delta q = q^* - q$ 为推动力的总传质系数，kg/(m² · s)。

大多数情况下，内扩散的速率较外扩散慢，吸附速率由内扩散速率决定，吸附过程称为内扩散控制，此时 $K_s \approx k_s$；但有的情况下，外扩散速率比内扩散慢，吸附速率由外扩散速率决定，称为外扩散控制过程，则 $K_f \approx k_f$。

四、影响吸附操作的因素

影响吸附操作的因素有吸附剂的性质、吸附质的性质及操作条件等，只有了解影响吸附操作的因素，才能选择合适的吸附剂及适宜的操作条件，从而更好地完成吸附分离任务。

（1）操作条件　低温操作有利于物理吸附，适当升高温度有利于化学吸附。温度对气相吸附的影响比对液相吸附的影响大。对于气体吸附，压力增加有利于吸附，压力降低有利于解吸。

（2）吸附剂的性质　吸附剂的性质如孔隙率、孔径、粒度等影响比表面积，从而影响吸附效果。一般来说，吸附剂粒径越小或微孔越发达，其比表面积越大，吸附容量也越大。但在液相吸附过程中，对分子量大的吸附质，微孔提供的表面积不起很大作用。

（3）吸附质的性质与浓度　对于气相吸附，吸附质的临界直径、分子量、沸点、饱和性等影响吸附量。若用同种活性炭作吸附剂，对于结构相似的有机物，分子量、不饱和性越大，沸点越高，越易被吸附。对于液相吸附，吸附质的分子极性、分子量、在溶剂中的溶解度等影响吸附量，分子量越大、分子极性越强、溶解度越小，越易被吸附，吸附质浓度越高，吸附量越少。

（4）吸附剂的活性　吸附剂的活性是吸附剂吸附能力的标志，常以吸附剂上所吸附的吸附质量与所有吸附剂量之比的百分数来表示。其物理意义是单位吸附剂所能吸附的吸附质量。

（5）接触时间　吸附操作时，应保证吸附质与吸附剂有一定的接触时间，使吸附接近平衡，充分利用吸附剂的吸附能力。吸附平衡所需的时间取决于吸附速率。一般要通过经济权衡，确定最佳接触时间。

（6）吸附器的性能　吸附器的性能会影响吸附效果。

技能训练

吸附装置操作

1．训练要求

① 认识装置设备、仪表及调节控制装置。

② 识读富氢气体回收氢气变压吸附装置的工艺流程图，标出物料的流向，查摸现场装置流程。

③ 学会吸附的开停车操作及简单的故障处理。

2．实训装置

回收氢气变压吸附装置工艺流程图及工艺流程说明，详见本项目任务 1 的图 4-17。

3．实训操作步骤

（1）初次开车前的准备

① 开车前对整个装置应进行吹除和气密性试验，合格后对吸附塔装填吸附剂。

② 对程控系统进行严格的检查及调试，以保证整个装置可随时投入运行。

③ 在投入原料气之前，还必须用干燥、无油的氮气（或抽真空）对整个装置的设备和管道进行置换，使氧含量降到 0.5% 以下，因为本装置的原料气、产品气和解吸气均含有大量的氢气，如果不预先将装置内的氧置换掉，那么在开车时容易引起爆炸燃烧。

④ 装置启动前，先将计算机操作画面置于变压吸附自动 - 手动操作画面，然后点击自动操作按钮，观察变压吸附系统处于哪一个工作状态；再点击手动操作按钮，使变压吸附系统处于备用状态。

（2）吸附装置开车操作　装置启动分初次开车和正常开车。初次开车前应作好一系列准备工作；而正常开车时只要按规定的操作步骤进行启动即可。

吸附工序启动步骤如下。

① 启动空压机，并将其压力控制在 0.6 ～ 0.7MPa；

② 打开重整系统流量旁通阀，关小重整气放空阀，向变压吸附系统充气，并通过调节重整气放空阀维持重整系统压力；

③ 点击计算机变压吸附系统自动操作按钮，开始向吸附塔充气；

④ 打开并调节吸附系统放空阀 K203，维持吸附系统压力在 0.2 ～ 0.3MPa，进行低压运行，调整并对系统进行置换；

⑤ 调节吸附系统放空阀 K203，维持吸附系统压力在 0.6 ～ 0.7MPa，进行中压运行，调整并对系统进行置换；

⑥ 调节吸附系统放空阀 K203，维持吸附系统压力在 0.9 ～ 1.0MPa，在正常操作压力下运行，调整并对系统进行置换；

⑦ 启动在线分析仪，对产品气进行分析，若合格即可将其切换进入氢气缓冲罐；

⑧ 打开并设置气体压力调节阀在 1.0MPa，将产品气送入氢气缓冲罐并对其进行置换。置换气由氢气缓冲罐底部排污阀排出进入大气。

由于此时排出的气体已基本是纯氢了，操作中应采取低压、小量、多次的方式进行，严防出现爆炸燃烧情况。

置换过程中，随时调整重整气放空阀和吸附系统放空阀，以控制两套系统操作压力，保持操作系统的稳定运行。

以上介绍的装置启动步骤，适合装置的第一次开车和停车时间较长后再启动时使用。如停车时间较短，启动时可加快升压速率。

（3）停车操作　吸附装置的停车，可分为正常停车和紧急停车。紧急停车多为出现突发情况采取的停车措施，待情况好转或正常后，再进行热态开车，操作能在较短时间内恢复正常。正常停车通常是停产或为满足装置大修的需要，有计划进行的停车操作，物料需全部排除，最终使装置处在冷态开车前的状态。两种不同的停车，要求不同，操作不同。

① 正常停车。正常停车是有计划的停车，停车前通知本装置前后有关工序，然后按下述步骤实施正常停车。

a．关闭装置原料气入口阀。

b．关闭装置产品气出口阀，使系统保持全封闭状态。

c．停控制器电源、停氢分仪电源，关取样阀。

d．系统保压（各吸附塔均应保持正压）。

② 紧急停车

a．迅速关闭装置原料气入口阀。

b．迅速关闭装置产品气出口阀。

c．根据现场具体情况，可参照正常停车步骤处理。

（4）故障处理　发生故障是指外界条件供给失常或吸附系统本身在运行过程中操作失调，某一部分失灵，引起产品纯度下降的情况。在故障原因未查明前装置不需停车，可继续观察，待故障查明后视情况而定。常见故障如下。

① 外界条件供给失常

a．原料气带水。原料气中的机械水进入吸附塔会导致吸附剂逐渐失效。此时应停车，检查带水原因及程度，作出相应处理。

b．停电。停电时，程控器无输出，装置处于停车状态，可按紧急停车处理。

c．仪表空气压力下降。装置要求仪表空气压力不低于 0.5MPa，否则气动阀将无法正常操作。这将导致各吸附塔工作状态混乱，产品质量下降，此时应停车处理。

② 操作失调。吸附系统运转过程是否正常，关键是各吸附塔的再生状况是否良好。系统操作失调会立即或逐步使塔的再生恶化。由于吸附过程是周期循环过程，因此只要其中一个吸附塔再生恶化，就会很快波及和污染到其他吸附塔，最终导致产品质量下降。

a．原料处理量与循环时间。吸附塔内的吸附剂对杂质的吸附能力是定量的，一旦处理量改变，就应该对其吸附时间进行调整。

原料处理量大，塔内气速则快，气体容易穿透床层，应缩短循环时间；原料处理量小，塔内气速则慢，气体不容易穿透床层，应延长循环时间。

b．顺放气量。此类操作失调的原因是吸附时间延长或缩短，而均压阀未能及时调整。当均压气量过多时，正在均压的吸附塔的吸附前沿提前突破，不仅污染了正升压的吸附塔，也使均压吸附塔本身出口部分吸附剂提前被污染，在实施二次、三次均压时，被升压的吸附塔污染更严重；均压气量过少，吸附塔的氢利用率降低，逆放初压力偏高，也会降低氢气的回收率。

③ 吸附系统故障。吸附系统故障是指在运转过程中某一部分失灵，引起产品纯度下降、工作程序混乱，严重时可使装置无法运行。

可能发生的故障有以下几种。

a. 故障现象。现场各塔的压力指示与程控器显示的工作状态不一致，例如：该均压的不均压；均压后两个塔压力同时上升；该逆放的不放空；均压后的气体全部放空；均压塔的压力不降等。

故障原因：程控阀该开的未开，该关的未关。

（a）程控阀本身卡死；

（b）无输出信号，使程控阀不动作。

故障处理方法如下。

（a）如属于程控阀自身问题，为不影响生产，可先将其更换，拆下后将其进行修理。

（b）如程控阀不动作，可从控制管路开始查，其顺序为：管路（包括气源）、电磁阀、线路、程控机有无输出，并作相应处理。

b. 程控机故障。其故障表现在无信号输出、程序不切换、停留于某一状态或程序执行紊乱。

出现此种情况时及时通知供应商进行维修。

④ 产品纯度的调整方法。产品纯度下降表明吸附塔在吸附步骤中杂质组分已达到吸附塔的出口端，其原因主要是操作调节不当，或是自控系统发生故障。一旦找出原因，经处理后应尽快恢复至正常操作状态。调整的有效方法一是低负荷（小的处理量）运转一段时间；二是缩短循环时间。两者结合起来更好，产品纯度恢复更快，但注意缩短循环时间要保证均压和终充所需的时间。

知识拓展

化学吸附

化学吸附是吸附质分子与固体表面原子（或分子）发生电子的转移、交换或共有，形成吸附化学键的吸附。由于固体表面存在不均匀力场，表面上的原子往往还有剩余的成键能力，当气体分子碰撞到固体表面上时便与表面原子间发生电子的交换、转移或共有，形成吸附化学键的吸附作用。

与物理吸附相比，化学吸附主要有以下特点：①吸附所涉及的力与化学键力相当，比范德华力强得多；②吸附热近似等于反应热；③吸附是单分子层的；④有选择性；⑤对温度和压力具有不可逆性。另外，化学吸附还常常需要活化能。确定一种吸附是否是化学吸附，主要根据吸附热和不可逆性。

化学吸附机理可分 3 种情况：①气体分子失去电子成为正离子，固体得到电子，结果是正离子被吸附在带负电的固体表面上；②固体失去电子而气体分子得到电子，结果是负离子被吸附在带正电的固体表面上；③气体与固体共有电子成共价键或配位键。例如气体在金属表面上的吸附就往往是由于气体分子的电子与金属原子的 d 电子形成共价键，或气体分子提供一对电子与金属原子成配位键而吸附的。

化学吸附在复相催化中的作用及其研究：复相催化多数属于固体表面催化气相反应，它与固体表面吸附紧密相关。在这类催化反应中，至少有一种反应物是被固体表面化学吸附的，而且这种吸附是催化过程的关键步骤。在固体表面的吸附层中，气体分子的密度要比气相中高得多，但是催化剂加速反应一般并不是表面浓度增大的结果，而主要是因为被吸附分子、离子或基团具有高的反应活性。气体分子在固体表面化学吸附时可能引起离解、变形等，可以大大提高它们的反应活性。因此，化学吸附的研究对阐明催化机理是十分重要的。化学吸附与固体表面结构有关。表面结构化学吸附的研究中有许多新方法和新技术，例如场发射显微镜、场离子显微镜、低能电子衍射、红外光谱、核磁共振、电子能谱化学分析、同位素交换法等。其中场发射显微镜和场离子显微镜能直接观察不同晶面上的吸附以及表面上个别原子的位置，故为各种表面的晶格缺陷、吸附性质及机理的研究提供了最直接的证据。

 考核评价

吸附操作及故障处理		
工作任务	考核内容	考核要点
吸附操作	基础知识	吸附原理；吸附相平衡；吸附速率；影响吸附操作的因素；吸附的开、停车操作及简单的故障处理
	现场考核	针对实际生产装置，现场模拟操作训练后进行考核
职业素养		养成规范操作习惯，树立安全意识

 **自测练习**

一、选择题

1. 回收了其他吸附塔死空间的氢气的过程是（　　　）。

A. 产品气升压过程　　　　　　　　　　B. 均压升压过程

C. 均压降压过程　　　　　　　　　　　D. 顺放过程

2. 通常吸附质被吸附剂吸附的过程分三步：（　　　）。

A. 表面吸附、内扩散、外扩散　　　　　B. 内扩散、外扩散、表面吸附

C. 外扩散、内扩散、表面吸附　　　　　D. 表面吸附、外扩散、内扩散

3. 大多数情况下，内扩散与外扩散相比，内扩散的速率较外扩散（　　　）。

A. 快　　　　　　　B. 慢　　　　　　　C. 相等　　　　　　D. 无法确定

4. 原料气温度越高，吸附剂的吸附量越（　　　）。

A. 高　　　　　　　B. 低　　　　　　　C. 不变　　　　　　D. 无法确定

5. 吸附是脱除（　　　）中含有少量或痕量杂质时抽取高纯度物质常采用的方法。

A. 固体　　　　　　B. 气体　　　　　　C. 液体　　　　　　D. 液体或气体

二、判断题

（　　　）1. 吸附和吸收类似，都只是分离气体混合物的单元操作。

（　　　）2. 物理吸附是不可逆的。

（　　　）3. 分子筛作吸附剂时，可根据分子不饱和程度进行选择吸附，分子的不饱和程度越大，被吸附的就越多。

（　　）4. 原料气的压力越高，吸附剂的吸附量越高。

三、简答题

1. 简述影响吸附的因素。

2. 什么是吸附平衡？

3. 什么是内扩散过程？什么是外扩散过程？

项目 5
膜分离技术

　　膜分离是借助于膜，在某种推动力的作用下，利用流体中各组分对膜的渗透速率的差别而实现组分分离的过程，如图 5-1 所示。膜是一个薄的阻挡层，原料混合物通过膜被分离成截留物和透过物。通常原料混合物、截留物及透过物为液体或气体。不同的膜分离过程中所用的膜具有不同的结构、材质和选择特性。有时在膜的透过物一侧加入清扫流体，以帮助移除透过物。

　　膜的种类和功能繁多，一般来说，膜必须具有选择性才能起分离作用。如图 5-2 所示，借助膜的选择透过性，原料混合物中某些组分通过膜，某些组分被截留。膜的传递是凭借吸着作用及扩散作用，膜分离结束后得到了两种流体。

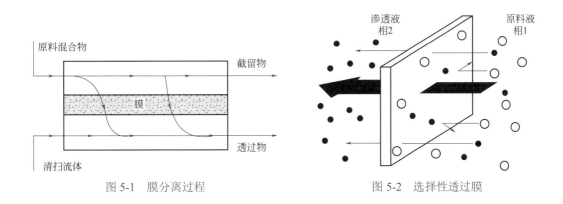

图 5-1　膜分离过程　　　　　　　　图 5-2　选择性透过膜

　　膜分离技术的大规模应用是从 20 世纪 60 年代的海水淡化工程开始的，以后平均每 10 年就有一种新的膜技术进入工业应用：60 年代为反渗透，70 年代为超滤，80 年代为气体分离，90 年代为渗透汽化，这些技术均获得了巨大的经济效益和社会效益。随着现代工业对节能、资源再生、环境污染消除的需求加强，膜技术得到了世界各国的普遍重视，欧、美、日等发达国家和地区投入巨资进行专门的开发研究，并在此领域占有领先地位，我国也将膜分离技术列为重点研究课题。随着膜技术的发展和应用，反渗透、超滤、微滤、电渗析和气体分离等各种膜分离技术开始在水的脱盐和纯化、石油化工、轻工、纺织、食品、生物技术、医药、环境保护等领域得到了较多的应用。一些膜分离过程的重要应用见表 5-1。

表 5-1　一些膜分离过程的重要应用

膜过程	缩写	工业应用
反渗透	RO	海水或苦咸水脱盐；地表或地下水的处理；食品浓缩等
渗析	D	从废硫酸中分离硫酸镍；血液透析等
电渗析	ED	电化学工厂的废水处理；半导体工业用超纯水的制备等
微滤	MF	药物灭菌；饮料的澄清；抗生素的纯化；由液体中分离动物细胞等
超滤	UF	果汁的澄清；发酵液中疫苗和抗生菌的回收等
渗透汽化	PV	乙醇 - 水共沸物的脱水；有机溶剂脱水；从水中除去有机物
气体分离	GS	从甲烷或其他烃类物中分离 CO_2 或 H_2；合成气 H_2/CO 比的调节；从空气中分离 N_2 和 O_2
液膜分离	LM	从电化学工厂废液中回收镍；废水处理等

任务 1　认识膜分离装置

教学目标

知识目标：

1. 掌握膜分离基本概念、特点；
2. 掌握膜分离技术分类，了解其在工业生产中的应用；
3. 掌握膜分离设备种类、构造及特点；
4. 了解膜的种类及工业对分离膜的要求；
5. 掌握典型膜分离工艺流程。

能力目标：

1. 认识膜分离主要设备；
2. 能识读、绘制典型膜分离工艺流程图。

素质目标：

具有创新意识，节能意识；具有可持续发展的理念和社会责任感。

> **思政育人要素：**
>
> 　介绍我国膜分离技术的最新进展，激发爱国主义精神；进行社会主义核心价值观教育。

相关知识

一、膜分离生产案例

1. 膜分离技术的分类

工业化的膜分离过程在应用中占的比例为：微滤 35.71%、超滤 19.10%、反渗透 13.04%、血液渗析 17.70%、电渗析 3.42%、气体分离 9.32%、其他 1.71%。常见膜分离过程及其基本特征见表 5-2。膜分离过程的推动力是膜两侧的压力差或电位差，所以不同膜分离过程的分离体系和适用范围不同。

表 5-2 常见膜分离过程及其基本特征

过程	推动力	传递机理	透过组分	截留组分	膜类型	简图
微滤（MF）	压力差 0～100kPa	颗粒大小、形状	溶液、微粒（0.02～10μm）	悬浮物（胶体、细菌）、粒径较大的微粒	多孔膜	进料 → 滤液(水)
超滤（UF）	压力差 100～1000kPa	分子特性、形状、大小	溶剂、少量小分子溶质	大分子溶质	非对称性膜	进料 → 浓缩液 / 滤液
反渗透（RO）	压力差 1000～10000kPa	溶剂的扩散传递	溶剂、中性小分子	悬浮物、大分子、离子	非对称性膜或复合膜	进料 → 溶质(盐) / 溶剂(水)
渗析（D）	浓度差	溶剂的扩散传递	小分子溶质	大分子和悬浮物	非对称性膜 离子交换膜	进料 → 净化液 / 扩散液 → 接受液
电渗析（ED）	电位差	电解质离子的选择传递	电解质离子	非电解质、大分子物质	离子交换膜	浓电解质 → 产品(溶剂) / 阴离子交换膜 进料 阳离子交换膜
气体分离（GS）	压力差 1000～1000kPa 浓度（分压差）	气体和蒸气的扩散渗透	易渗气体或蒸气	难渗气体或蒸气	均匀膜、复合膜、非对称性膜	进气 → 渗余气 / 渗透气
渗透汽化（PV）	分压差	选择传递（物性差异）	膜内易溶解组分或易挥发组分	不易溶解组分或较大、较难挥发物	均匀膜、复合膜、非对称性膜	进料 → 溶质或溶剂 / 溶剂或溶质
液膜分离（LM）	化学反应和扩散传递	促进传递和溶解扩散传递	杂质（电解质离子）	溶剂、非电解质离子	液膜	内相 膜相 外相

2. 膜分离过程的特点

① 多数膜分离过程组分不发生相变，与有相变的平衡分离方法相比能耗低；

② 膜分离过程一般在常温或温度不太高的条件下进行，对食品加工、医药及生化技术领域有其独特的适用性，产品可保留原有的风味及营养；

③ 膜分离过程不仅可以除去病毒、细菌等微粒，还可以除去溶液中的大分子和无机盐，并且可以分离共沸物或沸点相近的组分；

④ 由于以压力差或电位差为推动力，因此膜分离装置简单、操作方便、维护费用低。

膜分离过程也存在一些不足，如膜的寿命有限，膜使用过程的浓差极化，膜的污染及劣化等。这些问题都会使膜分离技术不能充分发挥其效能。因此，研究及有效解决这些问题是膜工作者今后努力的方向。

3. 膜分离生产案例

（1）反渗透装置生产超纯水 反渗透装置生产超纯水典型工艺流程如图5-3所示。原水首先通过过滤装置除去悬浮物及胶体，加入杀菌剂次氯酸钠防止微生物生长，然后经过反渗透和离子交换设备除去其中大部分杂质，最后经紫外线处理将纯水中微量的有机物氧化分解成离子，再由离子交换器脱除，反渗透膜的终端过滤后得到超纯水送入用水点。用水点使用过的水已混入杂质，需经废水回收系统处理后才能排入河里或送回超纯水制造系统循环使用。

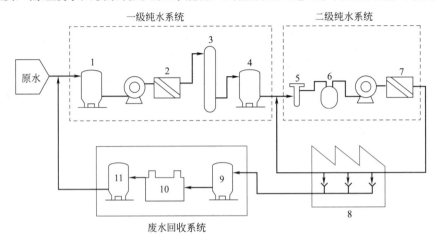

图 5-3　反渗透生产超纯水的工艺流程

1—过滤装置；2，7—反渗透膜装置；3—脱氧装置；4，9—离子交换装置；5—紫外线系统装置；
6—离子交换器；8—用水点；10—紫外线氧化装置；11—活性炭过滤装置

（2）超滤装置进行果汁澄清　从苹果中榨取的果汁由于含有丹宁、果胶和苯酚等化合物而呈现混浊状。经过巴氏杀菌后，进行酶处理，先部分脱除果胶，再通过超滤来澄清果汁，如图 5-4 所示，果汁回收率可达 98%～99%，果汁的品质高。

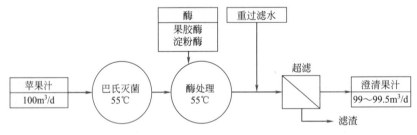

图 5-4　超滤澄清果汁示意图

（3）电渗析装置进行海水淡化　海水脱盐制淡水是电渗析最早且至今仍是最重要的应用领域。图 5-5 为电渗析脱盐生产淡水的工艺流程。在海水中加入助剂，经过二次过滤，滤液通过电渗析器脱盐达到饮用水标准，得到的淡水再经处理后送入淡水贮槽。浓缩液送入结晶器结晶制取食盐。

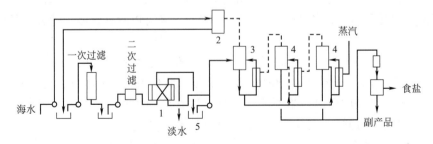

图 5-5　电渗析脱盐生产淡水的工艺流程

1—电渗析槽；2—冷凝器；3—浓缩罐；4—结晶罐；5—浓液槽

二、膜分离设备

将膜以某种形式组装在一个基本单元设备内，这种器件称为膜分离器，又称膜组件。膜材料种类很多，但膜设备仅有几种。膜分离设备根据膜组件的形式不同可分为：板框式、螺旋卷式、圆管式、中空纤维式、毛细管式和槽式。

1. 板框式

板框式膜组件是膜分离史上最早问世的一种膜组件形式，其外观很像普通的板框式压滤机。图 5-6 所示为板框式膜组件构造示意图，图 5-7 为紧螺栓式板框式反渗透膜组件。多孔支撑板的两侧表面有孔隙，其内腔有供透过液流通的通道，支撑板的表面和膜经黏结密封构成板膜。

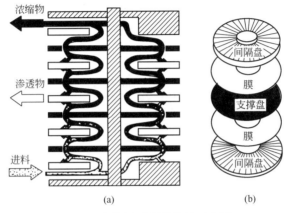

图 5-6　板框式膜组件构造示意图

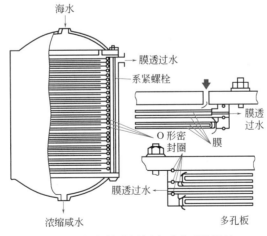

图 5-7　紧螺栓式板框式反渗透膜组件

2. 螺旋卷式

螺旋卷式（简称卷式）膜组件在结构上与螺旋板式换热器类似，如图 5-8 和图 5-9 所示。该组件在两片膜中夹入一层多孔支撑材料，将两片膜的三个边密封而黏结成膜袋，另一个开放的边沿与一根多孔的透过液收集管连接。在膜袋外部的原料液侧再垫一层网眼型间隔材料（隔网），即膜 - 多孔支撑体 - 原料液侧隔网依次叠合，绕中心管紧密地卷在一起，形成一个膜卷，再装进圆柱形压力容器内，构成一个螺旋卷式膜组件。使用时，原料液沿着与中心

201

管平行的方向在隔网中流动，与膜接触，透过液则沿着螺旋方向在膜袋内的多孔支撑体中流动，最后汇集到中心管中而被导出，浓缩液由压力容器的另一端引出。

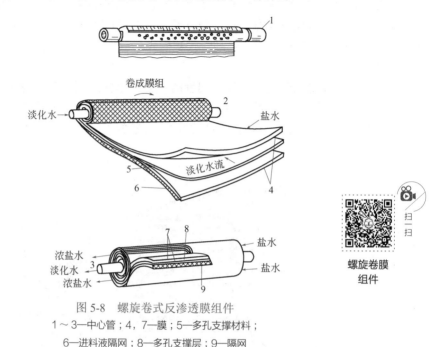

图 5-8　螺旋卷式反渗透膜组件

1～3—中心管；4，7—膜；5—多孔支撑材料；

6—进料液隔网；8—多孔支撑层；9—隔网

螺旋卷膜
组件

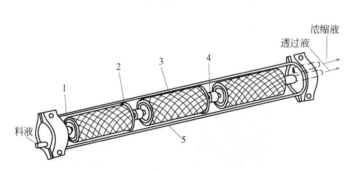

图 5-9　螺旋卷式反渗透器

1—端盖；2—密封圈；3—卷式膜组件；4—连接器；5—耐压容器

　　螺旋卷式膜组件的优点是结构紧凑、单位体积内的有效膜面积大、透液量大、设备费用低。缺点是易堵塞、不易清洗、换膜困难、膜组件的制作工艺和技术复杂、不宜在高压下操作。

　　3. 圆管式

　　圆管式膜组件的结构主要是把膜和多孔支撑体均制成管状，使两者装在一起，管状膜可以在管内侧，也可在管外侧，再将一定数量的这种膜管以一定方式联成一体而组成，如图 5-10 所示。图 5-10（a）的结构类似套管换热器，图 5-10（b）的结构类似管壳式换热器。

　　圆管式膜组件的优点是原料液流动状态好、流速易控制、膜容易清洗和更换，能够处理含有易悬浮的、黏度高的或者能够析出固体等易堵塞液体通道的料液。缺点是设备投资和操作费用高、单位体积的过滤面积较小。

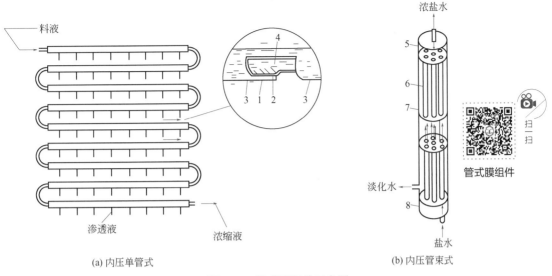

图 5-10　管式膜组件示意图

1—孔外衬管；2—膜管；3—渗透液；4—料液；5，8—耐压端套；

6—玻璃钢管；7—淡化水收集外壳

4. 中空纤维式

中空纤维式膜组件的结构类似管壳式换热器，见图 5-11。中空纤维膜组件的组装是把大量（几十万或更多）的中空纤维膜装入圆筒耐压容器内。通常纤维束的一端封住，另一端固定在用环氧树脂浇铸成的管板上。使用时，加压的原料由膜件的一端进入壳侧，在向另一端流动的同时，渗透组分经纤维管壁进入管内通道，经管板放出，截留物在容器的另一端排掉。

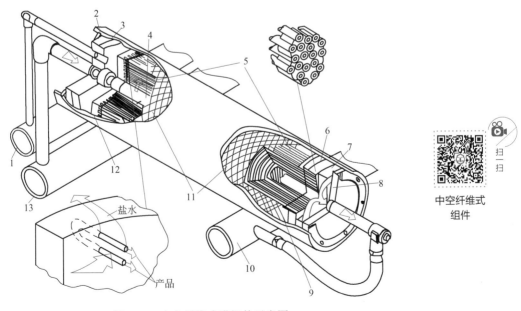

图 5-11　中空纤维式膜组件示意图

1—盐水收集管；2，6—O 形圈；3—盖板（料液端）；4—进料管；5—中空纤维；

7—多孔支撑板；8—盖板（产品端）；9—环氧树脂管板；10—产品收集器；

11—网筛；12—环氧树脂封关；13—料液总管

中空纤维式膜组件的优点是设备单位体积内的膜面积大、不需要支撑材料、寿命可长达5年、设备投资低。缺点是膜组件的制作技术复杂、管板制造也较困难、易堵塞、不易清洗。

5．毛细管式

毛细管式膜组件由许多直径为 0.5 ～ 1.5mm 的毛细管组成，其结构如图 5-12 所示，料液从每根毛细管的中心通过，透过液从毛细管壁渗出，毛细管由纺丝法制得，无支撑。

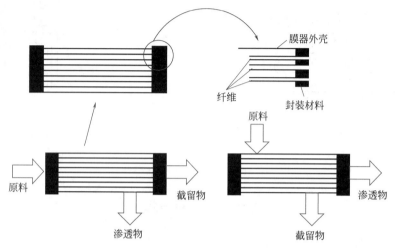

图 5-12　毛细管式膜组件示意图

6．槽式

这是一种新发展的膜组件，如图 5-13 所示，由聚丙烯或其他塑料挤压而成的槽条，直径为 3mm 左右，上有 3 ～ 4 个槽沟，槽条表面织编上涤纶长丝或其他材料，再涂刮上铸膜液，形成膜层，并将槽条一端密封，然后将几十根至几百根槽条组装成一束装入耐压管中，形成一个槽条式单元。

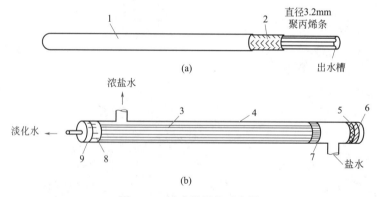

图 5-13　槽式膜组件示意图

1—膜；2—涤纶纺织层；3—槽条膜；4—耐压管；5，8—橡胶密封；6—端板；7—套封；9—多孔支撑板

三、膜的种类

1．工业对分离膜的要求

膜是膜分离过程的核心，膜分离的效果主要取决于膜本身的性能。膜材料的化学性质和膜的结构对膜分离的性能起着决定性影响，而膜材料及膜的制备是膜分离技术发展的制约因

素。膜的性能包括物化稳定性及膜的分离透过性两个方面。工业对分离膜的要求如下。

首先要求膜的分离透过特性好，膜的分离透过特性通常用膜的截留率、透过通量、截留分子量等参数表示。不同的膜分离过程，使用不同的操作参数以表示膜的分离透过特性。

① 截留率。截留率指截留物浓度与料液主体浓度之比。截留率越小，说明膜的分离透过特性越好。

② 透过通量。透过通量指单位时间、单位膜面积的透过物量，常用单位为 $kmol/(m^2 \cdot s)$。由于操作过程中膜的压密、堵塞等多种原因，膜的透过通量将随时间增长而衰减。

③ 截留物的分子量。当分离溶液中的大分子物质时，截留物的分子量在一定程度上反映膜孔的大小。但是通常多孔膜的孔径大小不一，被截留物的分子量将分布在某一范围内。所以，一般取截留率为 90% 的物质的分子量称为膜的截留分子量。

截留率大、截留分子量小的膜往往透过通量低。因此，在选择膜时需在两者之间作出权衡。

其次要求分离膜的物化稳定性好。膜的物化稳定性指膜的强度、允许使用压力、温度、pH 值以及对有机溶剂和各种化学药品的抵抗性，是决定膜使用寿命的主要因素。

对膜材料的要求是：具有良好的成膜性、热稳定性、化学稳定性，具有耐酸、碱、微生物侵蚀和耐氧化性能。反渗透、超滤、微滤用膜最好为亲水性，以得到高水通量和抗污染能力。电渗析用膜则特别强调膜耐酸、碱性和热稳定性。气体分离，特别是渗透汽化，要求膜材料对透过组分有优先溶解、扩散能力；若用于有机溶剂分离，还要求膜材料耐溶剂。要得到能同时满足以上条件的膜材料往往是困难的，常采用膜材料改性或膜表面改性的方法，使膜具有某些需要的性能。

2. 膜的种类

由于膜的种类和功能繁多，分类方法有多种。按膜的分离功能分类，可分为微滤膜、超滤膜、反渗透膜、渗析膜、电渗析膜、气体分离膜、渗透蒸发膜、液体分离膜等；按膜的形态分类，可分为平板膜、管状膜、细管膜、中空纤维膜等。

目前大规模工业应用的多为固体膜。按膜的材质，可将其分为聚合物膜和无机膜两大类，其中在分离用膜中又以高分子材料制成的聚合物膜为主。

（1）聚合物膜　聚合物膜由天然或合成聚合物制成。天然聚合物包括橡胶、纤维素等；合成聚合物可由相应的单体经缩合或加合反应制得，亦可由两种不同单体的共聚而得。

用于制膜的高分子材料很多，纤维素类膜材料是应用最早、也是目前应用最多的膜材料，主要用于反渗透、超滤、微滤，在气体分离和渗透汽化中也有应用。芳香聚酰胺类和杂环类膜材料目前主要用于反渗透。聚酰亚胺是近年开发应用的耐高温、抗化学试剂的优良膜材料，目前已用于超滤、反渗透、气体分离膜的制造。聚砜是超滤、微滤膜的重要材料，由于其性能稳定、机械强度好，是许多复合膜的支撑材料。聚丙烯腈也是超滤、微滤膜的常用材料，它的亲水性使膜的水通量比聚砜大。硅橡胶类、聚烯烃、聚乙烯醇、尼龙、聚碳酸酯、含氟聚合物等多用于气体分离和渗透汽化膜材料。

聚合物膜按结构与作用特点，可分为致密膜、微孔膜、非对称膜、复合膜与离子交换膜五类。

① 致密膜。致密膜又称均质膜，是一种均匀致密的薄膜，物质通过这类膜主要是靠分子扩散。它主要用于实验室中研究膜材料或膜的性质，由于这种膜的通量太低，很少有工业应用。

② 微孔膜。微孔膜内含有相互交联的孔道，这些孔道曲折，膜孔大小分布范围宽，一般为 $0.01 \sim 20\mu m$，膜厚 $50 \sim 250\mu m$，有多孔膜与核孔膜两种类型。核孔膜是以 $10 \sim 15\mu m$ 的致密塑料薄膜为原料，先用反应堆产生的裂变碎片轰击，穿透薄膜而产生损伤的径迹，然后在一定温度下用化学试剂侵蚀而成一定尺寸的孔。核孔膜的特点是孔直而短，孔径分布均匀，但开孔率低。多孔膜按制造方法的不同，它们或者具有不规则的孔结构，或者所有的孔均具有确定的直径。

对称膜是指各向均质的致密或多孔膜。如图 5-14 所示，在观测膜的横断面时，若整个断面的形态结构是均一的，则为对称膜，又称均质膜，如大多数的多孔膜和核孔膜，物质在膜中各处的渗透率是相同的，但对称膜很少使用。

③ 非对称膜。非对称膜的特点是膜的断面不对称，如图 5-15 所示。它是由同种材料制成的表面活性层与支撑层组成。膜的分离作用主要取决于表面活性层。由于表面活性层很薄，故对分离小分子物质而言，该膜层不但渗透性高，而且分离的选择性好。高孔隙率支撑层仅起支撑作用，它决定了膜的机械强度。非对称膜结构可通过特殊沉淀过程由聚合物溶液制成。

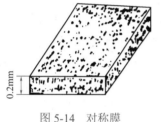

图 5-14　对称膜

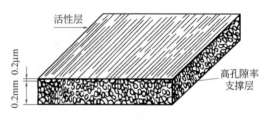

图 5-15　非对称膜

④ 复合膜。复合膜在非对称膜表面加一层 $0.2 \sim 15\mu m$ 的致密活性层。膜的分离作用亦取决于这层致密活性层，而且受支撑结构、孔径、孔分布和孔隙率的影响。复合膜的致密活性层可根据不同需要选择多种材料。

⑤ 离子交换膜。离子交换膜是一种具有离子交换性能的高分子材料制成的薄膜，由基膜和活性基团构成，具有选择透过性强、电阻低、抗氧化耐腐蚀性好、机械强度高、使用中不发生变形等性能。它与离子交换树脂相似，但作用机理和方式、效果都有不同之处。离子交换膜多为致密膜，厚度在 $200\mu m$ 左右。按膜的宏观结构不同可分为三大类。

a. 均相离子交换膜。均相离子交换膜将活性基团引入一惰性支撑物中制成。它的化学结构均匀、孔隙小、膜电阻小、不易渗漏、电化学性能优良，在生产中应用广泛，但制作复杂，机械强度较低。

b. 非均相离子交换膜。非均相离子交换膜由粉末状的离子交换树脂和黏合剂混合而成。树脂分散在黏合剂中，因而化学结构不均匀。由于黏合剂是绝缘材料，因此膜电阻大一些，选择透过性也差一些，但制作容易，机械强度较高，价格也较便宜。

c. 半均相离子交换膜。半均相离子交换膜也是将活性基团引入高分子支撑物制成的，但两者没有化学结合。其性能介于均相离子交换膜和非均相离子交换膜之间。

此外，按膜中所含活性基团的种类不同，离子交换膜可分为阳离子交换膜、阴离子交换膜和特殊离子交换膜。特殊离子交换膜有两性离子交换膜、两极离子交换膜、表面涂层膜、螯合膜及氧化还原膜等。

（2）无机膜　聚合物膜通常在较低的温度下使用（最高不超过 200℃），而且要求待分离的原料流体不与膜发生化学作用。当在较高温度下或原料流体为化学活性混合物时，可以采用由无机材料制成的分离膜。**无机膜多以金属及其氧化物、陶瓷、多孔玻璃等为原料，制成相应的金属膜、陶瓷膜、玻璃膜等**。这类膜的特点是热、机械和化学稳定性好、耐酸碱、耐有机溶剂、使用寿命长、污染少且易于清洗、孔径分布均匀等。其主要缺点是性脆、成型性差、需特殊构型和组装体系、造价高。

无机膜的制备技术主要有：采用固态粒子烧结法制备载体及过渡膜；采用溶胶 - 凝胶法制备超滤、微滤膜；采用分相法制备玻璃膜；采用专门技术（如化学气相沉积，电镀等）制备微孔膜或致密膜。

无机膜的发展大大拓宽了膜分离的应用领域。目前，无机膜的增长速率远快于聚合物膜。此外，无机材料还可以和聚合物制成杂合膜，该类膜有时能综合无机膜与聚合物膜的优点而具有良好的性能。

四、膜分离工艺流程

1. 反渗透工艺流程

反渗透过程可以采用不同的工艺过程，下面简要介绍几种常见的工艺流程。

（1）一级一段连续式 图 5-16 所示即为典型的一级一段连续式工艺流程。料液一次通过膜组件作为浓缩液排出。采用这种方式，透过液的回收率不高，在工业中较少采用。

（2）一级一段循环式 一级一段循环式工艺流程如图 5-17 所示。为了提高透过液的回收率，将部分浓缩液返回进料贮槽与原有的进料液混合后，再次通过膜组件进行分离。这种方式可提高透过液的回收率，但因为浓缩液中溶质的浓度比原料液要高，使透过液的质量有所下降。

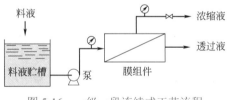

图 5-16　一级一段连续式工艺流程

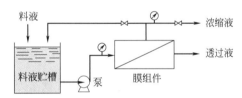

图 5-17　一级一段循环式工艺流程

（3）一级多段连续式 图 5-18 所示为最简单的一级多段连续式流程。此工艺将第一段的浓缩液作为第二段的进料液，再把第二段的浓缩液作为下一段的进料液，而各段的透过液连续排出。这种方式的透过液回收率高，浓缩液的量较少，但其溶质浓度较高。

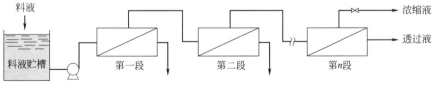

图 5-18　一级多段连续式工艺流程

（4）一级多段循环式 一级多段循环式工艺流程如图 5-19 所示。这种方式能获得高浓度的浓缩液。浓缩液经过多段分离后，浓度得到很大提高，因此它适用于以浓缩为主要目的的分离。

（5）多级多段循环式 多级多段循环式工艺流程如图 5-20 所示。这种方式提高了透过液的回收率和质量。但由于泵的增加，能耗增大。

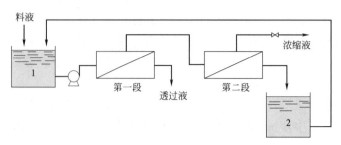

图 5-19　一级多段循环式工艺流程
1—料液贮槽；2—贮槽

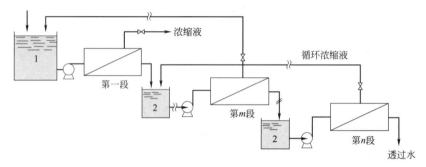

图 5-20　多级多段循环式工艺流程
1—料液贮槽；2—贮槽

2．电渗析工艺流程

（1）电渗析器　**电渗析器由膜堆、极区和夹紧装置三部分组成。**

① 膜堆。膜堆位于电渗析器的中部，是由交替排列的浓、淡室隔板和阴膜及阳膜所组成，是电渗析器分离的主要地方。

② 极区。极区位于膜堆两侧，包括电极和极水隔板。极水隔板供传导电流和排除废气、废液用，所以比较厚。

③ 夹紧装置。电渗析器有两种锁紧方式：压机锁紧和螺杆锁紧。大型电渗析器采用油压机锁紧，中小型多采用螺杆锁紧。

④ 组装方式。有串联、并联及串-并联三种方式。常用"级"和"段"来表示，"级"是指电极对的数目。"段"是指物料方向，物料通过一个膜堆后，改变方向进入下一个膜堆即增加一段。

各种电渗析器的组装方式见图 5-21。

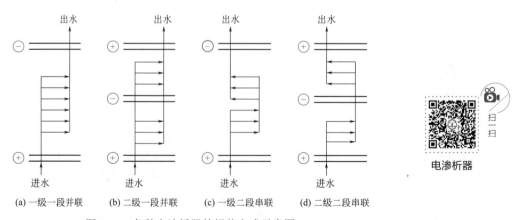

(a) 一级一段并联　　(b) 二级一段并联　　(c) 一级二段串联　　(d) 二级二段串联

图 5-21　各种电渗析器的组装方式示意图

（2）电渗析流程 **电渗析流程可分为三种形式，即一次连续式、循环间歇式及部分循环连续式**，现以海水淡化为例介绍。

图 5-22 所示为一次连续式流程，原水经过电渗析一次脱盐后，即得到符合要求的淡水。根据处理量的大小，可以采用一级多段或多级多段的单台电渗析器一次脱盐流程，或者多台电渗析器的多级多段串联一次流程。

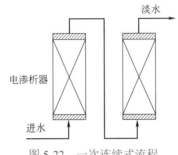

图 5-22 一次连续式流程

图 5-23 所示为循环间歇式流程，将一定量原水注入循环槽，经电渗析反复循环脱盐，直到淡水符合要求。脱盐过程中浓水可排放，也可同时循环。该流程适用于脱盐深度大、要求成品水质稳定、原料水质经常变化的小型脱盐场合。

图 5-24 所示为部分循环连续式流程，在连续式脱盐过程中，部分淡水可取出使用，部分淡水补充原水再进行循环。这种流程可连续制得淡水，脱盐范围比较广。

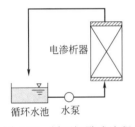

图 5-23 循环间歇式流程

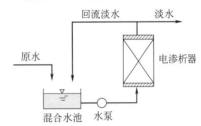

图 5-24 部分循环连续式流程

3. 超滤工艺流程

超滤流程按物料流动方向可分为重过滤和错流过滤两大类，重过滤是靠料液的液柱压力为推动力，但这样操作浓差极化和膜污染严重，很少采用，工业上常用错流操作。按操作方式可分为间歇式和连续式。各类超滤操作的工艺流程及特点见表 5-3。

表 5-3 各类超滤操作的工艺流程及特点

操作模式		图示	特点	适用范围
重过滤	间歇	加入水 100 UF 100 RE-UF 膜 透过液 20 20 透过液	设备简单、小型；能耗低；可克服高浓度料液渗透流率低的缺点；能更好地去除渗透组分。但浓差极化和膜污染严重，尤其是在间歇操作中；要求膜对大分子的截留率高	通常用于蛋白质、酶之类大分子的提纯
	连续	连续加水 100 在重过滤中保持体积不变 透过液		

操作模式		图示	特点	适用范围
间歇错流	截留液全循环	回流线 1—料液槽；2—料液泵 透过液	操作简单；浓缩速度快；所需膜面积小。但全循环时泵的能耗高，采用部分循环可适当降低能耗	通常被实验室和小型中试厂采用
	截留液部分循环	回流线 循环回路 1—料液槽；2—料液泵；3—循环泵 透过液		
连续错流	单级 无循环	料液 1—料液槽；2—料液泵 浓缩液 透过液	渗透液流量低；浓缩比低；所需膜面积大。组分在系统中停留时间短	反渗透中普遍采用，超滤中应用不多，仅在中空纤维生物反应器、水处理、热精脱除中应用
	单级 截留液部分循环	料液(F) 循环回路 1—料液槽；2—料液泵 透过液(P) 浓缩液或截留液(R)	单级操作始终在高浓度下进行，渗透流率低。增加级数可提高效率，这是因为除最后一级在高浓度下操作、渗透流率最低外，其他级操作浓度均较低、渗透流率相应较大。多级操作所需总膜面积小于单级操作，接近于间歇操作，而停留时间、滞留时间、所需贮槽均少于相应的间歇操作	大规模生产中被普遍使用，特别是在食品工业领域
	多级	料液 渗透液 1—料液槽；2—料液泵；3—循环泵 浓缩液		

 技能训练

查摸反渗透纯净水装置流程

1. 训练要求

① 观察反渗透纯净水装置的构成，了解各设备作用。

② 查摸并叙述流程。

2. 实训装置

图 5-25 为莱特莱德反渗透纯净水生产装置工艺流程。用原水泵将原水送入沙滤器，将水中杂质颗粒直径在 20μm 以上的物质（如胶体杂质、泥沙颗粒等）去除，再进入活性炭过滤器将水中的异味、异色以及余氯等有害物质吸附去除，应用精密过滤器将水中大于 5μm 的杂

质完全去除，经过增压泵加压后在反渗透系统脱盐，采用臭氧（或紫外线杀菌器）来进行杀菌处理，产品水进入缓冲罐，然后进行灌装。

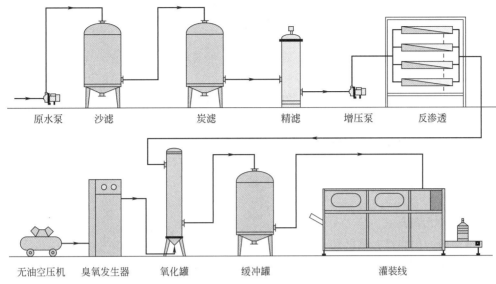

图 5-25　莱特莱德反渗透纯净水生产装置工艺流程

3. 安全生产技术

进入装置必须穿戴劳动防护用品，在指定区域正确戴上安全帽。进入作业点参观实习，严禁随意开启和动用各种机械设备，要当心触电，遵守各项警告标示及告示牌的注意事项，注意安全。进入现场要小心走路，随时观察地面、阀杆，防止摔倒和磕碰。

4. 实训操作步骤

① 以小组为单位，参观正常运行的反渗透纯净水生产装置。认识反渗透组件、沙滤器、炭滤器、精滤器、臭氧发生器、泵、罐及管路阀门、仪表等主要设备及器件，了解各设备作用。

② 查摸并叙述反渗透纯净水生产装置的流程。

③ 提炼并绘制反渗透纯净水生产基本工艺流程。对反渗透过程有了深入了解后，简化实际反渗透纯净水生产工艺，提炼、绘制并叙述基本工艺流程，强化对膜分离工艺过程的理解。

④ 阐述膜组件基本构造及特点。

 考核评价

认识膜分离装置			
工作任务	考核内容		考核要点
认识膜分离装置	基础知识		膜分离基本概念、特点；膜分离技术分类及其在工业生产中的应用；膜分离设备种类、构造及特点；膜的种类及使用；工业对分离膜的要求；典型膜分离工艺流程
	能力训练	准备工作	穿戴劳保用品
		现场考核	认识纯净水生产流程中的主要设备名称，说明其作用；识读、绘制和叙述反渗透纯净水生产基本流程；阐述膜组件基本构造及特点
职业素养			树立安全生产意识，树立工程观念

自测练习

一、选择题

1. 以下说法正确的是（　　　）。

A. 螺旋卷式膜组件单位体积内有效膜面积大，但易堵塞、不易清洗

B. 各种膜组件中都装有膜支撑材料

C. 膜分离过程中膜组件形式的选择由被处理的料液的性质而定

D. 膜分离过程没有相变，能耗低

2. 在超纯水制备过程中可以使用的膜分离技术是（　　　）。

A. 反渗透　　　　　B. 电渗析　　　　　C. 超滤　　　　　D. 以上都是

3. 适用于以浓缩为主要目的的反渗透工艺流程是（　　　）。

A. 一级一段循环式　　　　　　　　B. 一级多段连续式

C. 一级多段循环式　　　　　　　　D. 多级多段循环式

4. 电渗析器由膜堆、极区和（　　　）三部分组成。

A. 夹紧装置　　　　　　　　　　B. 密封圈

C. 连接器　　　　　　　　　　　D. 以上都是

5. 按膜的材质分类，可将其分为（　　　）和无机膜两大类。

A. 高分子膜　　　　B. 聚合物膜　　　　C. 中空纤维膜　　　　D. 致密膜

二、判断题

（　　　）1. 致密膜的断面是对称的，所以称为对称膜。

（　　　）2. 截留率越大，膜的分离透过特性越差，截留物的分子量越小。

（　　　）3. 膜分离是在推动力作用下借助于膜的选择透过性实现混合物分离的。

（　　　）4. 多数膜分离过程组分不发生相变，属于速率分离过程。

（　　　）5. 膜分离设备根据膜组件的形式不同可分为：板框式、圆管式、螺旋卷式、中空纤维式、毛细管式和槽式。

三、简答题

1. 什么是膜分离操作？按推动力和传递机理的不同，膜分离过程可分为哪些类型？

2. 根据膜组件的形式不同，膜分离设备可分为哪几种？

3. 常见的反渗透工艺流程有哪几种？各有哪些特点？

4. 超滤流程有哪几种？各有什么特点？

5. 电渗析流程有哪几种？各有什么特点？

任务2　膜分离操作及故障处理

 教学目标

知识目标：

1. 掌握反渗透、电渗析、超滤原理；

2．理解浓差极化基本概念，影响反渗透、电渗析、超滤操作的因素；

3．熟悉反渗透的开停车操作、设备维护、简单的故障处理及装置的保存；

4．掌握膜的劣化、污染及预防措施。

能力目标：

能正确进行反渗透系统开停车操作及维护。

素质目标：

具有安全意识，规范操作意识，质量意识；具有团队协作精神；具有严谨细致的工作作风。

> **思政育人要素：**
> 　　让学生查阅膜技术在水资源、能源、环境、健康、碳捕集等领域的应用，树立绿色化工理念。

 **相关知识**

一、膜分离的基本原理

1．反渗透

反渗透属于以压力差为推动力的膜分离技术，其操作压差一般为 1.5 ～ 10.5MPa，截留组分为（1 ～ 10）×10^{-10}m 小分子溶质。目前，随着超低压反渗透膜的开发，已可在小于 1MPa 的压力下进行部分脱盐、水的软化和选择性分离等，反渗透的应用领域已从早期的海水脱盐和苦咸水淡化发展到化工、食品、制药、造纸等各个工业部门。

（1）基本原理　反渗透是利用反渗透膜选择性地只透过溶剂（通常是水）而截留离子物质的性质，以膜两侧静压差为推动力，克服溶剂的渗透压，使溶剂通过反渗透膜而实现对液体混合物进行分离的膜过程。

反渗透原理见图 5-26。在温度一定的条件下，若将一种溶液与组成这种溶液的溶剂放在一起，最终的结果是溶液总会自动地稀释，直到整个体系的浓度均匀一致为止。但如果用一张固体膜将溶液和溶剂隔开，并且这种膜只能透过溶剂分子而不能透过溶质分子，假定膜两侧压力相等，则溶剂将从纯溶剂侧透过膜到溶液侧，这就是渗透现象，如图 5-26（a）所示。渗透的结果是使溶液液柱上升，直到系统达到动态平衡，溶剂才不再流入溶液侧，此时溶液上升高度产生的压力为 ρgh，为渗透压，以 $\Delta\pi$ 表示，如图 5-26（b）所示。若在溶液侧加大压力，使 $\Delta p > \Delta\pi$，则溶剂在膜内的传递现象将发生逆转，即溶剂将从溶液侧透过膜向溶剂侧流动，使溶液增浓，这就是反渗透现象，如图 5-26（c）所示。

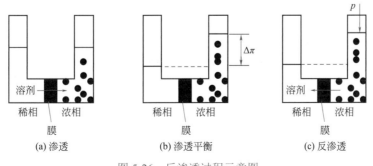

图 5-26　反渗透过程示意图

利用反渗透现象截留溶质，而获取溶剂，从而达到分离混合物的目的。反渗透不能达到溶剂和溶质的完全分离，所以反渗透的产品一个是几乎纯溶剂的透过液，另一个是原料的浓缩液。

在反渗透操作中，渗透压是一个重要的参数，渗透压的大小与溶液的物性、溶质的浓度等因素有关，一般通过实验测定。表 5-4 列出了几种常见水溶液的渗透压。实际反渗透过程所用的压差比渗透压高出许多倍。

表 5-4　在 25℃下几种常见水溶液的渗透压

成分	浓度 /（mg/L）	渗透压 /MPa	成分	浓度 /（mg/L）	渗透压 /MPa
NaCl	35000	2.8	NaHCO$_3$	1000	0.09
海水	32000	2.4	苦咸水	2000～5000	0.105～0.28
MgSO$_4$	1000	0.025	CaCl$_2$	1000	0.058
MgCl$_2$	1000	0.068	蔗糖	1000	0.007
NaCl	2000	0.16	葡萄糖	1000	0.014
Na$_2$SO$_4$	1000	0.042			

（2）影响反渗透的因素——浓差极化　由于膜的选择透过性因素，在反渗透过程中，溶剂从高压侧透过膜到低压侧，大部分溶质被截留，溶质在膜表面附近积累，造成由膜表面到溶液主体之间的具有浓度梯度的边界层，它将引起溶质从膜表面通过边界层向溶液主体扩散，这种现象称为浓差极化。浓差极化对反渗透过程产生下列不良影响：

① 由于浓差极化，膜表面处溶质浓度升高，使溶液的渗透压 $\Delta\pi$ 升高，当操作压差 Δp 一定时，反渗透过程的有效推动力（$\Delta p - \Delta\pi$）下降，导致溶剂的渗透通量下降；

② 膜表面处溶质的浓度高，使溶质通过膜孔的传质推动力增大，溶质的渗透通量升高，截留率降低；

③ 膜表面处溶质的浓度高于溶解度时，在膜表面上将形成沉淀，会堵塞膜孔并减少溶剂的渗透通量；

④ 会导致膜分离性能的改变；

⑤ 会导致出现膜污染，膜污染严重时，几乎等于在膜表面又形成一层薄膜，导致反渗透膜透过性能的大幅度下降，甚至完全消失。

浓差极化属于可逆污染，可通过提高传质系数、减少浓差极化边界层厚度来减轻。减轻或改善浓差极化采取的措施有：控制回收率（回收率为产品水与原液进水量的比值）、提高料液流速、增强料液湍动程度、提高操作温度、对膜面进行定期清洗和采用性能好的膜材料等。

2. 电渗析

电渗析只对电解质的离子起选择迁移作用，而对非电解质不起作用。它广泛应用于苦咸水脱盐，随着性能更为优良的新型离子交换膜的出现，电渗析在食品、医药和化工领域具有广阔的应用前景。

（1）工作原理　电渗析是在直流电场作用下，以电位差为推动力，利用离子交换膜的选择渗透性（与膜电荷相反的离子可透过膜，相同的离子则被膜截留），使溶液中的离子做定向移动以达到脱除或富集电解质的膜分离操作。它使电解质从溶液中分离出来，从而实现溶液的浓缩、淡化、精制和提纯。电渗析是一种特殊的膜分离操作，所使用的膜只允许一种电荷的离子通过而将另一种电荷的离子截留，称为离子交换膜。由于电荷有正、负两种，离子交换膜也有两种。只允许阳离子通过的膜称为阳膜，只允许阴离子通过的膜称为阴膜。

在常规的电渗析器内两种膜成对交替平行排列，如图 5-27 所示。膜间空间构成一个个小室，两端加上电极，施加电场，电场方向与膜平面垂直。

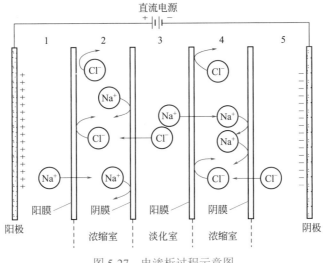

图 5-27　电渗析过程示意图

料液均匀分布于各室中，在电场作用下，溶液中离子发生迁移。有两种隔室，它们分别产生不同的离子迁移效果。

一种隔室是左边为阳膜，右边为阴膜。设电场方向从左向右。在此情况下，此隔室内的阳离子便向阴极移动，遇到右边的阴膜，被截留。阴离子往阳极移动，遇到左边的阳膜也被截留。而相邻两侧室中，左室内阳离子可以通过阳膜进入此室，右室内阴离子也可以通过阴膜进入此室，这样此室的离子浓度增加，故称浓缩室。

另一种隔室左边为阴膜，右边为阳膜。在此室内的阴、阳离子都可以分别通过阴、阳膜进入相邻的室，而相邻室内的离子则不能进入此室。这样室内离子浓度降低，故称为淡化室。

由于两种膜交替排列，浓缩室和淡化室也是交替存在的，若将两股物流分别引出，就成为电渗析的两种产品。

离子交换膜是一种具有交联结构的立体多孔状高分子聚合物，是一种聚电解质，在高分子骨架上带有若干可交换的活性基团，这些活性基团在水中可电离成电荷不同的两部分，即电离的活性基团和可交换的离子，前者留在固相膜上，而后者便进到溶液中去。

（2）电极反应　在电渗析过程中，阳极和阴极上所发生的反应分别是氧化反应和还原反应。以 NaCl 水溶液为例，其电极反应为：

阳极：
$$2OH^- - 2e \rightleftharpoons [O] + H_2O$$
$$Cl^- - e \rightleftharpoons [Cl]$$
$$H^+ + Cl^- \rightleftharpoons HCl$$

阴极：
$$2H^+ + 2e \rightleftharpoons H_2$$
$$Na^+ + OH^- \rightleftharpoons NaOH$$

结果是，在阳极产生 O_2、Cl_2，在阴极产生 H_2。O_2 和 Cl_2 对阳极会产生强烈腐蚀。阳极室中水呈酸性，阴极室中水呈碱性。若水中有 Ca^{2+}、Mg^{2+} 等离子，会与 OH^- 形成沉淀，集积在阴极上。当溶液中有杂质时，还会发生副反应。对电极材料的研究与电极反应产物的消除是电渗析应用中一个比较重要的问题。为了移走气体和可能的反应产物，同时维持 pH 值，保护电极，引入一股水流冲洗电极，称为极水。

（3）基本过程及伴随过程　电渗析的基本过程是电解质溶液在直流电场的作用下，带电的阳离子向阴极移动，在阴极发生还原反应，阴离子向阳极迁移，在阳极发生氧化反应。这时发生的反离子（即迁移离子所带的电荷与固定基团所带的电荷相反）迁移过程是电渗析的主要过程。只有通过反离子的迁移才能达到除电解质的目的。电渗析的电极反应就是使原来的电解质分解为其他物质的电解过程，这是电渗析不可缺少的条件，以此来引起离子透过膜的定向迁移。

在电渗析过程中除了阴、阳离子在直流电的作用下发生电迁移和电极反应外，同时还伴随如图 5-28 所示的一些与主要过程相反的次要过程。

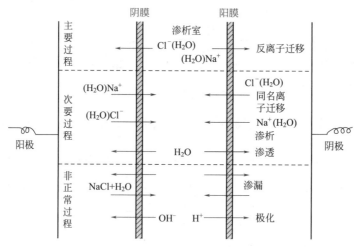

图 5-28　电渗析工作时的各种过程

① 同名离子迁移。由于离子交换膜对离子的选择透过性不可能达到100%，在电渗析过程中总会存在少量与离子交换膜的固定基团带相同电荷的离子穿过膜的现象。这种离子的迁移称为同名离子迁移。例如，浓缩室中的 Cl^- 穿过阳膜（或 Na^+ 穿过阴膜）进入淡化室就是同名离子的迁移过程。它与反离子迁移相比数量是很少的，膜外溶液浓度越高，膜的选择透过性越差，则越容易发生同名离子的迁移。

② 电解质的浓差扩散。由于在膜两侧的浓缩室与淡化室里的电解质浓度不一样，于是便产生了电解质的扩散，其方向始终是由浓缩室向淡化室扩散。扩散速率随着浓度差的增大而增加，这一过程虽然不消耗电能，但会使淡化室内含盐量增高而影响淡水的脱盐程度。

③ 水的渗透。与电解质的浓差扩散一样，在电渗析过程中，淡化室的水浓度始终高于浓缩室，因此将产生淡化室中的水向浓缩室渗透的现象。这一过程使淡水产量降低。

④ 压差渗漏。由于膜两侧淡化室和浓缩室的静压强不同而产生的机械渗漏称为压差渗漏。渗漏的方向总是由压力高的一侧流向压力低的一侧。

⑤ 水的电渗析。在直流电场作用下，水通过隔膜的迁移称为水的电渗析。这是由于水中电解质离子是以水合离子形式存在于溶液中，因此当正、负离子透过隔膜时，就将水一起带到浓室。

⑥ 水的电离。电渗析器在运行时，如果操作条件控制不当，操作电流（或电压）太大时，会造成淡化室内的水加速电离。电离产生的 H^+ 和 OH^- 分别穿过阳膜和阴膜进入浓缩室。这样就会增加电能的消耗。

在电渗析过程中，除了反离子迁移是电渗析的主要过程外，其他过程均会影响电渗析的除盐或浓缩效率，增加电耗。因此，在生产中必须选择理想的离子交换膜和操作条件，必须强化主要过程，抑制次要过程，尽量避免非正常过程。

（4）极化现象   在直流电场作用下，水中阴、阳离子分别在膜间进行定向迁移，各自传递着一定数量的电荷，形成电渗析的操作电流。当操作电流大到一定程度时，膜内离子迁移被强化，就会在膜附近造成离子的"真空"状态，在膜界面处将迫使水分子离解成 H^+ 和 OH^- 来传递电流，使膜两侧的 pH 值发生很大的变化，这一现象称为极化。此时，电解出来的 H^+ 和 OH^- 受电场作用分别穿过阳膜和阴膜，阳膜处将有 OH^- 积累，使膜表面呈碱性。当溶液中存在 Ca^{2+}、Mg^{2+} 等离子时将形成沉淀。这些沉淀物附在膜表面或渗到膜内，易堵塞通道，使膜电阻增大，使操作电压或电流下降，降低了分离效率。同时，由于溶液 pH 值发生很大变化，会使膜受到腐蚀。

极化临界点所施加的电流称为极限电流。防止极化现象的办法是控制电渗析器在极限电流以下操作，一般取操作电流密度为极限电流密度的 80%。

3. 超滤

超滤广泛用于化工、医药、食品、轻工、机械、电子、环保等工业部门。超滤技术应用的历史不长，只是近 30 年才在工业上大规模地应用，但其具有的独特的优点，使之成为当今世界分离技术领域中一种重要的单元操作。

（1）基本原理   超滤是在压力推动下的筛孔分离过程，其原理见图 5-29。超滤膜具有一定大小和形状的孔，在静压差推动力的作用下，原料液中溶剂和小溶质粒子（如低分子物质、无机盐）从高压的料液侧透过膜流到低压侧，一般称之为滤出液或透过液，而大粒子组分（高分子物质、胶体等）被半透膜所截留，使它们在滤剩液中浓度增大。

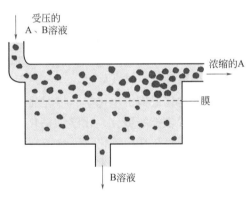

图 5-29   超滤分离原理示意图

超滤对大分子溶质的分离过程主要是：①在膜表面及微孔内吸附；②在膜面的机械截留；③在孔中滞留而被除去。

超滤主要用于从液相物质中分离大分子化合物（蛋白质、核酸聚合物、淀粉、天然胶、酶等）、胶体分散液（黏土、颜料、矿物料、乳液粒子、微生物）、乳液（润滑脂洗涤剂以及油 - 水乳液）。一般被分离的对象是相对分子质量大于 500 ～ 1000000 的大分子和胶体粒子。超滤对去除水中的微粒、胶体、细菌、热原和各种有机物有较好的效果，但它几乎不能截留无机离子。

（2）超滤的浓差极化   超滤过程中，由于高分子的低扩散性和水的高渗透性，溶质会在膜表面积聚并形成从膜面到主体溶液之间的浓度梯度，这种现象被称为膜的浓差极化。溶质在膜面的连续积聚最终将导致在膜面形成凝胶极化层。当超滤液中有几种不同分子量溶质时，凝胶层会使小分子量组分的表观脱除率下降。当被膜截留的溶质具有聚电解质特性时，浓缩的凝胶层中由于含有相当高的离子电荷密度而产生离子平衡，使溶质分离恶化。这种现象在白蛋白、核酸和多糖类的生化聚合物中常遇到。

为了减轻因浓差极化所造成的超滤通量减少，一般可采取如下措施。

① 错流设计。浓差极化是超滤过程不可避免的情况。为了使超滤通量尽可能大，必须使极化层的厚度尽可能小。采用错流设计，即加料错流流动流经膜表面，可用于清除一部分极化层。

② 流体流速提高，增加流体的湍动程度，以减薄凝胶层厚度。

③ 采用脉冲以及机械刮除法维持膜表面的清洁和对膜进行表面改性，研制抗污染膜等来尽量减少浓差极化现象。

二、膜的使用

1. 膜的劣化和污染

在膜的应用过程中，**膜的污染和劣化将导致膜技术在化工、生化过程和食品加工等极有应用价值的领域内不能充分发挥它的作用**。对包括反渗透、纳滤、超滤、微滤、电渗析、渗析等液体分离膜过程而言，人们通常把用膜的渗透通量、截留分子量及膜的孔径等来表示的膜组件性能发生变化的现象称为膜的污染或劣化，但两者有本质的区别。**膜污染是包括溶质或微粒在膜内吸附和膜面堵塞及沉积的一种综合现象**，分为内部污染和外部污染两大类。内部污染是由微粒在膜孔内的沉积和吸附引起的，而外部污染是由膜表面上沉积层的形成而引起的。膜污染的成因又可细分为：①浓差极化；②溶质或微粒的吸附；③孔收缩和孔堵塞；④溶质或微粒在膜表面的沉积；⑤上述因素的综合。膜污染可根据其具体成因采用相应的清洗方法使膜性能得以恢复。

膜的劣化是指由于化学、物理及生物三个方面的原因导致膜自身发生了不可逆转的变化而引起的膜性能的变化。化学性劣化是指由于处理料液 pH 值超出膜的允许范围而导致膜材质的水解或氧化反应等化学因素造成的劣化；物理性劣化是指膜结构在很高的压力下导致致密化或在干燥状态下发生不可逆转性变形等物理因素造成的劣化；生物性劣化，通常是由于处理料液中的微生物的存在导致膜发生生物降解反应等造成的劣化。

在通常情况下，任何厂家生产的膜都有对料液酸碱性、压力、温度和回收率等的允许范围限制。因此任何膜在使用时，必须严格在规定允许的范围内操作，才能使其分离性能和寿命得到保证。

当发生物理性劣化时，膜的渗透通量减少，但截留率反而增加。膜因受到高压引起的致密化，有初期的迅速可逆的致密化和后期的缓慢不可逆致密化两种类型。长期连续运行的海水淡化反渗透装置主要存在后者类型的致密化问题，而一般超滤过程，由于每次运行时间较短，主要存在前者类型的致密化问题。对反渗透膜来说，由于操作过程中，料液的渗透压对膜透过流速影响很大，故在考虑膜性能引发的原因时，除了膜的劣化和污染之外，还必须讨论料液渗透压的影响。值得注意的是，渗透压不会导致膜的截留率发生变化，只能导致膜的渗透通量减少。在实际应用过程中，不同膜过程面临的实际问题是不同的。对反渗透膜而言，实际应用所面临的问题，不是膜孔堵塞而是附着层的影响。超滤膜实际应用所面临的最大问题是，任何原因引起的膜孔堵塞都将使膜的渗透通量减少，截留分子量下降。

2. 膜的劣化和污染的防止方法

（1）预处理法　防止膜组件性能变化的最简单的方法是预处理法，它是膜组件用户普遍采用的方法。经常通过调整料液 pH 值或加入抗氧剂等防止膜的化学性劣化，通过预先除去或杀死料液中的微生物等防止膜的生物性劣化。不同的膜过程，采用的预处理方法不尽相同。例如，反渗透海水淡化过程采用絮凝沉降、沙滤等预处理方法，预先除去料液中的悬浮物质或溶解性高分子，膜仅作为脱盐使用。超滤过程则是针对膜面的结垢性质，向料液中预先添加不同类型的阻垢剂。

（2）操作方式的优化 在膜分离过程中，膜污染的防止及渗透通量的强化可通过操作方式的优化来实现：①控制初始渗透通量（低压操作，恒定通量操作模式和过滤初始通量控制在临界通量以下）；②反向操作模式；③高分子溶液的流变性；④其他，如脉动流、鼓泡、振动膜组件，超声波照射等。

（3）膜组件结构的改善 在膜分离过程设计中，膜组件内流体力学条件的优化，即预先选择料液操作流速和膜渗透通量，并考虑到所需动力，是确定最佳操作条件的关键。此外，还可以通过设计不同形状的组件结构来促进流体的湍流流动，改善膜面附近的物质传递条件，但由此造成的压力损失及附加动力费用很大，与单单提高流速方法相比，并非显得特别优越。

（4）膜组件的清洗 膜的定期清洗和消毒是防治膜污染的重要措施。膜的清洗方法可大致分成物理清洗和化学清洗两大类型。

① 物理清洗。包括正向渗透、高速水冲洗、海绵球清洗、刷洗、超声清洗、空气喷射等。最简单的清洗是采用低压高流速的膜透过水冲洗 30min，这将在一定程度上使膜的透水性能得到恢复。但随时间的迁移，透水率仍将下降。对受有机物初期污染的膜，用水和空气混合流体在低压下冲洗膜面 15min 也是有效的。

② 化学清洗。包括用酸、碱、螯合剂、消毒剂、酶、表面活性剂等清洗。可根据膜的性质及污染物的种类来选择合适的方法。

③ 组合清洗。物理清洗与化学清洗结合。

（5）抗劣化及污染膜的制备 膜生产厂家和膜用户期待的防止膜性能变化的最佳方法是，在不增加总操作费用条件下，不需预处理的抗污染、不易劣化的膜及其组件的开发。这要针对具体的处理体系，有的放矢地进行。如现已开发出具有良好的抗药性、耐酸碱性及耐热性的超滤膜和反渗透膜。为了防止膜的致密化，还可在耐压性能良好的多孔膜支撑体上，涂敷具有分离效果的极薄活性层制成复合膜，此项研究与开发工作取得了较大进展。此外，人们一直在寻求某些膜材质，保证其表面难于形成附着层（膜表面附着层的形成与膜材质密切相关），如使用膜表面改性法引入亲水基团，或通过过滤法将这种特殊材料沉积在多孔膜支撑体上，在膜表面复合一层亲水性分离层等，都可增加膜的抗污染性。

 技能训练

反渗透纯净水装置操作

1．训练要求

①认识装置设备、仪表及调节控制装置。

②识读反渗透纯净水装置的工艺流程图，标出物料的流向，查摸现场装置流程。

③学会反渗透装置的开停车操作。

2．实训装置

反渗透纯净水装置工艺流程及工艺流程说明详见本项目任务 1 的图 5-25。

3．生产控制指标

（1）产水水质、水量、回收率

① 系统脱盐率：一年内 $\geqslant 97\%$；

三年内 $\geqslant 95\%$。

② 产水水量：$\geqslant 50\text{m}^3/\text{h}$。

③ 水的回收率：$\geqslant 71\%$。

（2）进水水质　水质分析报告见表 5-5。

表 5-5　水质分析报告

检测项目	检测数据	检测项目	检测数据
铅（Pb）	$< 0.010\text{mg/L}$	氨氮（NH$_3$-N）	
锌（Zn）	$< 0.010\text{mg/L}$	氯化物（Cl$^-$）	16.7mg/L
镉（Cd）	$< 0.005\text{mg/L}$	铜（Cu）	$< 0.010\text{mg/L}$
铁（Fe）	$< 0.010\text{mg/L}$	色度	3 度
锰（Mn）	$< 0.010\text{mg/L}$	嗅味	无
硫酸盐（SO$_4^{2-}$）	15.0mg/L	肉眼可见物	无
氟化物（F$^-$）	0.20mg/L	pH 值	6.70
铬（Cr）	0.010mg/L	浑浊度	1NTU
DBS		细菌总数	$< 10\text{cfu/mL}$
亚硝酸盐氮		大肠菌群	未检出
硝酸盐氮		总硬度（CaCO$_3$）	157.1mg/L

4．实训操作步骤

（1）药液的配置　药液配置包括阻垢剂、酸液等药剂的配置。现以阻垢剂为例进行说明，其他药剂同于阻垢剂。配药操作如下。

① 检查阻垢剂箱排空阀门、过滤器排空阀门、阻垢剂计量泵出口阀门、入口阀门，上述阀门均应关闭。

② 开启清水阀门，观察液位，向阻垢剂箱上水至箱 2/3 以上处，关闭清水阀门。

③ 按计算量将阻垢剂加入箱内，溶解药液。

④ 溶液澄清后，测量溶液浓度，如不合格重新进行调整，达到所需要的浓度为止。

⑤ 打开计量泵进出口阀门，向设备送药。

（2）多介质过滤器操作　多介质过滤器的运行操作按下列步骤进行。

① 检查设备。

② 检查压力表等是否处于零值，各有关气动阀门的气源已开通。

③ 启动过滤器，过滤器开始运行。

④ 及时取样化验和记录有关参数。

多介质过滤器需定时或根据进出水压差进行反冲洗：当过滤器运行到滤层水头损失比清洁滤料层增加 0.05MPa 左右时，或者到达反洗周期（RO 机实际工作 120h 左右）时。反冲洗最好在 RO 工作间歇期进行。整个过程通过 PLC 控制，多介质过滤器反冲洗时以下列程序进行。

① 当过滤器运行到滤层水头损失比清洁滤料层增加 0.05MPa 左右时，关闭进出水阀门停止运行，启动备用过滤器，开启需反洗过滤器正洗排水阀门，将过滤器内的水放到滤层上缘 100 ～ 200mm 处时关闭正洗排水阀门，开压缩空气进气阀门，按强度 8 ～ 12L/（s·m²）送入压缩空气 3 ～ 5min，在继续进气状态下，开启反洗水入口阀门，用两倍进水水量送入反冲洗水，并开启反洗排水阀门，以反洗水进口阀门开度调整反洗水强度，应使滤层膨胀 10% ～ 15%，反洗 2 ～ 3min 后，关闭压缩空气进气阀门，继续用水反洗 1 ～ 1.5min，此时膨胀率应在 25% 左右，反洗完毕后关闭反洗水入口阀门和反洗排水阀门。

② 正洗。开启进水阀门和正洗排水阀门，以运行流量正洗，当正洗排水水质达到要求时，关闭正洗排水阀门备用或开启出水阀门投入运行。

注意：过滤器重新使用前须排气。

（3）反渗透系统启动前准备

① 设备检查。

② 对阀门等系统进行全面检查。

③ 检查转动设备，使之具备转动条件。

④ 开启压力表、流量表一次阀门，检查上述仪表指示是否处于零位。

⑤ 药剂计量箱应有足够药液。

（4）反渗透系统开机 反渗透净水设备在调试、检修和清洗等之后投入使用时，须按下列顺序开机。

① 检查供水供电是否正常。

② 将浓水排放阀和原水进水控制阀完全打开。

③ 检查纯水出口的各个阀门，排放阀、供水阀、清洗阀必须保证有 1 个是完全打开的。

④ 启动 RO，将控制盘上的"手动/自动"开关拨至"自动"位置。

⑤ 再次检查各阀门开启和高压泵选择开关是否正常，是否有异常现象和泄漏点。

⑥ 检查一切正常后，启动高压泵。

⑦ 慢慢反复调节浓水排放阀和高压泵出水控制阀，使 RO 的入水压力在 240psi（psi，压力单位，1psi＝6894.76Pa）以下。

⑧ 观察纯水电导率的变化，当产水合格后，打开纯水出水阀，关闭不合格水排放阀。

⑨ 作好压力、流量、电导率等各项记录。

注意：正常生产时，RO 系统自动工作，当连续停机超过 8h，系统启动自冲洗程序自动冲洗，时间为 2min。

（5）反渗透系统关机

① 关闭高压泵开关。

② 关闭 RO，高压泵停止，系统自动膜冲洗后将自动关闭。

③ 紧急停止时，可以顺时针旋转"急停"开关。

（6）控制联锁

① 高压泵加电动慢开门，高压泵启停与 RO 产水水箱液位联锁，产水水箱液位低时泵启动，产水水箱液位高时泵停；水箱液位高低由工艺设计提供参数，根据用水情况及相应水泵要求定。

② 电加热器在清洗系统准备启动时启动，当温度计温度高于 30 ～ 35℃时，电加热器停，最高不能高于 50℃，当温度低于 30℃时，电加热器启动。

③ 清洗泵的联锁：当产水流量低于正常流量的 10%，产水电导率增加 10%，或 RO 一段和二段的压差和上升 15% 时，清洗系统启动。

④ 纯水泵与产水水箱联锁，产水水箱液位低时泵停止，产水水箱液位高时泵启动。

5. 反渗透系统的维护

（1）过滤器滤芯的清洗与更换　当过滤器的运行阻力大于 15psi（psi，压力单位，1psi＝6894.76Pa）时，表明滤芯截留的污物过多，影响水的通过，应该更换过滤芯。

更换过滤芯时先将过滤器的进出水阀关闭，排气阀打开泄压，打开排污阀排净过滤器中的水。将滤盖上的螺杆全部松下，缓慢旋转提升螺杆，将上盖打开。将滤芯顶端的蒙盖取出，取出旧滤芯，将新滤芯换上，拧紧滤杆顶端的蒙盖。

放下上盖，拧紧螺杆。打开进水阀和排气阀排气，到有水喷出为止。

（2）反渗透膜的清洗　在正常运行一段时间后，反渗透膜元件会受到在给水中可能存在的悬浮物质或难溶物质的污染，这些污染物中最常见的为碳酸钙垢、硫酸钙垢、金属氧化物垢、硅沉积物及有机或生物沉积物。

污染物的性质及污染速率与给水条件有关，污染是慢慢发展的，如果不在早期采取措施，污染将会在相对短的时间内损坏膜元件的性能。

定期检测系统整体性能是确认膜元件是否发生污染的一个好方法，不同的污染物会对膜元件性能造成不同程度的损害。常见污染物及处理方法见表 5-6。

表 5-6　常见污染物及处理方法

污染物	一般特征	处理方法
钙类沉积物（碳酸钙及磷酸钙类，一般发生于系统第二段）	脱盐率明显下降 系统压降增加 系统产水量稍降	用清洗液 1 清洗系统
氧化物（铁、镍、铜等）	脱盐率明显下降 系统压降明显升高 系统产水量明显降低	用清洗液 1 清洗系统
各种胶体（铁、有机物及硅胶体）	脱盐率稍有降低 系统压降逐渐上升 系统产水量逐渐减少	用清洗液 2 清洗系统
硫酸钙（一般发生于系统第二段）	脱盐率明显下降 系统压降稍有或适度增加 系统产水量稍有降低	用清洗液 2 清洗系统，污染严重时用清洗液 3 清洗
有机物沉积	脱盐率可能降低 系统压降逐渐升高 系统产水量逐渐降低	用清洗液 2 清洗系统，污染严重时用清洗液 3 清洗
细菌污染	脱盐率可能降低 系统压降明显增加 系统产水量明显降低	依据可能的污染种类选择三种清洗液中的一种清洗系统

注：表中的清洗液见表 5-7。

清洗时将清洗溶液以低压大流量在膜的高压侧循环，此时膜元件仍装在压力容器内而且

表 5-7 常见的清洗液

清洗液	成分	配制 100 加仑（379L）溶液时的加入量	pH 调节
1	柠檬酸 反渗透产品水（无游离氯）	17.0 磅（7.7kg） 100 加仑（379L）	用氨水调节 pH 至 3.0
2	三聚磷酸钠 EDTA 四钠盐 反渗透产品水（无游离氯）	17.0 磅（7.7kg） 7 磅（3.18kg） 100 加仑（379L）	用硫酸调节 pH 至 10.0
3	三聚磷酸钠 十二烷基苯磺酸钠 反渗透产品水（无游离氯）	17.0 磅（7.7kg） 1.13 磅（0.97kg） 100 加仑（379L）	用硫酸调节 pH 至 10.0

需要用专门的清洗装置来完成该工作。

清洗反渗透膜元件的一般步骤如下。

① 用泵将干净、无游离氯的反渗透产品水从清洗箱打入压力容器中并排放几分钟。

② 用干净的产品水在清洗箱中配制清洗液。

③ 将清洗液在压力容器中循环 1h 或预先设定的时间，对于 8in（英寸，长度单位，1in＝2.54cm）或 8.5in 压力容器，流速为 133～151L/min；对于 6in 压力容器，流速为 57～76L/min；对于 4in 压力容器，流速为 34～38L/min。

④ 清洗完成以后，排净清洗箱并进行冲洗，然后向清洗箱中充满干净的产品水以备下一步冲洗。

⑤ 用泵将干净、无游离氯的产品水从清洗箱（或相应水源）打入压力容器中并排放几分钟。

⑥ 清洗反渗透系统后，在产品水排放阀打开状态下运行反渗透系统，直到产品水清洁、无泡沫或无清洗剂（通常需 15～30min）。

6. 设备常见故障与维修

设备常见故障与维修方法见表 5-8。

7. 反渗透装置的保存

反渗透装置的保存很重要。当反渗透装置停运 4h 以上时，应先低压运行几分钟，将反渗透的浓水置换。长期闲置时，应灌入甲醛溶液以防止细菌污染。此外，还要严格控制其运行条件。

（1）系统安装前的膜元件保存 膜元件出厂时，一般真空封装在塑料袋中，封装袋中含有保护液。膜元件在安装使用前贮存及运往现场时，应保存在干燥通风的环境中，温度以 20～35℃为宜。应防止膜元件受到阳光直射及避免接触氧化性气体。

（2）短期保存 短期保存指反渗透系统停止运行 5 天以上 30 天以下。此时反渗透膜元件仍安装在 RO 系统的压力容器内。保存操作的具体步骤如下。

① 给水冲洗反渗透系统，同时注意将气体从系统中完全排除。

② 用反渗透水配制消毒液冲洗反渗透元件一直到出口的消毒液浓度达标。

③ 将压力容器及相关管路充满消毒液后，关闭相关阀门，防止气体进入系统。

④ 根据不同的消毒液，每隔 3～5 天按上述方法重复冲洗一次。

⑤ 在反渗透系统重新投入使用前，用低压给水冲洗系统 1h，然后再用高压给水冲洗系统 5～10min。无论低压冲洗还是高压冲洗，系统的产品水排放阀均应全部打开。在恢复系统至正常操作前，应检查并确认产品水中不含有任何杀菌剂。

表 5-8 设备常见故障与维修方法

故障现象	原因	解决方法
RO 系统不工作	没供电	开启电源
	压力保护	关闭开关重新启动
	RO 运行压力太高	开大浓水调节阀
	纯水箱水位传感器故障	检查水位传感器
RO 入水压力低	高压泵反转	任意调整三相电中的两相
	入水压力不足	开大入水阀提高入水压力
	RO 浓水排放过大	轻轻调节浓水调节阀
	RO 膜有穿透现象	检查并更换膜元件
	高压泵内有空气	排净泵腔内气体
RO 运行噪音高	RO 运行压力太大	调节各流量参数
	入水压力不足	开大入水阀提高入水压力
	高压泵内有异物	检查并冲洗泵腔体
RO 系统低压保护	原水阀开度过小	原水阀开大
	入水压力不足	开大入水阀提高入水压力
	预处理控制器开度不足	调节预处理控制器到工作状态
	保安过滤器堵塞	清洗或更换过滤芯
RO 系统高压保护	浓水阀开度太小	浓水阀开大
	入水流量太大	调节各流量参数
	压力传感器工作不正常	检查并调节传感器
	RO 膜堵塞	清洗或更换膜元件
RO 系统出水电导率偏高	RO 运行压力太低	浓水阀开小
	原水含盐量增加	正常
	RO 膜使用年限过长	更换膜元件
	RO 膜受到污染	清洗或更换膜元件
	RO 膜有漏水现象	检查并更换密封圈
纯水水质下降快	循环水管道污染	清洗管道
	存放时间过长	排掉
	空气污染	采用气封
	用量小长时间循环	调小循环水流量

（3）长期停用保护　适用于停止使用 30 天以上、膜元件仍安装在压力容器中的反渗透系统。保护操作的具体步骤如下。

① 清洗系统中的膜元件。

② 用反渗透产出水配制杀菌液，并用杀菌液冲洗反渗透系统。杀菌剂的选用及杀菌液的配制方法可参照产品相应技术文件。

③ 用杀菌液充满反渗透系统后，关闭相关阀门使杀菌液保留于系统中，此时应确认系统完全充满。

④ 如果系统温度低于 27℃，应每隔 30 天用新的杀菌液进行②、③的操作；如果系统温

度高于 27℃，则应每隔 15 天更换一次保护液（杀菌液）。

⑤ 在反渗透系统重新投入使用前，用低压给水冲洗系统 1h，然后再用高压给水冲洗系统 5 ～ 10min。无论低压冲洗还是高压冲洗，系统的产品水排放阀均应全部打开。在恢复系统至正常操作前，应检查并确认产品水中不含有任何杀菌剂。

值得注意的是，芳香聚酰胺反渗透复合膜元件在任何情况下都不应与含有残余氯的水接触，否则将给膜元件造成无法修复的损伤。例如，在对 RO 设备及管路进行杀菌、化学清洗或封入保护液时，应绝对保证用来配制液体的水中不含任何残余氯。

 考核评价

膜分离操作及故障处理		
工作任务	**考核内容**	**考核要点**
膜分离操作	基础知识	反渗透、电渗析、超滤原理； 浓差极化基本概念，影响反渗透、电渗析、超滤操作的因素； 反渗透的开停车操作、设备维护、简单的故障处理及装置保存； 膜的劣化和污染及防止措施
	现场考核	反渗透系统开停车操作
职业素养		养成规范操作习惯，树立安全意识

 自测练习

一、选择题

1. 减少膜污染的操作方法是（　　）。

A. 原料预处理　　　　　　　　　　　B. 膜组件结构和操作条件优化

C. 膜组件的清洗　　　　　　　　　　D. 以上各项均是

2. 不属于膜劣化的是（　　）。

A. pH 值超高引起膜材料的水解　　　　B. 膜材料的孔收缩

C. 高压引起膜结构的致密化　　　　　　D. 微生物引起的膜生物降解

3. 以下说法不正确的是（　　）。

A. 渗透与反渗透是互为相反的过程

B. 各种膜分离过程中都存在浓差极化现象

C. 各种膜分离过程中只有电渗析使用离子交换膜

D. 反离子迁移是电渗析的一个主要过程

4. 超滤时不是透过液的组成物质是（　　）。

A. 溶剂　　　　　B. 低分子物质　　　　C. 无机盐　　　　D. 胶体

5. 电渗析过程中发生的与主要过程相反的次要过程是（　　）。

A. 反离子迁移　　　B. 同名离子迁移　　　C. 电极反应　　　D. 离子的渗透

二、判断题

（　　）1. 反渗透过程中由于浓差极化现象的存在对溶剂渗透通量的增加提出了限制。

（　　）2. 超滤是一种膜过滤过程。

（　　）3．膜的污染是指由于化学、物理及生物三个方面的原因导致膜自身发生了不可逆转的变化而引起的膜性能的变化。

（　　）4．膜的定期清洗和消毒是防治膜污染的重要措施。

（　　）5．电渗析使用的阳膜带有阳离子，阴膜带有阴离子。

三、简答题

1．什么叫反渗透？其分离机理是什么？

2．什么叫浓差极化？它对反渗透过程有哪些影响？

3．反渗透技术有哪些方面的应用？

4．什么叫超滤？影响超滤通量的因素有哪些？

5．超滤技术有哪些方面的应用？

6．什么叫电渗析？其基本原理是什么？

7．电渗析过程的影响因素有哪些？

8．电渗析技术有哪些方面的应用？

9．制备高纯水，可采用何种膜分离方法？

本书主要符号

b——与吸附热有关的常数，无量纲；

c——①溶质在液相中的物质的量浓度，$kmol/m^3$；

②吸附质在流体相中的平均质量浓度，kg/m^3；

c_0——溶液中溶质的初始质量浓度，kg/m^3；

c_i——吸附质在吸附剂外表面处的流体中的质量浓度，kg/m^3；

C_{pc}——冷却介质的比热容，$kJ/(kg \cdot ℃)$；

c^*——溶液中溶质的平衡质量浓度，kg/m^3；

$\dfrac{\mathrm{d}q}{\mathrm{d}\tau}$——吸附速率，kg 吸附质 /（kg 吸附剂·s)；

D——①馏出液的流量，$kmol/h$；

②分子扩散系数，m^2/s；

$\dfrac{D}{F}$——塔顶采出率，%；

E——亨利系数，Pa；

E_{MV}——气相单板效率；

E_{ML}——液相单板效率；

E_T——全塔效率，%；

f——填料因子，$f = \alpha/\varepsilon^3$，m^{-1}；

F——①原料的流量，$kmol/h$；

②总吸收面积，m^2；

G_A——吸收负荷，$kmol(A)/s$；

H——溶解度系数，$kmol/(m^3 \cdot Pa)$；

H_{OG}——气相传质单元高度，m；

H_{OL}——液相传质单元高度，m；

H_o——填料层的动持液量，m^3 液体 $/m^3$ 填料；

H_t——填料层的总持液量，m^3 液体 $/m^3$ 填料；

H_s——填料层的静持液量，m^3 液体 $/m^3$ 填料；

I_F——原料液焓，$kJ/kmol$；

I_V, I'_V——加料板上、下的饱和蒸气焓，$kJ/kmol$；

I_L，I'_L——加料板上、下的饱和液体焓，kJ/kmol；

I_{B1}，I_{B2}——加热介质进、出再沸器的焓，kJ/kg；

I_{VD}——塔顶上升蒸气的焓，kJ/kmol；

I_{LD}——塔顶馏出液的焓，kJ/kmol；

I_{Lm}——提馏段底层塔板下降液体的焓，kJ/kmol；

I_{LW}——釜残液的焓，kJ/kmol；

I_{VW}——再沸器中上升蒸气的焓，kJ/kmol；

k——经验常数，无量纲；

k_A——分配系数，无量纲；

k_x——以 x_i-x 表示推动力的液相传质系数，kmol/(m²·s)；

k_X——以 X_i-X 表示推动力的液相传质系数，kmol/(m²·s)；

K_X——以 X^*-X 为推动力的总传质系数，kmol/(m²·s)；

k_y——以 $y-y_i$ 表示推动力的气相传质系数，kmol/(m²·s)；

k_Y——以 $Y-Y_i$ 表示推动力的气相传质系数，kmol/(m²·s)；

k_f——外扩散过程的传质系数，m/s；

k_s——内扩散过程的传质系数，kg/(m²·s)；

K——①吸附平衡常数，无量纲；

②体系的特性常数，无量纲；

K_Y——以 $Y-Y^*$ 为推动力的总传质系数，kmol/(m²·s)；

K_f——以 $\Delta c=c-c^*$ 为推动力的总传质系数，m/s；

K_s——以 $\Delta q=q^*-q$ 为推动力的总传质系数，kg/(m²·s)；

$K_Y a$——气相体积吸收总系数，单位为 kmol/(m³·s)；

$K_X a$——液相体积吸收总系数，单位为 kmol/(m³·s)；

L——①吸收塔的吸收剂量，kmol(S)/s；

②精馏段下降液体的摩尔流量，kmol/h；

L'——提馏段下降液体的摩尔流量，kmol/h；

$(L_W)_{min}$——最小润湿速率，m³/(m·h)；

L/V——液气比，无量纲；

$(L/V)_{min}$——最小液气比，无量纲；

L_{min}——最小吸收剂用量，kmol(S)/s；

m——①相平衡常数，无量纲；

②体系的特性常数，无量纲；

M_S——溶剂的摩尔质量，kg/kmol；

n——经验常数，无量纲；

N_A——单位时间内组分 A 扩散通过单位面积的物质的量，kmol/(m²·s)；

N_{OG}——气相传质单元数，无量纲；

N_{OL}——液相传质单元数，无量纲；

N_T——理论板层数，无量纲；

N_{Tmin}——全回流时的最少理论板数，无量纲；

N_P——实际塔板层数，无量纲；

p°——在溶液温度下纯组成的饱和蒸气压，Pa；

p_A，p_B——溶液上方 A、B 组分的平衡分压，Pa；

p^*——与 x 相平衡时溶质在气相中的平衡分压，Pa；

q——①进料热状况参数，无量纲；

②单位质量吸附剂所吸附的吸附质的量，kg 吸附质 /kg 吸附剂；

q_m——吸附剂表面单分子层盖满时的最大吸附量，kg 吸附质 /kg 吸附剂；

q_{mh}——加热介质消耗量，kg/h；

q_{mc}——冷却介质消耗量，kg/h；

q_i——吸附剂外表面处吸附质量，与 c_i 成平衡，kg 吸附质 /kg 吸附剂；

q^*——与吸附质质量浓度为 c 的流体成平衡的吸附剂上吸附质的含量，kg 吸附质 / kg 吸附剂；

Q_B——再沸器的热负荷，kJ/h；

Q_C——全凝器的热负荷，kJ/h；

Q_F——进料带入热量；

Q_W——塔底产品带出热量；

Q_i——散失于环境的热量；

Q_V——塔顶出塔气体带出的热量；

Q_L——塔顶回流液体带入的热量；

R——回流比；

R_{min}——最小回流比；

r——加热蒸汽的汽化热，kJ/kg；

t_1，t_2——分别为冷却介质在冷凝器的进、出口处的温度，℃；

u——空塔气速，m/s；

U_{min}——最小喷淋密度，$m^3/(m^2 \cdot h)$；

V——①单位时间通过吸收塔的惰性气体量，kmol(B)/s；

②精馏段上升蒸气的摩尔流量，kmol/h；

③表示单位质量吸附剂处理的溶液体积，m^3 溶液 /kg 吸附剂；

V'——提馏段上升蒸气的摩尔流量，kmol/h；

V_P——填料层体积，m^3；

W——釜液的流量，kmol/h；

$\dfrac{W}{F}$——塔底采出率，%；

x——溶质在液相中的摩尔分数，无量纲；

x_i——溶质 A 在界面处的摩尔分数，无量纲；

x——组分在萃余相 R 中的质量分数，无量纲；

x_A，x_B——①溶液中 A、B 组分的摩尔分数，无量纲；

②组分 A、B 在萃余相 R 中的质量分数，无量纲；

x_F，x_D，x_W——原料、馏出液、釜液中易挥发组分的摩尔分数，无量纲；

x_n——精馏段第 n 层板下降液体中易挥发组分的摩尔分数，无量纲；

x'_m——提馏段第 m 层板下降液相中易挥发组分的摩尔分数，无量纲；

x_n^*——与 y_n 成平衡的液相摩尔分数，无量纲；

x_q，y_q——y-x 图中相平衡线与 q 线交点的横、纵坐标及摩尔分数；

X——溶质在液相中的摩尔比，kmol(A)/kmol(S)；

X_i——溶质 A 在界面处的摩尔比，kmol(A)/kmol(S)；

X_1，X_2——出塔和进塔液体中溶质组分与溶剂的摩尔比，kmol(A)/kmol(S)；

X^*——与气相主体浓度平衡时溶质 A 在液相的摩尔比，kmol(A)/kmol(S)；

y——①组分在萃取相 E 中的质量分数，无量纲；

②溶质在气相中的摩尔分数，无量纲；

y^*——与 x 相平衡时溶质在气相中的摩尔分数，无量纲；

y_i——溶质 A 在界面处的摩尔分数，无量纲；

y_A，y_B——①组分 A、B 在萃取相 E 中的质量分数，无量纲；

②气相中 A、B 组分的摩尔分数，无量纲；

y_{n+1}——精馏段第 $n+1$ 层板上升蒸气中易挥发组分的摩尔分数，无量纲；

y'_{m+1}——提馏段第 $m+1$ 层板上升蒸气中易挥发组分的摩尔分数，无量纲；

y_n^*——与 x_n 成平衡的气相摩尔分数，无量纲；

Y——溶质在气相中的摩尔比，kmol(A)/kmol(B)；

Y_i——溶质 A 在界面处的摩尔比，kmol(A)/kmol(B)；

Y^*——与液相主体浓度平衡时溶质 A 在气相的摩尔比，kmol(A)/kmol(B)；

Y_1，Y_2——进、出吸收塔气体中溶质与惰性组分的摩尔比，kmol(A)/kmol(B)；

Z——①多组分精馏分离流程的方案数，无量纲；

②填料层高度，m；

η——吸收率；

$\eta_{塔顶}$——塔顶回收率，%；

$\eta_{塔底}$——塔底回收率，%；

μ_L——塔顶与塔底平均温度下的液体黏度，mPa·s；

α——①相对挥发度；

②单位体积填料层提供的有效比表面积，m^2/m^3；

α_m——全塔平均相对挥发度；

α_p——吸附剂的比表面积，m^2/kg；

β——选择性系数；

ε——空隙率，m^3/m^3 或 %；

ρ——溶液的密度，kg/m^3；

τ——时间，s；

Δp——填料层的压降，Pa；

$\Delta\pi$——渗透压，Pa；

ΔY_m——对数平均推动力，无量纲；

Ω——塔的截面积，m^2；

$\overline{MR}$，$\overline{ME}$——线段 MR 与 ME 的长度，m；

$\overline{MF}$，$\overline{MS}$——线段 MF 与 MS 的长度，m。

附　录

一、物化数据

（一）分子扩散系数

1. 某些物质在氢、二氧化碳、空气中的扩散系数（0℃，101.3kPa）

$10^{-4} m^2/s$

物质名称	H_2	CO_2	空气	物质名称	H_2	CO_2	空气
H_2		0.550	0.611	NH_3	—	—	0.198
O_2	0.697	0.139	0.178	Br_2	0.563	0.0363	0.086
N_2	0.674	—	0.202	I_2			0.097
CO	0.651	0.137	0.202	HCN	—	—	0.133
CO_2	0.550	—	0.138	H_2S	—	—	0.151
SO_2	0.479	—	0.103	CH_4	0.625	0.153	0.223
CS_2	0.3689	0.063	0.0892	C_2H_4	0.505	0.096	0.152
H_2O	0.7516	0.1387	0.220	C_6H_6	0.294	0.0527	0.0751
空气	0.611	0.138	—	甲醇	0.5001	0.0880	0.1325
HCl	—	—	0.156	乙醇	0.378	0.0685	0.1016
SO_3	—	—	0.102	乙醚	0.296	0.0552	0.0775
Cl_2	—	—	0.108				

2. 某些物质在水溶液中的扩散系数

溶质	浓度 /（mol/L）	温度 /℃	扩散系数 $D \times 10^9$/（m^2/s）	溶质	浓度 /（mol/L）	温度 /℃	扩散系数 $D \times 10^9$/（m^2/s）
HCl	9	0	2.7	HCl	0.4	0	1.6
	7	0	2.4		1.3	5	1.9
	4	0	2.1		0.4	5	1.8
	3	0	2.0		9	10	3.3
	2	0	1.8		6.5	10	3.0

续表

溶质	浓度 /（mol/L）	温度 /℃	扩散系数 $D \times 10^9$/（m²/s）	溶质	浓度 /（mol/L）	温度 /℃	扩散系数 $D \times 10^9$/（m²/s）
HCl	2.5	10	2.5	CO₂	0	20	1.77
	0.8	10	2.2		0.686	4	1.22
	0.5	10	2.1		3.5	5	1.24
	2.5	15	2.9	NH₃	0.7	5	1.24
	3.2	19	4.5		1.0	8	1.36
C₂H₂	0	20	1.80		饱和	8	1.08
Br₂	0	20	1.29		饱和	10	1.14
CO	0	20	1.90		1.0	15	1.77
C₂H₄	0	20	1.59		饱和	15	1.26
H₂	0	20	5.94		饱和	20	2.04
HCN	0	20	1.66	O₂	0	20	2.08
H₂S	0	20	1.63	SO₂	0	20	1.47
CH₄	0	20	2.06	Cl₂	0.138	10	0.91
N₂	1.0	19	3.0		0.128	13	0.98
	0.3	19	2.7		0.11	18.3	1.21
	0.1	19	2.5		0.104	20	1.22
	0	20	2.8		0.099	22.4	1.32
CO₂	0	10	1.46		0.092	25	1.42
	0	15	1.60		0.083	30	1.62
	0	18	1.71±0.03		0.07	35	1.8

（二）几种气体溶解于水时的亨利系数

气体	温度/℃															
	0	5	10	15	20	25	30	35	40	45	50	60	70	80	90	100
	$E \times 10^{-3}$/MPa															
H₂	5.87	6.16	6.44	6.70	6.92	7.16	7.38	7.52	7.61	7.70	7.75	7.75	7.71	7.65	7.61	7.55
N₂	5.36	6.05	6.77	7.48	8.14	8.76	9.36	9.98	10.5	11.0	11.4	12.2	12.7	12.8	12.8	12.8
空气	4.38	4.94	5.56	6.15	6.73	7.29	7.81	8.34	8.81	9.23	9.58	10.2	10.6	10.8	10.9	10.8
CO	3.57	4.01	4.48	4.95	5.43	5.87	6.28	6.68	7.05	7.38	7.71	8.32	8.56	8.56	8.57	8.57
O₂	2.58	2.95	3.31	3.69	4.06	4.44	4.81	5.14	5.42	5.70	5.96	6.37	6.72	6.96	7.08	7.10
CH₄	2.27	2.62	3.01	3.41	3.81	4.18	4.55	4.92	5.27	5.58	5.85	6.34	6.75	6.91	7.01	7.10
NO	1.71	1.96	1.96	2.45	2.67	2.91	3.14	3.35	3.57	3.77	3.95	4.23	4.34	4.54	4.58	4.60
C₂H₆	1.27	1.91	1.57	2.90	2.66	3.06	3.47	3.88	4.28	4.69	5.07	5.72	6.31	6.70	6.96	7.01

气体	温度 /℃															
	0	5	10	15	20	25	30	35	40	45	50	60	70	80	90	100
$E \times 10^{-2}/MPa$																
C_2H_4	5.59	6.61	7.78	9.07	10.3	11.5	12.9	—	—	—	—	—	—	—	—	—
N_2O	—	1.19	1.43	1.68	2.01	2.28	2.62	3.06	—	—	—	—	—	—	—	—
CO_2	0.737	0.887	1.05	1.24	1.44	1.66	1.88	2.12	2.36	2.60	2.87	3.45	—	—	—	—
C_2H_2	0.729	0.85	0.97	1.09	1.23	1.35	1.48	—	—	—	—	—	—	—	—	—
Cl_2	0.271	0.334	0.399	0.461	0.537	0.604	0.67	0.739	0.80	0.86	0.90	0.97	0.99	0.97	0.96	—
H_2S	0.271	0.319	0.372	0.418	0.489	0.552	0.617	0.685	0.755	0.825	0.895	1.04	1.21	1.37	1.46	1.062
E/MPa																
Br_2	2.16	2.79	3.71	4.72	6.01	7.47	9.17	11.04	13.47	16.0	19.4	25.4	32.5	40.9	—	—
SO_2	1.67	2.02	2.45	2.94	3.55	4.13	4.85	5.67	6.60	7.63	8.71	11.1	13.9	17.0	20.1	

（三）某些二元物系的气液相平衡数据

1．乙醇 - 水（101.3kPa）

乙醇摩尔分数		温度 /℃	乙醇摩尔分数		温度 /℃
液相	气相		液相	气相	
0.00	0.00	100	0.3273	0.5826	81.5
0.0190	0.1700	95.5	0.3965	0.6122	80.7
0.0721	0.3891	89.0	0.5079	0.6564	79.8
0.0966	0.4375	86.7	0.5198	0.6599	79.7
0.1238	0.4704	85.3	0.5732	0.6841	79.3
0.1661	0.5089	84.1	0.6763	0.7385	78.74
0.2337	0.5445	82.7	0.7472	0.7815	78.41
0.2608	0.5580	82.3	0.8943	0.8943	78.15

2．苯 - 甲苯（101.3kPa）

苯摩尔分数		温度 /℃	苯摩尔分数		温度 /℃
液相	气相		液相	气相	
0.0	0.0	110.6	0.592	0.789	89.4
0.088	0.212	106.1	0.700	0.853	86.8
0.200	0.370	102.2	0.803	0.914	84.4
0.300	0.500	98.6	0.903	0.957	82.3
0.397	0.618	95.2	0.950	0.979	81.2
0.489	0.710	92.1	0.100	0.1	80.2

3. 氯仿 - 苯（101.3kPa）

氯仿质量分数		温度 /℃	氯仿质量分数		温度 /℃
液相	气相		液相	气相	
0.10	0.136	79.9	0.60	0.750	74.6
0.20	0.272	79.0	0.70	0.830	72.8
0.30	0.406	78.1	0.80	0.900	70.5
0.40	0.530	77.2	0.90	0.961	67.0
0.50	0.650	76.0			

4. 水 - 醋酸（101.3kPa）

水摩尔分数		温度 /℃	水摩尔分数		温度 /℃
液相	气相		液相	气相	
0.0	0.0	118.2	0.833	0.886	101.3
0.270	0.394	108.2	0.886	0.919	100.9
0.455	0.565	105.3	0.930	0.950	100.5
0.588	0.707	103.8	0.968	0.977	100.2
0.690	0.790	102.8	0.100	0.100	100.0
0.769	0.845	101.9			

5. 甲醇 - 水（101.3kPa）

甲醇摩尔分数		温度 /℃	甲醇摩尔分数		温度 /℃
液相	气相		液相	气相	
0.0531	0.2834	92.9	0.2909	0.6801	77.8
0.0767	0.4001	90.3	0.3333	0.6918	76.7
0.0926	0.4353	88.9	0.3513	0.7347	76.2
0.1257	0.4831	86.6	0.4620	0.7756	73.8
0.1315	0.5455	85.0	0.5292	0.7971	72.7
0.1674	0.5585	83.2	0.5937	0.8183	71.3
0.1818	0.5775	82.3	0.6849	0.8492	70.0
0.2083	0.6273	81.6	0.7701	0.8962	68.0
0.2319	0.6485	80.2	0.8741	0.9194	66.9
0.2818	0.6775	78.0			

（四）某些三元物系的液液平衡数据

1. 丙酮（A）- 氯仿（B）- 水（S）（25℃，均为质量分数）

氯仿相			水相		
A	B	S	A	B	S
0.090	0.900	0.010	0.030	0.010	0.960
0.237	0.750	0.013	0.083	0.012	0.905
0.320	0.664	0.016	0.135	0.015	0.850
0.380	0.600	0.020	0.174	0.016	0.810
0.425	0.550	0.025	0.221	0.018	0.761
0.505	0.450	0.045	0.319	0.021	0.660
0.570	0.350	0.080	0.445	0.045	0.510

2. 丙酮（A）- 苯（B）- 水（S）（30℃，均为质量分数）

苯相			水相		
A	B	S	A	B	S
0.058	0.940	0.002	0.050	0.001	0.949
0.131	0.867	0.002	0.100	0.002	0.898
0.304	0.687	0.009	0.200	0.004	0.796
0.472	0.498	0.030	0.300	0.009	0.691
0.589	0.345	0.066	0.400	0.018	0.582
0.641	0.239	0.120	0.500	0.041	0.459

（五）某些超临界流体萃取剂的临界特性

流体名称	临界温度 /℃	临界压力 $/\times101.33kPa$	临界密度 $/(g/cm^3)$	流体名称	临界温度 /℃	临界压力 $/\times101.33kPa$	临界密度 $/(g/cm^3)$
乙烷　C_2H_6	-88.7	48.8	0.203	二氧化碳　CO_2	31.1	73.8	0.460
丙烷　C_3H_8	-42.1	42.6	0.220	二氧化硫　SO_2	157.6	78.8	0.525
丁烷　C_4H_{10}	10.0	38.0	0.228	水　H_2O	374.3	221.1	0.326
戊烷　C_5H_{12}	36.7	33.8	0.232	笑气　N_2O	36.5	71.7	0.451
乙烯　C_2H_4	9.9	51.2	0.227	氟利昂 -13　$CClF_3$	28.8	39.0	0.578
氨　NH_3	132.4	112.8	0.236				

二、化工总控工国家职业技能标准（中级工）

具备以下条件之一者，可申报四级 / 中级工：

（1）取得本职业或相关职业五级 / 初级工职业资格证书（技能等级证书）后，累计从事本职业或相关职业工作4年（含）以上。

（2）累计从事本职业或相关职业工作6年（含）以上。

（3）取得技工学校本专业或相关专业毕业证书（含尚未取得毕业证书的在校应届毕业生）；或取得经评估论证、以中级技能为培养目标的中等及以上职业学校本专业或相关专业毕业证书（含尚未取得毕业证书的在校应届毕业生）。

中级工技能要求及相关知识要求见下表。

职业功能	工作内容	技能要求	相关知识要求
1. 生产准备	1.1 工艺文件准备	1.1.1 能绘制工艺流程图 1.1.2 ★能识读带控制点的工艺流程图 1.1.3 能识记工艺技术规程、安全技术规程和操作法 1.1.4 能识记污染源、危险源及控制方法 1.1.5 能识读质量、环境及职业健康安全管理体系文件 1.1.6 ★能识记应急处置方案	1.1.1 工艺流程图绘制知识 1.1.2 带控制点的工艺流程图识读知识 1.1.3 环境及安全风险辨识及控制知识 1.1.4 质量、环境、职业健康安全管理体系知识 1.1.5 安全、环保应急知识
	1.2 防护用品准备	1.2.1 能对劳动防护用品的配置提出建议 1.2.2 能检查劳动防护用品的佩戴和使用情况 1.2.3 能检查应急物品使用情况	1.2.1 职业病危害因素的特性及防护知识 1.2.2 职业健康管理知识 1.2.3 应急物品使用知识
	1.3 设备与动力准备	1.3.1 能完成设备单机试车 1.3.2 ★能确认盲板抽堵状态 1.3.3 ★能确认安全阀、爆破膜等安全附件处于备用状态 1.3.4 能确认设备、电器、仪表具备开车条件	1.3.1 设备单机试车知识 1.3.2 盲板抽堵知识 1.3.3 安全阀、爆破膜等安全附件使用知识
	1.4 物料准备	1.4.1 能引入冷、热媒等介质 1.4.2 能确认原、辅料质量符合要求 1.4.3 能将原、辅料引入装置	1.4.1 冷、热媒等介质引入操作知识 1.4.2 原、辅料质量指标、工艺指标 1.4.3 原、辅料引入的操作知识
2. 生产操作	2.1 开车操作	2.1.1 ★能按指令完成正常开车 2.1.2 能将工艺参数调节至正常指标范围 2.1.3 能计算投料配比	2.1.1 装置开车操作法 2.1.2 工艺参数调节方法 2.1.3 物料配比计算知识
	2.2 运行操作	2.2.1 ★能根据工艺变化调节工艺参数 2.2.2 能根据分析结果调节工艺参数 2.2.3 能识读班组经济核算结果 2.2.4 能进行转化率、收率、产率等计算	2.2.1 分析检验单识读知识 2.2.2 班组经济核算结果识读知识 2.2.3 转化率、收率、产率等知识
	2.3 停车操作	2.3.1 ★能按指令完成停车 2.3.2 能完成设备和管线的安全隔离 2.3.3 能完成机泵、容器等设备和管线的倒空、置换、清洗等 2.3.4 ★能按操作法处置"三废"	2.3.1 装置停车操作法 2.3.2 设备和管线安全隔离的知识 2.3.3 设备和管线倒空、置换、清洗操作方法 2.3.4 "三废"处置方法

职业功能	工作内容	技能要求	相关知识要求
3. 故障判断与处理	3.1 故障判断	3.1.1 能判断断料、跑料、串料等工艺事故 3.1.2 能判断停水、停电、停气、停汽等突发事故 3.1.3 能判断换热器堵塞、物料偏流等故障 3.1.4 能判断导致联锁动作的原因 3.1.5 能判断计量偏离、温度计失灵等仪表故障 3.1.6 能判断中间品、产品质量异常 3.1.7 能识别高处坠落、灼烫、物体打击等事故隐患 3.1.8 ★能判断"三废"排放异常	3.1.1 装置运行参数知识 3.1.2 停水、停电、停气、停汽等事故的判断知识 3.1.3 仪表、电器异常判断知识 3.1.4 联锁设定知识 3.1.5 产品质量标准 3.1.6 污染物排放标准
	3.2 故障处理	3.2.1 能处理温度、压力、液位、流量等工艺参数异常 3.2.2 能处理断料、跑料、串料等工艺事故 3.2.3 ★能处理停水、停电、停气、停汽等突发事故 3.2.4 能处置"三废"排放指标异常	3.2.1 温度、压力、液位、流量等工艺参数异常处理方法 3.2.2 断料、跑料、串料等工艺事故处理方法 3.2.3 公用工程异常处理方法 3.2.4 "三废"排放指标异常处置方法
4. 设备维护与保养	4.1 设备维护	4.1.1 能监护设备、管线、阀门等的检修 4.1.2 能落实现场压力、温度、液位等仪表交出检修的安全措施 4.1.3 能发现设备维护中存在的问题	4.1.1 设备、仪表、电器检修的安全知识 4.1.2 设备检修知识 4.1.3 高处、动火、受限空间等特殊作业知识
	4.2 设备保养	4.2.1 能检查设备和管线的保温、防冻、防凝、防腐等 4.2.2 能完成机泵放油和清洗 4.2.3 能完成润滑油过滤	4.2.1 设备和管线保温、防冻、防凝、防腐知识 4.2.2 设备润滑管理规定及润滑方法 4.2.3 润滑油过滤方法

注：★为涉及安全生产或操作的关键技能，如考生在技能考核中违反操作规程或未达到该技能要求，则技能考核成绩为不合格。

参考文献

[1] 李居参，周波，乔子荣. 化工单元操作实用技术. 北京：高等教育出版社，2008.

[2] 刘爱民，王壮坤. 化工单元操作技术. 北京：高等教育出版社，2006.

[3] 张柏钦，王文选. 环境工程原理. 2版. 北京：化学工业出版社，2010.

[4] 周立雪，周波. 传质与分离技术. 北京：化学工业出版社，2001.

[5] 冷士良. 化工单元过程及操作. 2版. 北京：化学工业出版社，2007.

[6] 刘佩田，闫晔. 化工单元操作过程. 北京：化学工业出版社，2004.

[7] 王志魁. 化工原理. 5版. 北京：化学工业出版社，2017.

[8] 夏清，陈常贵. 化工原理. 2版. 天津：天津大学出版社，2008.

[9] 陈敏恒，等. 化工原理：下册. 5版. 北京：化学工业出版社，2020.

[10] 王湛，周冲. 膜分离技术基础. 3版. 北京：化学工业出版社，2019.

[11] 陆美娟. 化工原理：下册. 2版. 北京：化学工业出版社，2006.

[12] 陈欢林. 新型分离技术. 3版. 北京：化学工业出版社，2020.

[13] 李和平. 精细化工工艺学. 2版. 北京：科学出版社，2007.

[14] 元英进. 制药工艺学. 2版. 北京：化学工业出版社，2017.

[15] 刘振河. 化工生产技术. 北京：高等教育出版社，2007.

[16] 刘金银. 尿素生产工. 北京：化学工业出版社，2005.

[17] 刘金银. 硝酸铵生产工. 北京：化学工业出版社，2005.

[18] 中华人民共和国劳动和社会保障部. 中华人民共和国职业技能鉴定规范（化工行业特有工种考核大纲）. 北京：化学工业出版社，2001.

[19] 许宁，徐建良. 化工技术类专业技能考核试题集. 北京：化学工业出版社，2007.

[20] 韩玉墀，王慧伦. 化工工人技术培训读本. 2版. 北京：化学工业出版社，2014.

[21] 邝生鲁. 化学工程师技术全书：上册. 北京：化学工业出版社，2002.

[22] 中国石油化工集团公司职业技能鉴定指导中心. 常减压蒸馏装置操作工. 北京：中国石化出版社，2006.

[23] 潘文群. 传质与分离操作实训. 北京：高等教育出版社，2006.

[24] 谢建武. 萃取工. 北京：化学工业出版社，2007.

[25] 刘同卷. 蒸馏工. 北京：化学工业出版社，2007.

[26] 天津大学化工原理教研室. 化工原理. 天津：天津科学技术出版社，1992.

[27] 王振中. 化工原理：下册. 2版. 北京：化学工业出版社，2007.

[28] 谭天恩，等. 化工原理：下册. 4版. 北京：化学工业出版社，2013.

[29] 李云倩. 化工原理：下册. 北京：中央广播电视大学出版社，1992.

[30] 张志刚，张月胜，张天来，等. 焦炉煤气变压吸附制氢装置五塔与六塔工艺方案的比较. 现代化工，2010，3.